● 生态文明建设丛书 ●

退耕还林还草文化构建

李世东 | 主编

中国林业出版社
China Forestry Publishing House

图书在版编目（CIP）数据

退耕还林还草文化构建/李世东主编；李青松，林震，樊宝敏副主编. —北京：中国林业出版社，2022.5
（生态文明建设丛书）
ISBN 978-7-5219-1674-4

Ⅰ.①退… Ⅱ.①李…②李…③林…④樊… Ⅲ.①退耕还林–研究–中国 Ⅳ.①F326.2

中国版本图书馆CIP数据核字（2022）第076547号

中国林业出版社·自然保护分社（国家公园分社）

策划编辑：刘家玲　　　　　　责任编辑：许 玮
电　　话：（010）83143576

出版发行	中国林业出版社（100009　北京市西城区德内大街刘海胡同7号）http://www.forestry.gov.cn/lycb.html
印　刷	河北京平诚乾印刷有限公司
版　次	2022年6月第1版
印　次	2022年6月第1次印刷
开　本	710mm×1000mm　1/16
印　张	21.75
字　数	360千字
定　价	80.00元

未经许可，不得以任何方式复制或抄袭本书之部分或全部内容。

版权所有　侵权必究

编委会

主　编：李世东

副主编：李青松　林　震　樊宝敏

编　委：(按姓氏笔画排名)

马国洲　孔忠东　刘　畅　李大强

杨文娟　张金波　张　晓　张家驹

张德成　陈应发　周　钦　孟芮萱

赵思桃　南宫梅芳　高立鹏　黄奥博

前　言

生态文化正成为生态文明时代的主流文化。2015年4月25日，中共中央、国务院颁布《关于加快推进生态文明建设的意见》，提出"坚持把培育生态文化作为重要支撑"。2018年5月16日，习近平总书记在全国生态环境保护大会上号召要"加快建立健全以生态价值观念为准则的生态文化体系"，并将其作为构建生态文明体系的五项任务之首。2020年10月29日，中国共产党第十九届五中全会审议通过《中共中央关于制定国民经济和社会发展第十四个五年规划和二〇三五年远景目标的建议》，其中强调"繁荣发展文化事业和文化产业，提高国家文化软实力""推进社会主义文化强国建设"。这些论述都进一步彰显了生态文化建设的重要性和紧迫性。

退耕还林还草是我国生态文明建设的一项重大标志性工程，自1999年实施以来已经20多年了，取得举世瞩目的重大成就，为我国经济社会可持续发展做出重要贡献。黄土高原、长江中上游等地区的生态面貌已经发生了可喜变化，对当地群众的生产生活产生了深刻影响。面向第二个百年奋斗目标，为总结经验、巩固建设成果并继续推进退耕还林还草工程实现高质量发展，服务国家和人民的生态文化需求，亟须积极构建和大力传播退耕还林还草文化，这是新时代摆在林草人面前的一项崭新课题和重要任务。

退耕还林还草文化是一种新的文化类型，也是生态文化体系中的典型代表。其本质是要弘扬和实现生态文化的生态价值观念。构建这样一种新文化，既离不开对古今中外文明成果的研究和借鉴，又要尽可能摆脱传统文化和外来文化思维模式和发展方式的束缚，其难度和挑战性不言而喻。然而，创新是引领发展的第一动力，不能知难而退，唯有难中求进、敢于创新，方显其可贵和价值。

中国拥有五千多年的文明史，延绵不断，引以为豪。同时中国又是一个农业大国，长期实行毁林（草）开荒、重农抑商的政策，所谓"农为邦本，本固邦宁"。随着历代人口的增长，耕地面积也在持续扩张。因此，农耕文化根深蒂固。这固然在当时有其积极的一面，即使在今天也有真理意义。因为粮食安全问题仍然困扰着我们，我们对耕地、对粮食仍然不能轻视，它事关我们14亿人口的吃饭问题。但是，随着时代的发展，农耕文化以及后来的工业文化，都必然要被更新的生态文化所取代和扬弃。对于农耕文化、工业文化的局限性，对由于农耕的无序扩张、农业面源污染而导致的生态环境消极影响，必须做深入检讨。退耕还林还草文化的产生和发展，就是在生态文化与农耕文化、工业文化的比较中既吸收又斗争的时代背景下生根发芽和逐渐走向壮大的。

退耕还林还草文化构建的内容广泛，涉及自然经济社会领域的方方面面。实践证明，退耕还林还草并非只是涉及农业和林草业的一项土地利用结构调整的简单事情，而是一项事关亿万农民就业生计、农村发展、政策改革、生态建设、价值观念更新、区域协调发展等的系统工程。它充分体现了中国社会主义制度的巨大优势。因此，退耕还林还草文化建设需要立足国家发展大局，运用战略思维和哲学理论思维，紧密结合现实，探讨诸多关系和问题，厘清思路，做好顶层设计，方能促进实际工作开展。正是基于上述时代背景、需求和思考，我们在深入研讨和调研的基础上编写了《退耕还林还草文化构建》一书。

本书内容主要包括绪论和八章正文。在绪论中，着重论述了退耕还林还草文化建设的重大历史意义和现实意义、退耕还林还草文化建设的基本构想、退耕还林还草文化构建的几点措施。第一章，退耕还林还草的起源与历程。回顾了退耕还林还草的起源与发展历程，分析其驱动因素。第二章，退耕还林还草文化发展现状与趋势。总结了退耕还林还草文化取得的成就，分析了其所面临的机遇与挑战、发展方向与趋势。第三章，退耕还林还草文化的内涵与外延。论述退耕还林还草文化概念的提出、内涵与外延、基本特征。第四章，退耕还林还草与经济社会发展。主要探讨退耕还林还草与生态建设的关系、与经济发展的关系、与社会进步的关系、与文化兴盛的关系。第五章，退耕还林还草与生态文化。重点论述退耕还林还草与森林文化的关系、与草原文化的关系、与竹文化的关系、与茶文化的关系、与花文化的关系。第六章，退耕还林还草文化建设的基本思路。阐述了退耕还林还草文化建设的时代背景、发展思路、基本原则、阶段性目标。第七章，退耕还林还草文化建设的核心内容。探讨构建退耕还林还草的物质文化建设、精神文化建设、制度文化建设和行为文化建设。第八章，退耕还林还草文化建设的保障措施。主要探讨其人才保障、财力保障、物质保障、政策保障。

在研究过程中，课题组先后到陕西、云南、江西等地的退耕还林还草典型地区，开展退耕还林还草文化调研，并得到省、市、县各级退耕办及林草部门领导和同志们的积极配合和大力支持。

研究中参考了近年来学术界发表的诸多研究成果，以及各地林草部门或政府网站上公布的相关信息，除了书后面列出的部分主要参考文献外，还涉及不少文献未能逐一列出，特此向相关领域的专家和学者们表达感谢和歉意。

本书是由多位同事共同编写完成的。受认识水平所限，不妥及疏漏的地方，请广大读者提出批评意见。

编　者

2021 年 8 月

目　录

绪　论 ·· 1
　一、退耕还林还草文化建设的重大意义 ·· 1
　二、退耕还林还草文化建设的基本构想 ·· 5
　三、退耕还林还草文化构建的主要措施 ·· 7

第一章　退耕还林还草的起源与历程 ·· 9
第一节　退耕还林还草起源 ·· 9
　一、新中国成立前的退耕还林还草 ·· 9
　二、新中国成立至1998年的退耕还林还草 ··· 10
第二节　退耕还林还草的发展历程 ·· 17
　一、前一轮退耕还林还草 ··· 17
　二、新一轮退耕还林还草 ··· 22
第三节　退耕还林还草的驱动因素 ·· 27
　一、严峻的生态形势 ··· 27
　二、生态意识的觉醒 ··· 37
　三、中国可持续发展之路 ··· 39

第二章　退耕还林还草文化发展现状与趋势 ·· 43
第一节　退耕还林还草文化取得的成就 ·· 43
　一、退耕还林还草物质文化 ·· 43
　二、退耕还林还草精神文化 ·· 46
　三、退耕还林还草行为文化 ·· 57
第二节　退耕还林还草文化面临的机遇与挑战 ··· 65
　一、退耕还林还草文化面临的机遇 ··· 65

二、退耕还林还草文化面临的挑战 …………………………………… 78
　第三节　退耕还林还草文化发展方向与趋势 ……………………………… 82
　　一、生态文明建设的重要支撑 …………………………………………… 82
　　二、人民美好生活的新兴业态 …………………………………………… 86
　　三、构建美丽世界的崭新方案 …………………………………………… 90

第三章　退耕还林还草文化的概念与特征 ……………………………………… 95
　第一节　退耕还林还草文化概念的提出 …………………………………… 95
　　一、总结宣传成果和经验 ………………………………………………… 96
　　二、提升群众生态意识 …………………………………………………… 99
　　三、推动全球生态环境改善 …………………………………………… 102
　第二节　退耕还林还草文化的内涵与外延 ……………………………… 105
　　一、退耕还林还草文化的物质内涵 …………………………………… 105
　　二、退耕还林还草文化的精神内涵 …………………………………… 108
　　三、退耕还林还草文化的外延 ………………………………………… 112
　　四、全球化视域下的退耕还林还草文化建设 ………………………… 117
　第三节　退耕还林还草文化的基本特征 ………………………………… 124
　　一、功在当代的复兴文化 ……………………………………………… 124
　　二、利在千秋的智慧文化 ……………………………………………… 128
　　三、可持续发展的和谐文化 …………………………………………… 131
　　四、合理先进的科学文化 ……………………………………………… 135

第四章　退耕还林还草与经济社会发展 ……………………………………… 139
　第一节　退耕还林还草与生态建设的关系 ……………………………… 139
　　一、生态建设要求实施退耕还林还草 ………………………………… 140
　　二、退耕还林还草极大推动生态建设 ………………………………… 149
　第二节　退耕还林还草与经济发展的关系 ……………………………… 160
　　一、促进农民经济收入实现多元化 …………………………………… 160
　　二、有利于农村结构调整 ……………………………………………… 168
　　三、助力农村脱贫攻坚 ………………………………………………… 169
　　四、经济增长为退耕还林还草提供物质基础 ………………………… 171
　第三节　退耕还林还草与社会进步的关系 ……………………………… 173

一、提高农户生产生活水平 ………………………………… 173
　　二、提高人口素质 …………………………………………… 175
　　三、提高退耕农户社会地位 ………………………………… 178
　　四、促进社会和谐稳定发展 ………………………………… 180
　第四节　退耕还林还草与文化兴盛的关系 …………………… 183
　　一、退耕还林还草是文明发展的产物 ……………………… 183
　　二、退耕还林还草促进文化繁荣兴盛 ……………………… 186
　　三、文化繁荣兴盛滋养退耕还林还草成果 ………………… 194

第五章　退耕还林还草与生态文化 …………………………… 200
　第一节　生态文化范式下的退耕还林还草 …………………… 200
　　一、生态文化的内涵和体系 ………………………………… 200
　　二、生态文化是退耕还林还草文化遵循的范式 …………… 202
　　三、退耕还林还草文化是生态文化的亮点 ………………… 204
　　四、退耕还林还草文化和生态文化在弘扬传统文化中实现统一 …… 205
　第二节　退耕还林还草与森林文化 …………………………… 206
　　一、森林文化的内涵 ………………………………………… 206
　　二、人类文明发展与森林兴衰变迁 ………………………… 207
　　三、退耕还林还草与森林文化的辩证关系 ………………… 208
　第三节　退耕还林还草与草原文化 …………………………… 211
　　一、草原文化：一根草和一滴水 …………………………… 212
　　二、退耕还草与古老智慧 …………………………………… 213
　　三、甘南草原文化启迪 ……………………………………… 215
　第四节　退耕还林还草与竹文化 ……………………………… 217
　　一、竹文化的基本内涵 ……………………………………… 218
　　二、退耕还林还草与竹文化的辩证关系 …………………… 218
　　三、在退耕还林还草实践中弘扬竹文化 …………………… 219
　第五节　退耕还林还草与茶文化 ……………………………… 221
　　一、从"还林"到"还茶"，"茶山"变"金山" ………… 221
　　二、退耕还茶百姓富，一袋茶叶赛干部 …………………… 223
　　三、茶旅融合发展，古茶都魅力重现 ……………………… 224

第六节 退耕还林还草与花文化 ·················· 225
　一、花文化的基本内涵 ·················· 225
　二、退耕还林还草与花文化的辩证关系 ·················· 226
　三、在退耕还林还草实践中弘扬花文化 ·················· 226

第六章 退耕还林还草文化建设的基本思路 ·················· 228
第一节 退耕还林还草文化建设的时代背景 ·················· 228
　一、新时代的国家战略赋予退耕还林还草新内涵 ·················· 228
　二、退耕还林还草是习近平生态文明思想的践行者 ·················· 235
　三、退耕还林还草顺应国际生态潮流 ·················· 238
第二节 退耕还林还草文化建设的发展思路 ·················· 244
　一、坚持习近平生态文明思想 ·················· 245
　二、以丰富退耕还林还草物质、精神、制度文化为核心 ·················· 246
　三、以全面研究、深入挖掘、认真整理等六大措施为手段 ·················· 247
　四、以讲好退耕还林还草故事、传播好退耕还林还草声音为宗旨 ··· 248
　五、以向世界展示真实、立体、全面的退耕还林还草为目标 ·················· 249
第三节 退耕还林还草文化建设的基本原则 ·················· 250
　一、生态优先，绿色发展 ·················· 251
　二、挖掘内涵，全面发展 ·················· 251
　三、全面总结，创新发展 ·················· 252
　四、统筹规划，重点发展 ·················· 252
　五、吸收借鉴，共享发展 ·················· 253
　六、弘扬传统，传承发展 ·················· 253
第四节 退耕还林还草文化建设的阶段性目标 ·················· 254
　一、近期目标：传播构建阶段 ·················· 255
　二、中期目标：创新发展阶段 ·················· 258
　三、远期目标：成熟巩固阶段 ·················· 261

第七章 退耕还林还草文化建设的核心内容 ·················· 263
第一节 退耕还林还草物质文化建设 ·················· 263
　一、构建生态经济体系 ·················· 263
　二、丰富完善实践案例 ·················· 265

第二节　退耕还林还草精神文化建设 ………………………… 268
　一、培育生态文明主流价值观 …………………………………… 268
　二、丰富退耕还林还草文学艺术 ………………………………… 270
　三、研究退耕还林还草理论 ……………………………………… 271
　四、探究退耕还林还草伦理 ……………………………………… 273
　五、挖掘退耕还林还草哲学 ……………………………………… 274

第三节　退耕还林还草制度文化建设 ………………………… 276
　一、构建系统完整的退耕还林还草制度体系 …………………… 276
　二、以退耕还林还草制度效能彰显制度价值 …………………… 278

第四节　退耕还林还草行为文化建设 ………………………… 281
　一、加强退耕还林还草科研教育 ………………………………… 282
　二、拓展退耕还林还草信息传播 ………………………………… 282
　三、加大退耕还林还草文化标识的推广应用 …………………… 282
　四、开展退耕还林还草文化互动体验 …………………………… 283

第八章　退耕还林还草文化建设的保障措施　284

第一节　人才保障 ……………………………………………… 284
　一、人才保障的主要原则 ………………………………………… 284
　二、强化教育人才培养 …………………………………………… 285
　三、强化科技人才培养 …………………………………………… 288
　四、强化管理人才培养 …………………………………………… 291
　五、强化文化专业人才培养 ……………………………………… 293
　六、强化国内外文化交流人才培养 ……………………………… 297

第二节　财力保障 ……………………………………………… 300
　一、财力保障的主要原则 ………………………………………… 300
　二、拓宽资金筹措渠道 …………………………………………… 302
　三、完善财政补贴支持方式 ……………………………………… 306
　四、财力支撑的重点辐射方向 …………………………………… 310

第三节　物质保障 ……………………………………………… 312
　一、加强退耕还林还草资源的长期经营 ………………………… 312
　二、推进退耕还林还草文化载体建设 …………………………… 315

三、加强基础设施建设和生物多样性保护 ································ 317
　第四节　政策保障 ·· 318
　　一、完善退耕还林还草制度机制 ·· 318
　　二、加强退耕还林还草文化发展顶层设计 ································ 321
　　三、优化退耕还林还草文化政策措施 ······································ 322
参考文献 ··· 325

绪 论

退耕还林还草工程已经开展了 20 多年,在改善生态环境、助推农民脱贫致富、促进农村产业结构调整、增强全民生态意识、树立全球生态治理典范等方面取得了显著成效。通过多年的丰富实践,退耕还林还草问题已经上升为文化问题。退耕还林还草文化是退耕还林还草工程建设的灵魂所在,没有触及文化的退耕还林还草是不完整的。只有深入研究退耕还林还草文化,才能深刻理解生态文明建设史上这一标志性工程的伟大意义。

一、退耕还林还草文化建设的重大意义

(一)退耕还林还草是弘扬生态文明理念之源

森林是人类文明的摇篮,从人类诞生的那一天起,森林就成了祖先们最初的栖息地、庇护所和食品库,成为了人类文明的发祥地。人类祖先就是从森林中走来的,"树叶蔽身,摘果为食,钻木取火,构木为巢"是森林孕育人类文明的真实写照。人类在与自然的和谐相处中,创造了语言和文字,形成了由原始图腾崇拜到"天人合一"的生态价值观。大约一万年前,地球气候变得温暖湿润起来,环境的变化和人口的增加,使得仅靠采集和狩猎难以满足人类对食物的需求,人类经过长期的尝试摸索,栽培了一些野生植物以补充食品,原始农业逐渐产生,人类进入了对土地资源开发与利用的时期。由此,农业成为新石器时代的基本标志之一,这也是人类历史的第一次产业革命——农业革命。从那时起,人类所有的耕地基本都是以逐步开垦森林和草原而来。

新中国成立以来,我国高度重视生态文明建设。新中国成立初期,毛泽东主席就发出"绿化祖国"的伟大号召。改革开放后,我国先后启动实施了三北防护林、退耕还林还草等重大生态工程。十八大以来,习近平总书记多次在讲话中强调:"实现中华民族伟大复兴,就是中华民族近代以来最伟大的梦想。"森林是文明的根基,森林兴则文明兴,森林衰则文明衰。森林复兴是文

明复兴和文化复兴的基础,要实现中华民族的伟大复兴,首先就要实现中华民族的森林复兴。退耕还林还草是森林复兴的关键。退耕还林还草工程自1999年实施以来,中央财政累计投入5000多亿元,在25个省(自治区、直辖市)和新疆生产建设兵团的287个地市、2435个县(含县级单位)实施退耕还林还草建设任务5.15亿亩①,占同期全国重点工程造林总面积的40.5%;工程区生态修复明显加快,短时期内林草植被大幅增加,森林覆盖率平均提高4个多百分点,一些地区提高十几个甚至几十个百分点。林草植被得到恢复,生态状况明显改善,为建设生态文明和美丽中国创造了良好条件。退耕还林还草工程,可以说是中华民族历史上最伟大的大地工程。何为大地工程?就是修复人与大地、自然关系的工程。

(二)退耕还林还草文化是繁荣新时期生态文化之需

何谓文化?《辞源》:文化源自汉代刘向《说苑·指武》中的"凡武之兴,为不服也。文化不改,然后加诛。"《辞海》:文化广义指人类社会历史实践过程中所创造的物质财富和精神财富的总和;狭义指社会的意识形态,以及与之相适应的制度和组织机构。著名文化学者余秋雨认为,文化是一种精神价值、生活方式和集体人格。这个定义既以中国社会为参照,又与各国学者的见解互为共识、一脉相承。给文化下一个准确的定义非常困难,对文化这个概念的解读,人们也一直众说不一。

生态文化是人与自然和谐共存、协同发展的文化,是21世纪人类面对气候变化、环境污染、荒漠化加剧、自然灾害频发、生物多样性减少等诸多生存危机所作出的新的生存方式和价值取向,也是一种人类尊重自然、顺应自然,在发展中实现自我反省、自我调节的生态觉醒、行为修正和社会适应。实施退耕还林还草正是我们面对生存危机所作出的尊重自然、顺应自然,在发展中实现自我反省、自我调节的重要选择。

人与自然和谐是退耕还林还草的主旨,退耕还林还草参与者通过退耕还林还草活动与自然和谐相处,构成了退耕还林还草文化。退耕还林还草文化是生态文化的重要组成部分,也是生态文化的丰富和发展。从广义上讲,退耕还林还草文化是人们在退耕还林还草活动中创造的物质财富和精神财富的

---

① 1亩=1/15公顷,下同。

总和；从狭义上讲，退耕还林还草文化是指人们在退耕还林还草活动中创造的精神财富，包括退耕还林还草创造的或受其影响、与之相关的哲学、文学、艺术、科技、制度、风俗习惯、生活方式、思想道德等。通过20多年的丰富实践，退耕还林还草问题已不仅是技术、管理、经济问题，已经上升为文化问题。退耕还林还草催生了退耕还林还草文化，退耕还林还草文化是退耕还林还草实践的产物。只有深入研究退耕还林还草文化，才能深刻理解生态文明建设史上的这一标志性工程的伟大意义。鉴于此，国家林草局退耕办高度重视退耕还林还草文化建设，并在2020年工作计划中明确要求：开展退耕还林还草文化构建研究，启动退耕还林还草文化建设。

作为生态文明在特定环境下的实现形式，生态文化必须也必然是丰富多彩的。目前，生态文化研究领域日新月异，包括蕴含松柏精神的森林文化、敬畏大海的海洋文化、承载千百年历史的古村镇文化以及草原文化、湿地文化、沙漠绿洲文化，等等。我们有充分理由相信，退耕还林还草文化建设将在生态文化体系建设中占有重要的地位，发挥重要的作用，增添精彩的乐章。

(三) 退耕还林还草文化是退耕还林还草工程建设之魂

习近平总书记强调：文化自信是一个国家、一个民族发展中更基本、更深沉、更持久的力量。21世纪以来，我国生态建设取得了巨大成就，其中，退耕还林还草贡献巨大。2019年是退耕还林还草实施20周年，国家林草局对退耕还林还草进行了认真梳理，实事求是地总结了工程建设取得的生态、经济和社会效益，表彰了一大批先进单位和先进个人。退耕还林还草已经开展了20多年，在改善生态环境、助推农民脱贫致富、促进农村产业结构调整、增强全民生态意识、树立全球生态治理典范等方面取得了显著成效，目前开展退耕还林还草文化研究正当其时。文化是国家和民族的灵魂。同样，退耕还林还草文化也是退耕还林还草工程建设的灵魂所在，没有灵魂的事物是没有生命力的，没有触及文化的退耕还林还草也是不完整的。

中国是传统的农业大国，长期以来，人口快速增长的压力以及相对粗放的农业生产方式，致使大量森林、草原、湿地被改变用途，山地、丘陵、土地垦殖率越来越高，耕种坡度越来越陡。据统计，1949—1998年的50年间，我国人口增长7.1亿人，耕地面积增加4.7亿亩。据第一次全国土地资源调查，全国19.5亿亩耕地中，15~25度坡耕地1.87亿亩，25度以上坡耕地

9105万亩。大面积毁林开荒造成土壤侵蚀量增加，水土流失加剧，土地退化严重，旱涝灾害不断，生态环境恶化。1998年，长江、松花江、嫩江流域发生历史罕见的特大洪涝灾害，受灾面积21.2万平方千米，受灾人口2.33亿人，因灾死亡3004人，各地直接经济损失2551亿元，当年国民经济增速降低2%。1998年10月，十五届三中全会通过的《中共中央关于农业和农村工作若干重大问题的决定》提出，对过度开垦、围垦的土地，要有计划有步骤地还林、还草、还湖。10月20日，《中共中央国务院关于灾后重建、整治江湖、兴修水利的若干意见》将"封山植树、退耕还林"放在灾后重建三十二字综合措施的首位，并指出：积极推行封山植树，对过度开垦的土地，有步骤地退耕还林还草，加快林草植被的恢复建设，是改善生态环境、防治江河水患的重大措施。1999年8至10月，朱镕基总理先后视察陕西、云南、四川、甘肃、青海、宁夏6省（自治区），统筹考虑加快山区生态环境建设、实现可持续发展和解决粮食库存积压等多种目标，提出"退耕还林（草）、封山绿化、以粮代赈、个体承包"的政策措施。至此，通过退耕还林还草改善和保护生态环境的政策思路基本成熟。

进入新时代，国家启动了新一轮退耕还林还草，目前，《新一轮退耕还林还草总体方案》规定的任务已经基本完成。到目前为止，退耕还林还草建设总面积达到5.15亿亩，其中，退耕地还林还草达到2.06亿亩。实施退耕还林还草20年以来，我国水土流失状况明显改善，严重沙化耕地得到有效治理，生物多样性得以保护和加强，退耕还林还草工程已成为我国政府高度重视生态建设、积极履行国际公约的标志性工程，成为人类修复生态系统、建设生态文明、推动可持续发展的成功典范。作为生态建设的重要组成部分，退耕还林还草是习近平总书记"两山"理念的最佳实践，值得广泛宣传。退耕还林还草文化建设是大力宣传退耕还林还草的重要载体。

（四）退耕还林还草文化是推动退耕还林还草高质量发展之要

2017年，党的十九大首次提出"高质量发展"的新表述、新定位、新要求。推动高质量发展，既是保持经济持续健康发展的必然要求，也是适应我国社会主要矛盾变化和全面建成小康社会、全面建设社会主义现代化国家的必然要求，更是遵循经济规律发展的必然要求。《2018年政府工作报告》指出："按照高质量发展的要求，统筹推进'五位一体'总体布局和协调推进'四个全面'战略布局。"

退耕还林还草是党中央、国务院作出的重大战略部署，关系人民福祉，关乎民族未来。我国是人口大国，耕地面积有限，退耕还林还草不可能无期限地大面积开展。2021年是"十四五"的开局之年，经过20多年的发展，退耕还林还草将从量的扩展向质的提升方向转变，进入到高质量发展的新阶段。为了推动退耕还林还草高质量发展，国家林草局开展了大量工作，比如，完善各项规章制度、制定修订相关技术规程、面向全社会开展"退耕还林还草高质量发展大讨论"、广泛开展"退耕还林还草标识(Logo)"征集活动等。真正实现退耕还林还草高质量发展，还必须有退耕还林还草文化建设。没有退耕还林还草文化的高质量，退耕还林还草高质量发展也就无法实现，开展退耕还林还草文化建设研究是引领未来退耕还林还草高质量发展的重要举措。

二、退耕还林还草文化建设的基本构想

研究退耕还林还草文化，首先应该从其基本思路、基本特征、基本方法出发，逐步深入到其蕴含的生态意识和生态伦理精神。

(一)退耕还林还草文化的基本思路

经过认真思考，退耕还林还草文化建设的基本思路是：坚持以习近平生态文明思想为指导，以"绿水青山就是金山银山"理念为引领，以不断丰富完善退耕还林还草精神文化、制度文化、物质文化为核心，以全面研究、深入挖掘、认真整理、精心创作、吸收借鉴、广泛传播为手段，以讲好退耕还林还草故事、传播好退耕还林还草声音为宗旨，以向世界展现真实、立体、全面的退耕还林还草，提高退耕还林还草文化软实力和影响力为目标，建设具有强大凝聚力和引领力的社会主义先进文化，全面提升退耕还林还草文化建设质量和水平，为推进退耕还林还草高质量发展，建设生态文明和美丽中国做出新的更大贡献。

(二)退耕还林还草文化的基本特征

退耕还林还草文化是一种关于人与自然如何相处的文化，它的研究主题是人与自然相处之道，人与自然之间是什么关系，人的来去与退耕还林还草有什么关系。首先，退耕还林还草文化是一种"复兴文化"。它主张"将自然还给自然"，即人类欠下自然的债务给自然还回去，努力恢复自然本来面貌，

让天更蓝、山更青、水更绿，实现"替河山装成锦绣，把国土绘成丹青"。长期以来，人类毁林开荒，乱占林地，索取无度，寅吃卯粮，欠下了大笔的生态债务。俗话说，欠债还债，天经地义，人类理应将自己欠下的生态债务给自然还回去。怎么办呢？退耕还林还草的主要决策者朱镕基同志说："要变兄妹开荒为兄妹造林。"退耕还林还草是一场深刻的土地利用方式变革，通过"退"和"还"的方式，将人类欠下的生态账，给自然还回去。其次，退耕还林还草文化是一种"智慧文化"。退耕还林还草，一个退字尽得中国传统文化的精髓。知进退，这是我们老祖宗的智慧。它主张以退为进，退出耕地、种树种草、恢复生态。通过退耕还林还草，让自然恢复生机，让人与自然的紧张关系缓和下来。再次，退耕还林还草文化是一种"和谐文化"。它主张深入反省人与自然的相处模式，彻底摒除人类中心思想，尊重自然、顺应自然、保护自然，最终实现人与自然和谐共处。生态危机是人类文明的最大威胁，人类的文明从砍倒第一棵树开始，将在砍倒最后一棵树结束。退耕还林还草，让我们重新审视了人与自然的关系。人是自然之子，处理好人与自然的关系，是人类的永恒课题。最后，退耕还林还草文化也是"科学文化"。退耕还林还草实现了土地资源的优化科学配置，把农民的精力财力集中起来，搞基本农田建设；把陡坡耕地腾出来，种树种草；把富余劳动力从土地的束缚中解放出来，合理配置。"退"的是落后的生产方式，"还"的是先进生产力。研究退耕还林还草文化，是为了发现和揭示退耕还林还草中的自然之美和人性之美。

（三）退耕还林还草文化建设的基本方法

一是全面系统总结，认真研究分析20年来的退耕还林还草成果。2019年是退耕还林还草实施20周年，国家林业和草原局在陕西延安召开了全国退耕还林还草工作会议，国家林业和草原局主要领导出席并作重要讲话。会议回顾总结了实施退耕还林还草20年来取得的丰富经验，实事求是地肯定了取得的巨大成就，也认真分析了当前工作中存在的突出问题，并对下一步如何做好退耕还林还草工作进行了安排部署。围绕退耕还林还草20年，国家林业和草原局加大了退耕还林还草的宣传力度，在中央领导的亲切关怀下，在中共中央宣传部新闻局的大力支持下，国家主流媒体组成采访团集中对退耕还林还草进行了大规模宣传报道，扩大了社会影响力；中国作家协会组织数十位作家深入退耕还林还草地区一线采风，创作了一批退耕还林还草文学作品；

国家林业和草原局编辑出版了《退耕还林在中国——回望20年》一书，向全社会发布了《中国退耕还林还草二十年（1999—2019）》白皮书，开展了"退耕还林与乡村振兴"专题研究等。这些成果都可以为研究退耕还林还草文化提供帮助。二是充分发挥专家作用，切实提高退耕还林还草文化研究水平。科技是第一生产力，科技工作者是国家的宝贵财富，任何一项事业都离不开科技支撑，退耕还林还草文化研究也是如此。三是深入实际调研，挖掘整理退耕还林还草基层丰富实践经验。退耕还林还草在全国80%的县实施，在田间地头与退耕还林还草农户直接接触，是最接地气的林草工作。要想做好退耕还林还草文化研究，离不开深入退耕还林还草工程区，与基层干部，特别是退耕还林还草农户打交道、交朋友，掌握第一手材料，激发研究灵感。四是广泛收集资料，吸收借鉴生态文化相关研究成果。国际上一些国家开展了类似于我国退耕还林还草的生态工程，比如：美国"罗斯福工程"、前苏联"斯大林改造大自然计划"、加拿大"绿色计划"、北非五国"绿色坝工程"等重点生态工程。退耕还林还草有其特殊性，研究退耕还林还草文化更是首创之举，可以直接参考的资料有限。他山之石可以攻玉，我们可以扩展思路，广泛吸收借鉴其他相关研究的成果，如森林文化、草原文化、湿地文化、园林文化、植物文化、竹文化、花文化、茶文化、海洋文化、民族文化、古村镇文化等，以此启发思路、开阔视野，帮助我们更好地研究退耕还林还草文化。

三、退耕还林还草文化构建的主要措施

退耕还林还草表面上是由林草部门实施的一项生态工程，实际上它更是一项特点鲜明的复杂系统工程，与国家的政治、经济、文化、社会、安全等方方面面都有着千丝万缕的联系，牵一发而动全身。因此，国家建立了巩固退耕还林还草成果部际联席会议制度，并且每年的退耕还林还草年度任务安排都是由发展改革、财政、自然资源、农业农村、生态环境、水利、林草、扶贫等多部门共同协商确定。退耕还林还草文化研究也是如此，无论是数据整理、资料收集，还是统计分析、撰写文稿，都具有明显的跨学科、多行业、多单位协同协作的特点，既有行业内上下联动，也有学科间交叉融合。这就需要在研究过程中注意克服行业束缚，开阔视野，博采众长，广泛吸纳社会各界、各行各业的先进理念和优秀成果，全面梳理20年来各行业、各领域、

各类型的退耕还林还草文化成果,来充实研究内容。

让我们大家不忘初心、携手同行,发挥"大国工匠精神",作风严谨、精益求精、敬业守信、推陈出新,构建与传播退耕还林还草文化,为推动我国退耕还林还草高质量发展,为建设生态文明和美丽中国作出应有的贡献。

第一章 退耕还林还草的起源与历程

实现中华民族伟大复兴是中华民族近代以来最伟大的梦想。森林是文明的根基。森林兴则文明兴，森林衰则文明衰。因此，要实现中华民族的伟大复兴，首先就要实现中华民族的森林复兴。为子孙后代创造一个山川秀美的新中国，是我们这代人的历史使命和责任担当。退耕还林还草是森林复兴的关键，同时也是修复人与自然关系的大地工程，是治理水土流失、风沙及石漠化危害的重要手段。

第一节 退耕还林还草起源

退耕还林还草是我国最主要的林业生态工程之一。我国的生态工程建设历史可以追溯到数千年前，作为世界上最大的农业国，中国有着几千年精耕细作的农业传统和经验，其中，"轮套种制度""垄稻沟鱼""桑基鱼塘"等，就是相当成熟的生态工程模式。

所谓林业生态工程，就是为了保护、改善和持续利用自然资源和生态环境，提高人们的生产、生活和生存质量，促进国民经济发展和社会全面进步，根据生态学、林学及生态控制理论，设计、建造与调控以森林植被为主体的复合生态系统。

一、新中国成立前的退耕还林还草

中国历史长河中不乏退耕还林还草的探索和实践，这是我国传统文化中"天人合一"、敬天畏地、尊重自然的表现。这种文化认为人与自然原为一体，人与自然应该和谐相处。

早在周代，先人们就创造了"菑、新、畲"的土地耕作方法。初垦之田为菑，开垦后经一年之田是新，经两年之田为畲。土地一般连续耕种3年以后，地力耗竭。因此，周人每隔3年就将耕地抛荒休闲，让其自然修复，重新长上树和草，而人迁往他处，另觅新地。可见，"菑、新、畲"的土地轮作休耕制度是我国生态建设工程同时也是退耕还林还草工程的萌芽。

古代退耕还林还草的确凿证据出现在湖北和陕西。2001年，在湖北武当山发现了成片人造梯地遗址，经专家考察后认为，在这片人造梯地上的"原始森林"其实是500多年前"退耕还林"形成的再生林，这样的说法也在明《太和山志》中得到印证。2001年，陕西省户县石井乡涝峪口村发现了两块距今160多年的清代买山还林义行碑。两块石碑分别是《买山义行记》碑和《议叙修职郎贺公买山护村》碑，均立于清咸丰十年（公元1860年）二月，其中一块《买山义行记》碑记载了清朝咸丰年间村中富商、盐知事贺遇霖慷慨捐资一千二百串铜钱，购买沿沟直至笔架山梁一带土地实施退耕还林还草，禁止开垦放牧，以抵御洪水。用碑记反映退耕还林还草活动的，在历史上十分少见，而石碑所在的涝峪口村坚持种植橡树、柏树，并设专人管护，村子周边林木茂盛，山花烂漫，水患基本根除。不过，古代的退耕还林还草规模小，影响有限，缺乏明确的政策支撑。

二、新中国成立至1998年的退耕还林还草

新中国成立后，退耕还林还草实践得到进一步延续和发展。这一时期的退耕还林还草大体可以分为两个阶段：1949—1998年，没有国家补助政策的阶段；1999年至今，国家出台补助政策阶段。

早在1949年4月，晋西北行政公署发布的《保护与发展林木林业暂行条例（草案）》就规定：已开垦而又荒芜了的林地应该还林还草。森林附近已开林地，如宜于造林，应停止耕种而造林。林中小块农田应停耕还林还草。这是我国第一次正式提到退耕还林还草。

没有国家补助政策的阶段主要集中在改革开放后的20世纪80~90年代。

逐步退耕还林还草，努力改善生态环境，是党中央的一贯政策。1983年1月，中共中央在印发中央政治局讨论通过的《当前农村经济政策的若干问题》的通知中就强调："粮食生产一定要抓得很紧很紧，适宜种粮的耕地要保证种粮，实现粮食总产的稳定增长。同时要合理安排适当的耕地种植经济作物，将不宜耕种的土地还林还牧还渔。"这是在中央文件中第一次提到"三还"，但对"不宜耕种的土地"没有作具体的界定。

20世纪80年代,党中央、国务院正式提出有计划、有步骤地退耕还林还草。1985年1月1日,《中共中央 国务院关于进一步活跃农村经济的十项政策》(简称1985年中央1号文件)规定,进一步放宽山区、林区政策。山区25度以上的坡耕地要有计划有步骤地退耕还林还牧,以发挥地利优势。口粮不足的,由国家销售或赊销。以这个文件为标志,我国农村开始了以改革农产品统购派购制度、调整产业结构为主要内容的第二步改革。

与此同时,国务院先后颁布《水土保持工作条例》(1982年)和《水土保持法》(1991年),明确规定:25度以上陡坡耕地禁止开荒种植农作物,开垦禁垦坡度以下、5度以上的荒坡地必须采取水土保持措施,已经开垦的必须采取补救措施。同时,加大了对贫困地区的投入,把扶贫开发与生态环境建设结合起来,坚持以植树种草治理水土流失为基础,推行米粮下川上塬、林果下沟上岔、草灌上坡下地的退耕还林道路。

此外,在联合国粮食计划署、发达国家粮食援助及国家有关项目的支持下,一些地方曾先后开展了退耕还林还草的探索,较早启动的长江防护林工程、小流域水土保持综合治理工程也包含相当部分的退耕还林还草任务。

在政府政策法规和国内外生态建设项目的推动下,一些地方开始退耕还林还草的前期探索。其中,四川省、云南省、甘肃省的退耕还林还草探索,宁夏2605项目、乌兰察布"退一进二还三"等最为引人注目,为后来退耕还林还草的大规模实施提供了宝贵的经验和启示。

(一)四川省的退耕还林还草探索

1980年7月,邓小平在视察四川峨眉山时,亲眼目睹了有人在坡地上砍树种玉米的情景,十分痛心。为了解决由此造成的水土流失问题,他当即建议:"不要种粮食,种树吧,种黄连也可以。"这是邓小平首次明确建议用退耕还林还草来解决生态环境问题。而当时的四川省委立即制定出了一个在本省实施退耕还林还草的新政策。邓小平完全同意这个政策,并鼓励四川省的负责同志解放思想,"大胆地放手干"。邓小平的退耕还林还草建议对后来中央实施全国性退耕还林还草政策具有积极影响。

1980年7月,四川省委作出《关于加速发展山区经济的决定》,确立了"山区以林为主、农牧并举、多种经营、综合发展"的生产方针,明确提出"拿出2亿斤粮食扶持山区发展生产,用于减免长期缺粮队的粮食负担,以及林、牧业和多种经营基地建设"。同时决定,从1981年起连续10年在盆周山区营造速生丰产林1000万亩。1981年3月,省委召开全省林业工作会议,传达党中央、国务院《关于保护森林发展林业若干问题的决定》。省委第一书记谭启龙在总结他带队到川北农村调查的情况时指出:川北长期发展不快,根子是毁林开荒。保护和发展林业是改变川北穷困面貌的治本之策。同年7~8月,四川遭遇特大洪灾袭击,135个县(市、区)严重受灾,直接经济损失达25亿元以上。谭启龙书记在总结洪灾教训时再次指出,"今后要减少洪灾,最根本的一条是保护森林,制止乱砍滥伐。山区要大力开展荒山造林,有计划地逐步退耕还林还牧,逐步调整农业结构,保持生态平衡。"1982年6月,四川省委下发《关于加快我省农村经济发展若干问题的政策规定》,出台的10条政策中有6条涉及林业。其中明确要求,"省上拿出的粮食补助指标,应由县统一安排,主要用于退耕还林还牧等补助。"同时还规定,"大山和深丘地区,对应当逐步退耕还林还牧的陡坡地,可作为生产队的机动地,包给专业组、专业户植树种草;已作为责任地包给社员的,可以在保证完成上交任务的前提下,包定的土地长期不变,由承包户植树造林,收入自得。"到1983年上半年,全省共安排3.9亿千克粮食指标用于退耕还林还牧补助,40个山区县(含现重庆市部分县)退耕还林还牧面积80万亩。地处丘陵地区的广安县(现广安市广安区),仅1983年一次性减征购粮44.62万千克,返销农民粮食70万千克,当年组织群众完成退耕还林还牧2.2万亩。

为进一步加快山区经济发展,1983年5月,四川省委在秀山县(现重庆市秀山县)召开全省盆地周围山区工作会议,作出"大幅度调整农业结构"的决定,明确提出了"重新调整出来的粮食指标,仍由地县掌握,重点用于补助退耕地造林"的政策规定。1984年,四川省委、省政府先后召开盆中地区和盆周山区植树种草发展林牧业大会,在强调对自留山、责任山限期绿化的同时,提出"有计划地退耕还林",要求各级领导思想大解放,意志大统一,广泛大动员,把农林牧放在同等重要的地位,在决不放松粮食生产的同时,集中精力抓好盆地植树种草,实现生态系统的良性循环。

1985年的中央1号文件规定山区25度以上的坡耕地要有计划有步骤地退耕还林还牧后,各地退耕还林还牧的积极性十分高涨。据不完全统计,到1986年上半年,四川省(含现重庆市部分县)累计完成退耕还林还牧236万亩。彭县(现彭州市)为鼓励退耕还林还牧，采取向退耕农户供应口粮和补贴现金的政策，对造林育苗0.5亩以上的农户，由粮食部门按每亩200千克的标准补助粮食；对退耕地造林合格的，每亩补助142千克粮食和5元现金(若达到速生丰产林标准的，补助资金增加到20元)，4年时间全县完成退耕还林还牧2万亩。沐川县从1985年起，结合实施代号为"85-4"的部(林业部)省(四川省)联营速生丰产用材试点工程，按照"先绿化荒山荒坡，并逐步退耕还林还牧"的思路，到90年代末期，全县累计完成退耕还林还牧37.5万亩，其中，栽竹25.5万亩，既治理了水土流失，改善了生态环境，又促进了农民增收和地方经济发展。

为改善长江流域日趋恶化的生态环境，从80年代末起，国家在全流域范围内实施了长江防护林体系建设工程。四川作为重点省开展了大规模植树造林，到1998年年底，丘陵和盆周地区的79个工程县(市、区)累计完成营造林2800万亩。在工程建设中，各工程县除了完成宜林荒山荒地造林外，还将一些不宜耕种的"石骨子"耕地、"插花"耕地、"大字报"坡耕地一并纳入建设范围，起到了增加森林植被、改善生态状况的重要作用。

但是，由于种种原因，20世纪80年代后期，四川省退耕还林还牧粮食补助指标取消，绝大多数地方的退耕还林还牧被迫停止，一些已经退耕的地方出现了复耕，造成不应有的损失。当时曾有老百姓开玩笑说，"政府搭了梯子扶我们上楼，人上去了，但又把梯子抽走了。"

(二)云南省的退耕还林还草探索

与四川省毗邻的云南省是个多山的省份，连年的毁林开荒导致日趋频繁的水土流失和旱涝灾害。在严重的生态危机面前，云南各族人民意识到治山治水、恢复林草植被的重要意义。从20世纪70年代末开始，有关退耕还林还草的探索如雨后春笋般在各地开展起来。

1979年，云南省会泽县火红公社、驾车公社、矿山公社等公社为了改善恶化的生存环境，相继通过号召大队、生产队社员投树籽、筹资金等方式，集中连片规划造林，在规划区内将坡耕地无条件退耕还林还草，并按1:1:8进行收益分成(公社、大队各占一成，社员占八成)。并在1984年"两山到户"后，创建县、区、乡、社四级联营林场，以1:1:2:6的比例分成(县、区各占一成，乡占二成，社员占六成)进行联营造林，将长江中上游防护林工程、中德合作造林项目等重点工程规划区内的坡耕地无条件退耕还林还草。1979年开始至1999年，会泽县坡耕地退耕还林还草共计29万亩。

地处祖国西南边陲的云南省腾冲县，坚持把退耕还林还草作为保护生态环境和振兴地方经济的大事来抓，从1990年起，连续10年退耕还林还草30.8万亩。如今，全县新造林木长势喜人，并逐步显现良好的生态效益、社会效益和经济效益。

腾冲县是一个山区面积占84%的边疆民族县。传统的刀耕火种和毁林开荒，使全县形成了60多万亩的轮耕地。这些轮耕地基本分布在15度以上的山坡上，不仅产量低，也是导致山区、半山区水土流失严重的主要原因之一。进入20世纪90年代，县委、县政府开始认识到，要改善日趋恶化的生态环境，振兴地方经济，就必须开展退耕还林还草。广大农民群众从生产实践中也认识到，发展林业是山区脱贫致富的重要途径。县委、县政府的思路和农民群众的意愿一拍即合，使退耕还林还草工作一开局就步入持续、健康发展的轨道。从1990年起，全县每年平均以3万亩的速度退耕还林还草，其林木成活率、保存率均达到90%以上。随着退耕还林还草工作的开展，极大地推动了当地林业事业的发展，仅1993年至1998年，全县就净增林地面积32.4万亩，净增活立木蓄积量899.75万立方米，森林覆盖率提高了1.24%。仅1998年至1999年，全县就在轮耕地上种植经济果木林9万多亩。县政府还按产业化经营机制组建了银杏总公司、茶叶有限公司，新建了果品、精油加工厂等企业，以适应退耕还林还草后林产品、农产品加工的需要。

1980年，云南省楚雄州根据上级有关政策，结合林区实际，通过减免公余粮，地方财政拨款补贴煤代柴等一系列措施退耕还林还草7.95万亩，而雄楚州当年依然保持了5.6%的粮食增长。

1981年，云南省红河县人大常委会通过的《红河县关于保护森林资源发展林业生产的布告》规定：1966年12月31日以后开垦的荒地，海拔在1600米以上，除已开成稻田和已种上经济林木的土地外，一律退耕还林还草。

1985年，云南省供应粮食指标5000万千克，按每亩补助粮食75千克实施退耕还林还牧，共退耕还林还牧7.3万亩。值得一提的是，云南嵩明在试行退耕还林还牧后形成了地方性的退耕还林还牧节日，为后来实施退耕还林还草工程奠定了良好的群众基础。

第一章 退耕还林还草的起源与历程

(三) 甘肃省的退耕还林还草探索

除了四川和云南，甘肃省的退耕还林还草探索也卓有成效。

早在1983年，甘肃省确立陇中18个干旱贫困县"三年停止破坏，五年解决温饱"的生态建设目标，种草种树、改灶供煤、建设基本农田、发展多种经营，多措并举，如期使该地区广大农村群众摆脱了燃料、肥料、饲料俱缺的困境，基本实现了停止铲草皮、停止烧山灰、停止乱砍树、停止滥垦荒、停止扩大放牧的三年停止破坏目标，为五年解决温饱奠定了一定的基础，也为加快推进生态文明建设营造了较好的社会氛围。1985年，甘肃根据中共中央1号文件精神，提出在政策上采取退耕补粮、补钱的办法，鼓励农民将坡度大、不宜种粮的耕地退耕植树植草，在甘肃定西、天水、庆阳、陇南等9个市(州)，当年完成退耕还林还草133.1万亩，两年共计退耕还林还草211.7万亩，但由于以动员为主，很少运用市场手段等原因，之后退耕还林还草建设进展逐年缓慢。不过，尽管全省退耕还林还草491万亩的五年计划未能付诸实施，但是这种大胆超常的生态建设举措，已发出退耕还林还草先声。

(四) 内蒙古自治区乌兰察布盟的"退一进二还三"战略

除了以省级为单位的退耕还林还草，一些市(县)也加入退耕还林还草的探索中，并取得不俗的成绩。1994—2000年，内蒙古自治区乌兰察布盟(现乌兰察布市)实施"进一退二还三"战略，"进一"就是建设一亩高产稳产田，"退二"就是退出两亩稀薄地，"还三"就是还林、还草、还牧，把生态建设与农牧民吃饭、增收和地方经济发展紧密结合起来，六年中退耕还林还草1200万亩，林草覆盖率从30%提高到40%。在全盟耕地减少一半的情况下，粮食总产量却得到稳步提高，农牧民人均收入由1994年的745元提高到2000年的2003元。乌兰察布盟的做法不仅为退耕还林还草工作提供了成功的经验，同时也为北方干旱、半干旱地区，特别是对降雨量在300毫米以下地区的植被恢复提供了宝贵经验。

(五) 宁夏回族自治区西吉县的"2605"项目

与此同时，宁夏西吉县退耕后出现反复的例子，则给了我们深刻的教训。1980年8月，经中国政府与世界粮食计划署协商，确定了在宁夏西吉县通过种植树木和牧草来防止风沙侵蚀和促进发展的项目。项目主要内容是帮助西吉县将82.5万亩贫瘠耕地改为49.5万亩林地和33万亩草地。同时，在

50.25万亩荒山坡和不毛之地植树15万亩，种植牧草35.25万亩。世界粮食计划署承担粮援等费用2400万美元，中国政府承担工资、种苗等费用1600万美元，项目时间为5年。1982年3月项目正式生效，称为"2605"项目，同年4月开始实施。1988年，项目通过世界粮食计划署官员的终期验收。该项目使西吉县林草植被增加，水土流失得到一定程度的治理，也极大地缓解了用材和燃料、饲料的不足，在当时取得了很大的成功。但四五年后，由于对生态建设缺乏长期奋斗的准备，后续政策没有跟进，生态治理成果得不到巩固，西吉县的人工林面积骤减至23万亩，成果丧失大半。

（六）其他地区的退耕还林还草探索

除了上述省（自治区、直辖市），还有东北、华东、华中、华南以及西部一些地区探索实施退耕还林还草，取得了一定的成效。

辽宁抚顺县五龙公社炮手大队，贯彻辽宁省"以林为主，全面发展"的方针，1979—1982年坚持退耕还林还草和科学管理农田，将185亩25度以上的坡地全部退耕还林还草。

吉林省双辽县从1985年开始，用5年时间将30万亩跑风、跑肥、跑水的土地退耕还林还草，使全县林地总面积达到110万亩，保护了全县70%的耕地，而粮食总产量比1985年翻了一番。

1983—1985年，山东省栖霞县从本地自然特点出发，把退耕还林还草作为贯彻《水土保持工作条例》的一项重要措施来抓，1983—1985年退耕还林还草8万亩。

1984年，湖北省秭归县莲花乡按照国务院颁布的《水土保持工作条例》对责任田外开荒地、25度以上承包责任田等实施退耕，并按退耕面积核实加销减购指标等有效举措推动退耕还林还草。

从1979年开始，湖南省先后采取了粮食加销减购、增拨退耕还林还草指标、安排"议转平"退耕还林还草等一系列政策，鼓励农民退耕还林还草。

1984年，江西广丰县从调整农业生产结构入手，以治坡保土为重点，作出了退耕还林还草决定，制订了"七五"期间治理发展规划，两年间退耕还林还果还麻面积1680亩。

1990年代，在基本解决群众温饱问题后，广西平南县引导和发动群众种植肉桂等收益周期短且效益高的经济林木，并利用市场手段引导教育群众自觉自愿退耕还林还草。

1978年至1981年，重庆武隆县核桃公社逐步在陡坡地退耕还林还草，种植经济林木，增加经济收入。在退耕地和荒坡隙地上，营造漆树、核桃树、油桐等共2.6万亩，同时兴办茶厂、林场、黄连场和其他农副加工厂。

从1982年开始，贵州赫章县山脚寨乡坚持在陡险坡地上退耕还林还草，共退耕还林还草2800亩，同时订立管护林地的乡规民约，并组织650个劳动力在乡镇工厂就业，以保障退耕还林还草的成果。

……

1998年前的退耕还林还草实践探索和试点是基层党政干部勇于担当、敢于创新的体现，是广大人民群众追求美好生活、建设美丽家园的质朴的情怀表现，所积累的经验值得后人借鉴和学习。

第二节　退耕还林还草的发展历程

退耕还林还草是党中央、国务院站在中华民族长远发展的战略高度，着眼于经济社会可持续发展全局，审时度势，为改善生态环境、建设生态文明做出的重大决策。1999年至2020年，中央财政累计投入5174多亿元，在25个省（自治区、直辖市）和新疆生产建设兵团的287个地市（含地级单位）2435个县（含县级单位）实施退耕还林还草5.15亿亩，占同期全国重点工程造林总面积的2/5，4100万农户、1.58亿农民直接受益。退耕还林还草工程已成为我国乃至世界上资金投入最多、建设规模最大、政策性最强、群众参与程度最高的重大生态工程，取得了巨大的综合效益。

退耕还林还草20年的实践可分为1999年起实施的前一轮退耕还林还草和2014年起实施的新一轮退耕还林还草。

一、前一轮退耕还林还草

为落实党中央"再造一个山川秀美的西北地区"的号召和关于灾后重建的意见，1999年，国务院提出"退耕还林（草）、封山绿化、以粮代赈、个体承包"的政策措施，并率先在川、陕、甘3省开展试点。2002年12月，国务院颁布《退耕还林条例》。前一轮退耕还林还草经过1999—2001年试点、2002—

2006年全面实施、2007年以后巩固成果3个阶段,到2013年,全国共实施退耕还林还草任务4.47亿亩,其中退耕地还林1.39亿亩(1999—2006年)、配套荒山荒地造林2.62亿亩、封山育林0.46亿亩。中央总投入4449亿元,实施范围涉及25个省(自治区)和新疆兵团的2422个县(含县级单位),3200万农户、1.24亿农民直接受益。2008—2014年,国家林业局对前一轮退耕地还林还草逐年开展阶段验收,保存率达到99.88%。

(一)试点示范(1999—2001年)

1998年,长江、松花江、嫩江流域发生的特大洪涝灾害,泛滥区域之广,持续时间之长,人民生命财产损失之巨,历史罕见。痛定思痛,人们寻求水患的根源,从以往仅仅追究建库筑堤的问题,发展到关注森林植被稀缺与水患的因果关系。反思水患根源,党中央和国务院更进一步认识到水土流失带来的危害,坚定了治水必先治山、治山必先兴林的决心。

1998年10月20日,中共中央、国务院《关于灾后重建、整治江湖、兴修水利的若干意见》把"封山植树、退耕还林"放在灾后重建三十二字综合措施的首位,并指出:"积极推行封山植树,对过度开垦的土地,有计划有步骤地退耕还林还草,加快林草植被的恢复建设,是改善生态环境、防治江河水患的重大措施。"至此,实施退耕还林还草等生态建设,改善生态状况的思路基本形成。

1999年,根据国务院要求,国家计划委员会同国家财政部、国家林业局、国家粮食局等部门,在四川、陕西、甘肃率先启动了退耕还林还草示范试点工作,当年完成退耕造林572万亩、宜林荒山荒地造林100万亩。从此,一个关系中华民族未来生存和发展的伟大工程拉开了序幕。

经过半年多的准备,2000年1月,国务院召开西部地区开发会议,国家林业局局长王志宝把退耕还林还草试点示范安排向与会代表作了介绍。会上对试点示范的原则、任务和补助标准等问题进行了认真讨论,进一步完善试点政策。随后,六部门印发计粮办〔2000〕241号文,出台以粮代赈暂行办法。

同月,中央批准国家计划委员会关于实施西部大开发战略的初步设想,即中央2号文件。实施退耕还林还草等生态建设工程被写入这一文件,提出了"长江流域5年初见成效,10年大见成效;黄河流域10年初见成效,20年大见成效"的奋斗目标。

3月9日，在吸收会议代表意见和总结三省试点经验的基础上，国家林业局、国家计划委员会、财政部联合发出通知，正式启动退耕还林还草试点示范工作。

《关于开展2000年长江上游、黄河上中游地区退耕还林（草）试点示范工作的通知》（林计发〔2000〕111号），首次正式明确了实施以粮代赈、退耕还林（草）的政策及投入，注定在我国退耕史上占有一席之地。

文件明确，试点范围包括长江上游（以三峡库区为界）的云南、四川、贵州、重庆、湖北和黄河上中游（以小浪底库区为界）的陕西、甘肃、青海、宁夏、内蒙古、山西、河南、新疆（含生产建设兵团）13个省区市的174个县（团、场）。试点期间，国家向退耕户无偿提供粮食补助，标准为长江上游地区为300斤，黄河上中游地区为200斤。国家向退耕户提供造林种草的种苗费补助，补助标准按退耕还林还草和宜林荒山荒地造林种草每亩50元计算。同时，国家给退耕农户适当现金补助，按每亩退耕地每年补助20元安排。粮食和现金的补助年限，先按经济林补助5年，生态林补助8年计算。坚持营造生态林为主，而且不许自行砍伐。生态林一般应占80%左右。对超过规定比例多种的经济林，只补助种苗费，不补助粮食。

2001年，经国务院批准，退耕还林还草试点又增加了湖南洞庭湖流域、江西鄱阳湖流域、湖北丹江口库区、广西红水河梯级电站库区、陕西延安、新疆和田、辽宁西部风沙区等水土流失、风沙危害严重的部分地区。

退耕还林还草试点工作展开后，试点地区各级政府精心组织，有关部门密切配合，试点工作进展顺利。据国家林业局统计，1999年至2001年三年试点期间，20个试点省区市共完成坡耕地退耕还林还草1767万亩，宜林荒山荒地造林1646万亩，造林成活率达到国家规定标准，粮款补助基本兑现到户。

（二）全面实施（2002—2006年）

2002年1月，国务院决定全面启动退耕还林还草工程，将范围扩大到25个省区市和新疆生产建设兵团。2002年1月10日，为落实国务院决策，国务院西部地区开发领导小组办公室召开了退耕还林还草工作电视电话会议，总结了退耕还林还草工作的经验，针对存在的问题，提出了2002年退耕还林还草工作的任务和要求。这次会议是退耕还林还草全面推进的动员会，标志着这一工程的实施进入一个新的阶段。4月11日，国务院根据试点期间出现的一些需要研究和解决的实际问题,对退耕还林还草政策措施做了进一步完善,下发了《国务院关于进一步完善退耕还林政策措施的若干意见》(国发〔2002〕10号),将"林权是核心,给粮是关键,种苗要先行,干部是保证"写进文件内容。为了达到预期成效,国家在退耕还林还草实践中注意不断总结经验、发现问题,对政策措施进行适当的调整,确保"退得下、稳得住、能致富、不反弹"。国务院有关部门按照职能分工,各负其责,做了大量工作。国家计划委员会和国务院西部开发办及时完善政策规划、协调安排年度计划。财政部调拨资金,加强资金管理,保证补助资金使用安全和及时兑现。国家林业局作为工程实施主管部门,在工程管理组织、规划设计、检查验收以及向农户兑现政策等方面做了大量细致的工作。

2002年1月,国家计划委员会、国务院西部开发办会同财政部、国家林业局、国家粮食局印发《关于下达2002年退耕还林任务计划的通知》。3月,国家计划委员会、国家林业局印发《关于下达2002年退耕还林工程中央预算内专项资金(国债)投资计划的通知》,使退耕还林还草有了充足的政策保障。

2002年至2003年,全国掀起了退耕还林还草高潮。2002年,25个省和新疆建设兵团实施退耕还林还草3970万亩,荒山造林4623万亩;2003年,中央出台9号文件,鼓励全社会广泛参与林业建设。在9号文件的鼓舞下,2003年,各地实施退耕还林还草5050万亩,荒山造林5650万亩,达到了历史最高峰。

到全面实施阶段结束的2006年,7年间,国家向25个省和新疆建设兵团共下达退耕地还林还草计划1.39亿亩,其中退耕地还林1.38亿亩,退耕地还草118万亩。退耕还林还草作为我国实施西部开发战略的重要政策之一,坚持"退耕还林,封山绿化,以粮代赈,个体承包"的基本政策,主要向陕西、甘肃、青海、宁夏、新疆、内蒙古、西藏、广西、云南、贵州、四川和重庆12个西部省(自治区)倾斜,其计划面积为8732.5万亩,占总计划面积的62.8%。

(三)巩固成果(2007—2013年)

2007年,为确保"十一五"期间耕地不少于18亿亩,原定"十一五"期间退耕还林还草2000万亩的规模,除2006年已安排400万亩外,其余暂不安排,退耕还林还草工作重点转向巩固已有成果。

贵州省大方县羊场镇前一轮退耕还林还草前后对比

2007年6月20日，国务院第181次常务会议研究决定将退耕还林还草补助政策再延长一个周期，继续对退耕农户给予适当补偿，即现行补助期结束后，中央财政在一定时期内继续对退耕农户给予适当补助，要抓紧制定延长退耕还林还草补助资金的使用办法。

2007年7月下旬，延长退耕还林还草补助政策座谈会在北京召开，25个有退耕还林还草工程任务的省区市和新疆生产建设兵团主管退耕还林还草工作的负责人，国家发展改革委、国务院西部开发办、财政部、农业部、国务院研究室、国家林业局的负责人，以及地方发展改革委、财政厅、林业厅（局）负责同志，一起研究如何落实国务院决策的问题，对延长退耕还林还草补助期的主要政策进行反复讨论。通过座谈，与会同志对党中央、国务院的决策和一些政策措施统一了认识，加深了理解。

会后，国务院根据会议讨论研究的意见，下发了《关于完善退耕还林政策的通知》，也就是国发〔2007〕25号文，明确现行退耕还林还草补助政策期满后，中央财政安排资金，继续对退耕农户给予适当的现金补助。同时，中央财政安排一定规模的资金，作为巩固退耕还林还草成果专项资金。这次完善政策，中央对退耕还林还草工程的投入增加了2066亿元，退耕还林还草工程的总投入达4300多亿元。

这次完善退耕还林还草政策主要内容有四点。

其一，现行退耕还林还草补助政策期满后，中央财政安排资金，继续对退耕农户给予适当的现金补助，长江流域及南方地区每年每亩耕地补助105元，黄河流域及北方地区每年每亩耕地补助70元。其中，还生态林补助8年、还经济林补助5年、还草补助2年。

其二，中央财政安排一定规模的资金，作为巩固退耕还林还草成果专项资金，主要用于西部地区、京津风沙源治理区和享受西部政策的中部地区退耕农户的基本口粮田建设、农村能源建设、生态移民等方面，并对特殊困难地区倾斜。

其三，每亩退耕地每年20元生活补助费，继续直接补助到户，并与管护任务挂钩。

其四，中央财政按核实的还林还草面积，核定各省的巩固退耕还林还草成果专项资金总量，从2008年起按8年集中安排，逐年下达，包干到省。实施退耕还林还草工程并完善补助政策，涉及退耕总人口1亿多人，造林总面积4亿多亩，中央总投资4000多亿元，前后将延续20多年。

按照政策的要求，各地退耕还林还草工程进入了巩固成果、稳步推进的新阶段。退耕还林还草工程区有关省区市和新疆生产建设兵团制定了本地区巩固退耕还林还草成果的专项规划，明确了基本口粮田、农村能源、后续产业发展和补植补造任务。

二、新一轮退耕还林还草

2014年8月，经国务院同意，国家发展改革委、财政部、国家林业局、农业部、国土资源部联合向各省级人民政府印发《关于印发新一轮退耕还林还草总体方案的通知》（以下简称《总体方案》），提出到2020年将全国具备条件的坡耕地和严重沙化耕地约4240万亩退耕还林还草。2015年12月，财政部等8部门联合下发《关于扩大新一轮退耕还林还草规模的通知》，要求将确需退耕还林还草的陡坡耕地基本农田调整为非基本农田，并认真研究在陡坡梯田、重要水源地15~25度坡耕地以及严重污染耕地退耕还林还草的需求。2017年，国务院批准核减17个省（自治区、直辖市）3700万亩陡坡基本农田用于扩大退耕还林还草规模。2019年，国务院又批准扩大山西等11个省（自治区、直辖市）贫困地区陡坡耕地、陡坡梯田、重要水源地15~25度坡耕地、严重沙化耕地、严重污染耕地退耕还林还草规模2070万亩。至此，新一轮退耕还林还草的总规模已超过1亿亩。

2014—2020年，22个工程省（自治区）和新疆生产建设兵团的1100多个县（含县级单位）共实施新一轮退耕还林还草7750.01万亩（其中，还林6856.6万亩、还草593.46万亩、宜林荒山荒地造林99.95万亩），中央已投入908亿元。

（一）重启（2014年）

2014年8月2日，国家发改委、财政部、国家林业局、农业部、国土资源部出台《关于印发新一轮退耕还林还草总体方案的通知》，标志着新一轮退耕还林还草正式启动。

实施新一轮退耕还林还草，是贯彻落实科学发展观、推进生态文明建设的战略举措，是贫困地区农民脱贫致富、加快全面小康社会建设的有效途径。

新一轮退耕还林还草采取"自下而上、上下结合"的方式实施，在农民自愿申报的基础上，中央核定各省总规模，并划拨补助资金到省，省级人民政府对退耕还林还草负总责，自主确定兑现给农户的补助标准，并可在不低于中央补助标准的基础上确定具体补助标准和分次数额。地方提高标准超出中央补助金额部分，由地方财政自行负担。

坚持农民自愿，政府引导；坚持尊重规律，因地制宜；坚持严格范围，稳步推进；坚持加强监管，确保质量。这"四个坚持"，是新一轮退耕还林还草遵循的原则。

考虑到林业发展和山区群众以林致富的需要，新一轮退耕还林还草在目标设置、财政支持、产业引导等方面有很多与时俱进的设计，展现在人们面前的，是全新的生态建设模式。

《总体方案》明确，到2020年，将全国具备条件的坡耕地和严重沙化耕地约4240万亩退耕还林还草，包括25度以上坡耕地2173万亩，严重沙化耕地1700万亩，丹江口库区和三峡库区15~25度坡耕地370万亩。

对已划入基本农田的25度以上坡耕地，要本着实事求是的原则，在确保省域内规划基本农田保护面积不减少的前提下，依据法定程序调整为非基本农田后，方可纳入退耕还林还草范围。

新一轮退耕还林还草工程建设更加注重调整农村产业结构和促进农民增收。采取"自下而上、上下结合"的方式实施，充分尊重农民意愿，由农民自愿申报任务。

退不退耕，还林还是还草，种什么品种，由农民自己决定，政府只是进行政策引导和技术支持；倡导多元化种植模式和经营模式，鼓励农户发展特色经济林、速生丰产林等，增加农民收入；允许农民在不破坏植被、造成新的水土前提下林粮间作，发展林下经济；符合公益林标准的退耕地可纳入森林生态效益补偿范围，未划入公益林的允许农民合理经营和依法流转或采伐，急需抚育间伐的森林将纳入森林抚育补贴范围；允许公司、大户进行承包造林，引进社会资本参与退耕还林还草。

与前一轮相比，新一轮补助标准有所下降，但兑现方式更显灵活。补助标准为退耕还林每亩补助1500元，包括中央财政专项资金安排现金补助1200元和中央预算内投资安排种苗造林费300元。退耕还草每亩补助800元，包括现金补助680元和种苗种草费120元。

新一轮退耕还林分三次下达，每亩第一年800元(含种苗造林费300元)、第三年300元、第五年400元。退耕还草分两次下达，每亩第一年500元(含种苗种草费120元)、第三年300元。

中央补助资金全部下达给省级人民政府。省级人民政府可在不低于国家补助标准的基础上自行确定补助标准、兑现次数和分次金额。地方提出标准超出中央补助规模部分，由地方财政自行负担。

新一轮退耕还林还草启动后，在实践中存在巩固成果长效机制尚未建立、补助标准偏低影响群众积极性、总体实施规模偏小等困扰。

2016年，全国人大农委、中国老科协林业分会等赴8个省（自治区）进行调研，向国务院领导报送了调研报告，提出了完善退耕还林还草政策、加快任务落地的具体对策和建议，引起了中央领导的高度重视。2016年7月，在多次专项调查研究和部门协调之后，国务院副秘书长江泽林召集有关部门专门研究退耕还林还草问题，明确提出加快将陡坡耕地调出基本农田、提高种苗造林费补助标准、切实巩固上一轮退耕还林还草成果、研究完善退耕还林还草工作协调机制等政策措施。

2017年，《中共中央 国务院关于深入推进农业供给侧结构性改革加快培育农业农村发展新动能的若干意见》明确要求：加快新一轮退耕还林还草工程实施进度。上一轮退耕还林补助政策期满后，将符合条件的退耕还生态林分别纳入中央和地方森林生态效益补偿范围。

随后，国家完善了相关的退耕还林还草政策。2017年起，退耕还林种苗造林费每亩补助标准从300元提高到400元；2017年起，中央财政将前一轮退耕还生态林符合公益林条件的面积全部纳入生态效益补偿范围，每亩每年补偿15元（这一标准2019年起提高到每亩每年补偿16元）；2018年起，国家将前一轮退耕还林补助政策到期的生态林纳入森林抚育补助范围，每亩每年补助20元，连续补助5年。

青海省大通县实施新一轮退耕还林还草成效

(二) 两次扩规

扩大新一轮退耕还林还草规模,中央有要求,地方有诉求,社会发展有需求,是稳增长、促改革、调结构、惠民生的一项重要政策。

1. 第一次扩规

根据要求,各地迅速行动,自下而上展开摸底调查,按时将摸底调查结果按时上报国家。根据各地上报的结果,2017年2月,发改委、财政部、国家林业局等部门联合向国务院上报了新一轮退耕还林还草启动后,在实践中请示,提出将18个省(自治区、直辖市)陡坡耕地基本农田3700万亩,调整为非基本农田后用于退耕还林还草。同时提出,在土地利用规划修编中,根据各地退耕还林还草检查验收和土地利用变更调查结果,以实际完成的退耕还林还草面积核减有关省份耕地保有量和基本农田保护面积,通过加大高标准农田建设力度等措施,确保到2020年全国耕地保有量不突破18.65亿亩红线。5月,国务院批准了请示,新一轮退耕还林还草规模扩大到7940万亩。

2. 第二次扩规

扩大新一轮退耕还林还草规模的脚步并没有就此停住。《中共中央国务院关于打赢脱贫攻坚战三年行动的指导意见》对加大贫困地区新一轮退耕还林还草支持力度,提出了更加明确的要求:将新增退耕还林还草任务向贫困地区倾斜,在确保省级耕地保有量和基本农田保护任务前提下,将25度以上坡耕地、重要水源地15~25度坡耕地、陡坡梯田、严重石漠化耕地、严重污染耕地、移民搬迁撂荒耕地纳入新一轮退耕还林还草工程范围,对符合退耕政策的贫困村、贫困户实现全覆盖。

2018年5月,为贯彻落实党中央、国务院特别是党的十九大报告关于扩大退耕还林还草的决策部署,统筹研究扩规问题,经过认真酝酿,发改委、财政部、自然资源部、国家林业和草原局、农业农村部联合发出《关于调查摸底有关地区退耕还林还草需求的通知》(发改办西部〔2018〕526号),对扩规工作又一次做出部署。

2019年8月底,国务院批准同意将贫困地区包括25度以上坡耕地、严重沙化耕地、重要水源地15~25度坡耕地、严重污染耕地、陡坡梯田在内的2070.42万亩耕地逐步退耕还林还草。理论上,新一轮退耕还林还草可实施规模达到1亿亩。

2014—2020 年，有关部门已安排各地退耕还林还草计划任务 7302 万亩（不含荒山造林），由于顶层设计不完善、补助标准偏低、部分地方群众积极性不高等原因，尚有 2709 万亩没有实施。

第三节　退耕还林还草的驱动因素

生态危机是当今人类社会面临的根本问题之一。生态危机促进了全民生态意识的提高，成为推动我国实施退耕还林还草的主要动力。

人类的发展经历了原始文明、农业文明和工业文明等不同阶段。进入工业文明后，科学技术得到巨大发展，生产力得到极大解放，物质财富急剧增长。与此同时，人类也面临着越来越严峻的生态危机，森林锐减、水土流失、土地沙化或石漠化、湿地减少、干旱缺水、生物多样性下降等一系列严重的问题，成为制约世界各国发展的瓶颈。人与自然和谐已经成为国际国内不懈努力追求的目标和梦想。

一、严峻的生态形势

在我国，几千年来耕地扩张、林草植被破坏严重，导致一系列严重的生态环境危机，突出表现为森林面积锐减、水土流失面积持续扩大、洪涝灾害明显增多、旱灾危害程度加重、水资源严重短缺、土地沙化或石漠化严重、湿地持续萎缩、生物多样性下降……其后果引起了政府和人民的普遍关注和担忧，需要全社会共同参与解决。

(一) 林草植被破坏严重

几千年的历史表明，生态演变也是自然与人共同作用的结果。历史的主轴越是靠近当代，导致生态恶化的人为破坏就越是明显，我国特别是广大西部地区陷入了"越生越穷、越穷越生""越垦越穷、越穷越垦"的恶性循环。

在人类社会早期，无论高山、低丘，抑或平原，到处是茂密的原始森林。我国也不例外。据专家论证，几亿年前，中国大地基本上为高大的原始森林覆盖。以后由于造山运动和地壳沉降，一些地区的原始森林被深埋地下，逐步变成了煤田。西北地区的煤炭蕴藏量占全国的 2/3，不少煤田有好几层，煤层达几米厚，足见当时参天巨木的茂密景象。

专家对我国森林资源的演变过程进行了研究，结果表明，原始社会时期，我国森林覆盖率达60%以上。那时的东北地区，90%以上的面积被森林所覆盖，中南地区森林覆盖率也在80%以上。在湿润的东南半壁，有80%～90%的国土面积上覆盖着森林。在半湿润半干旱的中部地区，森林覆盖率达40%～50%。即使在高寒的青藏高原，高山地带或河谷部位也存在大量森林，森林覆盖率为10%～20%。

人类对生态环境的破坏，随着时间推移逐渐加剧。秦汉时期（前221—220年），全国森林覆盖率为41%～46%。但到了清代初期，全国森林覆盖率已降为21%，到1949年只剩下8.6%。全国不少地方光山秃岭，风沙四起，生态环境严重恶化。

1949年以后，长期的战乱终于结束，中国人民盼来期待已久的和平发展机遇。但是在人口膨胀和吃饭问题的压力下，中国长期奉行"以粮为纲"，走过一段忽视森林价值、视森林为农业发展障碍的弯路。

据第一次全国森林清查（1973—1976年），我国森林覆盖率和森林面积分别为12.7%和18.3亿亩，比新中国成立前有所上升，但森林蓄积量仅为86.6亿立方米，比新中国成立前有所下降，森林赤字有所扩大。

长江黄河上游的原始森林，具备很高的涵养水源的功能，本该为国土的长治久安、江河的稳定提供有力的保障。遗憾的是，新中国成立初期，国家处于追求森林资源的木材生产经济效益最大化的阶段，这些地区森林砍伐速度进一步加快。

从20世纪50年代初到80年代初，30年间长江上游天然林面积减少了5062.5万亩。按每亩"有林地"比"非林地"多蓄水200立方米计算，森林减少致使土地拦蓄降水的能力降低了100多亿立方米。同期，水土流失、泥沙淤积也使江湖的库容减少160亿立方米。

四川省新中国成立初期森林覆盖率约20%，而1987年仅存13%，川中丘陵地带58个县，几乎近半数的县，森林覆盖率不到3%，其中19个县还不到1%。川西三个自治州森林覆盖率由50年代的19%下降到12%，其中，阿坝州森林面积减少了3/4，蓄积量减少了2/3，许多林业局出现了无木可伐的局面。这些地方恰好是1998年水患的源头区之一。长江上游森林资源的锐减，为这场世纪洪灾埋下了伏笔。

据第一次全国土地资源调查，1996年全国25度以上的坡耕地达9151万亩。据实地调查和各地反映，由于农村使用"习惯亩"计算坡耕地面积，而且一些地方不断开荒，实际陡坡耕地面积可能远大于在册数量。毁林开荒、陡坡耕种的直接后果是严重的水土流失、环境恶化和洪涝、干旱灾害加剧。

20世纪90年代以来，长江流域洪涝灾害的频次明显超过20世纪70~80年代。大面积林草的毁坏绝不仅发生在长江流域，同样的悲剧也在黄河流域及北方地区上演。黄土高原土质疏松，地表黄沙层土壤极易被破坏，这一地区的过度开垦、樵采放牧，造成严重的水土流失，河床泥沙淤积。20世纪50至70年代末，仅西北地区3次大规模毁草、毁林开垦，破坏草地1亿亩，毁林280万亩。

毁林毁草开荒会造成水土流失、土地沙化、严重的洪涝灾害和干旱。20世纪末，我国已成为世界上水土流失和荒漠化危害最严重的国家之一。脆弱的生态环境已成为我国可持续发展面临的一个最突出的问题，土地沙化与水土流失已成为中华民族生存和发展的心腹之患。

（二）水土流失面积持续扩大

水是生命之源，土地是最重要的农业和生态资源，离开这两种资源，人类的生存将难以为继。

对于我国来说，水和土地都是相对匮乏的资源。中国可用土地面积占世界可用土地面积的7%，中国淡水资源占世界淡水资源的6%，可是中国的人口却占到了世界的1/5。20世纪末，水土流失虽然经过了国家大力整治，但是形势依然严峻。

2002年初，水利部公布了全国第二次水土流失遥感调查结果：全国水土流失面积356万平方千米，占国土面积的37.1%。其中，水蚀面积165万平方千米，风蚀面积191万平方千米；在水蚀和风蚀面积中，水蚀风蚀交错区水土流失面积为26万平方千米。

从这次遥感调查的结果看，我国水土流失分布范围广、类型多、强度大。长江、黄河是我国最长的两条河流，其流域覆盖面积广阔，而这些区域是我国水土流失的重灾区。

20世纪50年代，长江流域水土流失面积为36万多平方千米；20世纪90年代上升到56万平方千米，40年增加了20万平方千米，比50年代增加了

56%，年土壤侵蚀量22.4亿吨。长江干流年平均输沙量达5亿吨以上，已达黄河的1/3，相当于尼罗河、亚马孙河、密西西比河3条世界大河输沙量的总和。

更令人忧虑的是，随着长江流域人口密度越来越大，为解决吃饭问题，当地居民不断扩大坡地耕种，自然植被受损，生态环境越来越趋于恶性循环。

据黄河水利委员会《黄河流域水土保持公报》等披露，20世纪末，黄河流域水土流失面积也已由20世纪60年代的28万平方千米扩展到56万平方千米，整整扩展了一倍。每年流入黄河泥沙高达16亿吨，严重威胁下游的安全。

位于黄河流域源头的青海省原本有大量的绿色。明代，青海西宁的周边环境还十分不错。如明万历年间，经略西宁的郑洛说："山林通道，樵牧往来……"明御史李素在《西平赋》中描述西宁地区的环境时说："木则柳株万，松挺千丈……"说明湟水两岸被高大的杨柳树笼罩。由此可见，西宁湟水谷地和南北两山还存在很大面积的天然森林、灌木丛以及草甸，所以当时的西宁人，修建民居、庙宇等都到山上采伐木料。

但到了世纪之交，黄河流域森林覆盖率不足7%，其源头所见的尽是光山秃岭，一派荒漠景象。从山底到山顶，由于开荒种地，使有限的水资源被严重浪费。

放眼世纪之交的华夏大地，水土流失的形势让人不寒而栗。全国平均每年新增水土流失面积1万平方千米，每年流失的土壤总量达50亿吨。50年来，由于水土流失而毁掉的耕地达4000多万亩，每年因水土流失损失耕地约100万亩。

据专家分析，按照这样的速度，50年后东北黑土区1400万亩耕地因黑土层流失，粮食将减产40%；另外，35年后西南岩溶区石漠化面积将翻一番，届时将有大量人口失去赖以生存和发展的土地。

全国因水土流失每年损失50亿吨土壤，造成土壤养分严重流失，折合损失氮磷钾约4000万吨，即全国一年生产的肥料中氮磷钾的含量。据估计，流失1毫米厚的表土，每亩可减少谷物产量0.67千克以上。对一个农业大国来说，这无疑是一个严重的问题。

严重的水土流失已对中国的生态安全、粮食安全、防洪安全和水土资源安全构成重大威胁,已成为制约中国经济社会可持续发展的一个重要因素。

(三) 旱涝灾害明显增多

河流在上游卷走的泥沙在下游慢慢沉积下来,造成淤积,抬高河床。还有一部分泥沙进入了湖泊、水库,降低了湖泊、水库的蓄水能力和河流的排洪能力,在洪灾期间给人们的生命财产造成巨大损失。

以长江为例,因其上游不合理的开发利用土地,20 世纪 50~90 年代长江干流年平均输沙量逐年增加,这些泥沙来到中下游,引起泥沙淤积、湖面缩小、河床抬升等一系列生态灾难。

据推算,三峡工程建成后,每年将在库区淤积泥沙近 6 亿吨,减少库容 3.5 亿立方米。具有"衔远山、吞长江"的洞庭湖,因泥沙淤积,面积从解放初期的 4300 平方千米已减少到 2600 平方千米,且湖床抬高了 1 米左右。

长江中游的荆江段,因泥沙淤积,河床已高出水面 10 多米,成为名副其实的"地上悬河"。鄱阳湖年淤积量也达 1210 万吨,湖床平均每年抬高 3 厘米,湖面已从 20 世纪 50 年代初的 5100 平方千米缩减到现在的 2900 平方千米。

据史料统计,长江中游大小水灾,唐代平均 18 年一次。宋元两代 6 年一次。明清 4 年一次。民国以后 2.5 年一次。进入 20 世纪 80 年代,洪涝灾害明显增多,水灾面积和成灾率都比 60 年代和 70 年代有所增加,尤其是 1996 年、1998 年发生的都是历史上罕见的全流域性洪水,损失十分惨重。

专家们认为,中上游地区森林植被的破坏是导致洪灾加重的主要原因。长江在 20 世纪 70 年代还是比较清澈的,到 90 年代末已成为名副其实的第二条黄河。

我国第二大河流黄河的情况更是严重。由于上游水土流失造成河道淤积,导致泄洪能力下降,黄河河床逐年抬高,黄河下游河段已处于"越淤越加,越加越高"的局面,成为悬河,历史上多次泛滥成灾。

据李旭在《活在忧患的摇篮中》一文中披露,从先秦到 1949 年,发生洪灾达 1500 次,大的改道 26 次,形成"三年一决口,百年一改道"。

新中国成立之后,虽没决口,但因泥沙淤泥,河床以每年 0.1 米的速度淤高。1958 年下游河道防御了花园口 2.2 万立方米/秒的洪水,而 1993 年只能防御 0.6 万立方米/秒的洪水。专家大声疾呼:黄河上游水土流失,流走的是血脉;下游江河淤塞,埋下的是祸患。

现在，黄河高出开封 10 多米，高出济南 9 米多。黄河就在开封、济南的头顶上。如果不未雨绸缪，早下决心，大力开展生态保护和修复，我们就要受到大自然的无情惩罚。

祸不单行，除了洪涝灾害，旱灾危害程度也在加重。大量研究表明，森林植被能有效调节周边地区小气候。森林植被的严重破坏，会大幅削弱它的调节功能。据甘肃气象部门推算，1950 年以前的 17 年里，陇中地区的气候稳定度在 41.2%，而 1950 年以后的 50 年里，这个指数下降到 14.8%。这意味着，风调雨顺的年景越来越少，水旱灾害越来越频繁。

在西部，大部分地方植被稀少。西北地区降水在 200~600 毫米，蒸发量大幅超过降水量，而西南降雨不均，而且水土流失严重，因此干旱缺水成为西部地区经济发展的制约因子。

干旱制约农作物的生长，不利于小麦后期灌浆成熟，尤其播种季节的"卡脖旱"，对作物影响很大。1980 年，西北地区 1~3 月降水比正常年景少 30%~50%，致使陇中、陕北等地发生春旱，陇海沿线出现夏旱，作物受灾面积达 70%，粮食比正常年景减产 30%~50%。

全国耕地每年旱灾占受灾面积的 60% 以上，而且旱灾影响的扩展速度逐年加快。20 世纪 50 年代年均受灾 1.2 亿亩，60 年代年均为 2.2 亿亩，90 年代年均达到 3.8 亿亩。

人为对自然界的破坏，使农业生态环境恶化，更加重了灾害的多发趋势与危害程度。以甘陕宁晋地区为例，发生一次旱灾的平均时间为：隋唐五代为 3.24 年，宋辽金元 3.26 年，明 1.8 年，清民国 1.5 年。资料表明，新中国成立后的 1949—1990 年甘陕宁晋地区发生旱灾 36 次，可谓十年九旱。

1991 年至 1992 年，甘肃省就遇到一次毁灭性旱灾。大部分地区的降水与河流水比历史普遍少 2~6 成，省内部分县出现水荒，河流断流，水窖干涸。全省 68 个县 1200 万人受灾，粮食受灾 2100 多万亩，春旱使 495 万亩不能播种，1500 万人和 280 万头牲畜饮水严重困难。

在 20 世纪下半叶，我国水土流失、干旱面积逐年加重和扩大，自然灾害频率加快，给人民生产生活带来严重影响。

(四) 水资源严重短缺

我国是世界上严重缺水的国家之一。人均淡水资源占有量仅为世界平均水平的 1/4。全国 2/3 的城市供水和大量的农业灌溉依靠地下水。

据了解，全国不少地区地下水超采严重，有的形成漏斗，造成地面沉降。20 世纪末，华北地区沉降漏斗已由点到面连成一片，面积超过 2 万平方千米。有些地区的地下水已濒临枯竭。江河断流是 20 世纪 90 年代我国水生态平衡失调的一个重要信号。多年来，不少河川径流量衰减，中小河流数量日益减少。断流不仅出现在降水量少的北部、西部地区，而且出现在雨量充沛的南方地区；不仅小河小溪断流，有些大江大河也存在断流问题。

英国水资源专家弗雷德·皮尔斯在《全球水危机——节约用水从我做起》一书中指出，黄河第一次断流是 1972 年，从那时到 1998 年，几乎每年黄河水在一段时间内都无法到达黄河三角洲。

据《中国生态演变与治理方略》介绍，1979 年黄河下游河道断流时间为 21 天，1997 年达到 226 天；1979 年河流断流的长度为 104 千米，1997 年达到 704 千米。

生态环境部环境规划院院长、中国工程院院士王金南在 2020 年 1 月的《环境保护》杂志上撰文披露，黄河流域资源性缺水严重，1956—2000 年，流域平均径流量为 535 亿立方米，仅占全国的 2%；人均水资源量仅有 473 立方米，约为全国水资源量的 23%。

纵观人类历史，水可以载舟，亦可以覆舟；水可以兴国，亦可以亡国。越来越多的江河断流，湖泊干涸，雪线上移，地下水位下降，相当一部分城市供水紧张……在水资源短缺的背后，隐藏着中华民族生存与发展的巨大危机。

（五）土地退化严重

土地退化，最典型的是北方的荒漠化、沙化和南方的石漠化。根据国家林业局发布的第二次全国荒漠化、沙化土地监测结果显示，20 世纪末，我国土地荒漠化、沙化呈局部好转、整体恶化之势。截至 1999 年，我国有荒漠化土地 267.4 万平方千米、沙化土地 174.3 万平方千米，分别占国土总面积的 27.9% 和 18.2%；并以年均 1.04 万平方千米和 3436 平方千米的速度在扩展。

草地的退化是土地沙漠化的温床，退化了的草地经过岁月的侵蚀最终变成沙漠。据公开资料，20 世纪初，全国退化草地 135 万平方千米，约占可利用草地面积的 1/3，并且每年仍以 2 万平方千米的速度增加。

"八五"期间,全国年均改良草地面积3900多万亩,而同期年均草地退化面积3000万亩。"九五"期间,草地退化趋势仍在加剧。大面积的草原沙化、退化,成为我国最大的生态与环境问题。

20世纪下半叶,我国沙化面积急剧扩大。20世纪50~60年代,沙漠化土地每年扩展1560平方千米,70~80年代,每年扩展2100平方千米,90年代前期,每年扩展2460平方千米。90年代后期达到3436平方千米,相当于每年有一个中等县的面积沦为沙漠。全国已有1000万亩耕地、3525万亩草地成为流动沙丘,有2.4万个村庄受到严重沙化危害,一些牧民沦为生态难民。

沙漠化的扩展使中华民族生存空间大幅缩小,带来的生态灾害十分严重,已成为中华民族的心腹大患,是我国最严重的生态问题之一。

除了北方土地荒漠化、沙化,还有南方的石漠化。我国石漠化地区主要集中在西南地区。在漫长的岁月中,西南诸省区形成一些面积较大的岩溶地貌和石漠景观。

石漠化地区土层浅薄,植被稀少,生态环境脆弱。据2008年国务院批复的《岩溶地区石漠化综合治理规划大纲》,西南岩溶山区以贵州为中心,包括贵州大部及广西、云南、四川、重庆、湖北、湖南等省的部分地区,面积达50多万平方千米,是全球三大岩溶集中连片区中面积最大的典型生态脆弱区。

石漠化总是和贫困相伴而生。由于石漠化的影响,该地区长期处于贫困状态,到20世纪末还有2000多万贫困人口。据中央电视台2011年09月14日报道,从1987—2005年的18年间,西南岩溶区石漠化面积增加了近4万平方千米,超过了整个海南岛的面积。

石漠化的快速扩展不仅直接威胁了西南岩溶山区人民的生存环境与可持续发展,而且还因该地区地处长江和珠江两大流域的上游,石漠化的快速发展,不利于两江上游生态屏障的建设,并间接影响了中下游沿岸地区的生态安全。

(六)湿地面积持续萎缩

湿地是"地球之肾",具有巨大的生态功能,对维护地球的生态平衡具有十分重要的作用。湿地也是"淡水之源"和最大的"淡水贮存库""水资源调节器""淡水净化器""生物基因库",还是世界上十分重要的碳库之一。

20世纪下半叶，由于人口增加、经济发展和不合理利用等多种因素，导致湿地消失的速度不断加快，湿地生态功能不断退化。

中国湿地退化和丧失的速度超过了其他类型的生态系统。一方面，同口径下湿地数量和面积持续减少、栖息地破碎化，另一方面现存湿地生态退化，生态服务功能衰退的状况仍将延续，难以满足人类福祉水平不断提高的需求。

通过遥感监测可以看到，世纪之交中国整个土地利用格局的大转变：长江三角洲、珠江三角洲以及江淮平原、成都平原，大量的水稻田变成了城市、高速公路。东北大量的湿地被开垦，变成了耕地。据不完全统计，从20世纪50年代以来，全国湿地开垦面积达1.5亿亩，全国沿海滩涂面积已削减过半，56%以上的红树林丧失。

全国围垦湖泊面积达1950万亩以上，因围垦而消失的天然湖泊近1000个，众多湿地水质逐年恶化，不少湿地生物濒临灭绝，约1/3的天然湿地存在着被改变、丧失的危险。中国天然湖泊已从历史上的2800个减少到1800多个，湖泊总面积减少了36%。"千湖之省"湖北省的湖泊锐减了2/3。有的城市周围的湖泊，由于严重的污染和富营养化，实际丧失或几乎丧失了生态功能。

三江平原是中国最大的平原沼泽分布区，据统计，1975年三江平原自然沼泽面积为3660万亩，占平原面积的48%；1985年沼泽面积下降到2250万亩，占平原面积的29.5%；到1990年沼泽面积仅剩1695万亩，仅占平原面积的22%。该区域随着自然湿地面积的逐步减少，湿地生态功能明显下降，生物多样性降低，出现生态恶化现象，土壤局部沙化、盐渍化、水土流失严重。

中国现存自然或半自然湿地仅占国土面积的3.77%，远低于世界6%的平均水平，且面积下降的趋势仍未得到有效遏制。

作为敦煌最后一道绿色屏障的西湖国家级自然保护区，990万亩区域中仅存170万亩湿地，且因水资源匮乏逐年萎缩，库木塔格沙漠正以每年4米的速度向这块湿地逼近。

而位于甘肃省甘南州玛曲县的高寒沼泽湿地，是黄河的天然蓄水池，这块湿地正逐步萎缩并沙化。玛曲县沙化面积达80万亩，并以每年3.1%的速度递增，黄河沿岸已形成220千米的沙化带。20世纪70年代初，罗布泊、居延海等大型湖泊先后干涸，成为沙尘暴的发源地。

（七）生物多样性急剧下降

我国本是世界上动植物种类最多的国家之一，但由于森林植被破坏、草原退化和环境恶化，我国野生动物栖息地日益缩小，生存空间遭到严重破坏，动植物种类日益减少，许多珍贵的稀有动植物都处于濒危状态。

据新华网2003年10月5日报道，到20世纪末，我国已有近200个特有物种消失。我国现有300多种陆栖脊椎动物、约410种和13个类的野生植物处于濒危状态，处于濒危状态的动植物物种为15%~20%，高于10%~15%的世界平均值。

在97种国家一级保护动物中，20余种正濒临灭绝。在《濒危野生动植物种国际贸易公约》列出的640个世界性濒危物种中，我国占156种，约占其总数的24.4%。《国家重点保护野生动物名录》中一级、二级保护野生动物共335种；《国家重点保护野生植物名录》一级、二级保护野生植物246种。

生物多样性是人类生存和发展的基本条件之一，是生态安全的重要前提。地球上的生物相互制约、相互依存，构成了有机共生体。多样性生物是物质资源的巨大宝库。对于这座宝库，人类只利用了其中微小的一部分，大量生物往往在人类尚未认识到其价值之前就消亡了。

自从6500万年前恐龙消失以来，尤其是近400年以来，物种灭绝速度在加快。近年来在黄土高原发掘的东汉墓中，出土了一些浮雕刻画像，在狩猎题材画面中，野生动物有虎、熊、鹿、猴、野猪、野骆驼、黄牛、狐、鹤等，随着森林的消失，虎、熊、鹿、猴等动物在黄土高原已经消失。

野生植物的濒危和消失多数是伴随森林的破坏、草场的开垦而发生的。药用价值高的人参、刺五加、三七、川贝母、黄连等分布于西南地区，长期以来由于人们盲目采集，野生药材数量急剧减少。名贵药材遭到的损失更为严重，新疆的山地贝母、雪莲已很难见到。

在西北地区，由于植被破坏，水土流失强烈，气候和基质向干旱方向发展。草原上的一些植物如多根葱、丝状马蔺、蒙古芯芭、矮锦鸡儿等侵入黄土高原森林草原带，一些分布在森林草原带的沟谷中的森林植物向南退缩。

造成物种灭绝的原因有直接的，也有间接的，但森林的破坏使物种丧失生存所必需的条件则是重要的因素之一，更深层次的原因是人类所选择的不可持续的生产生活方式和发展模式所致。

……

种种迹象表明，20世纪末，我国生态环境日趋恶化的现实，正在缩小着中华民族的生存空间，生态问题已经成为制约我国可持续发展最重要的因素之一。

退耕还林还草，遏制水土流失、土地沙化和石漠化，让生态焕发勃勃生机，是21世纪中国的必由之路！

如今，退耕还林还草已实施20多年，再次回顾世纪之交生态环境的严峻形势，就更能体会启动这一工程的伟大历史意义。

二、生态意识的觉醒

有罪定有罚，对于破坏生态之罪，处罚是分外严重的，严重到甚至可以使整个人类失去生存和发展的空间。

古代埃及、古代巴比伦、中美洲玛雅文明在历史长河中失去了光彩，根本原因是那里人民生存的基础——生态系统遭到严重破坏。

恩格斯在考察古代文明衰落的原因，针对人类破坏生态的恶果指出："我们不要过分陶醉于我们对自然界的胜利。对于每一次这样的胜利，自然界都报复了我们。每一次胜利，在第一步都确实取得了我们预期的结果，但是在第二步和第三步却有了完全不同的、出乎预料的影响，常常把第一个结果又取消了。"恩格斯的警告，是人类生态意识觉醒的先声。

现代意义上真正的环境保护观念和运动的出现，要从《寂静的春天》这本书说起。

生态保护，是20世纪60年代以来兴起的一个新词汇、新观念。在这以前的报纸或书刊，则很难寻到类似"生态环境保护"这样的词汇。然而事实上，自人类进入文明社会以来，生态环境问题就一直是人类必须面对的问题。

作为世界上最发达的国家，美国走的也是"先污染后治理"的路子，并为此付出了高昂代价。例如，20世纪40年代，美国先后发生洛杉矶光化学污染事件、多诺拉烟雾事件，民众健康受到严重危害；50年代，滥施农药、化肥所致的白头海雕栖息地受破坏及繁殖障碍，使这种美国国鸟几近灭绝。

1962年，美国生物学家雷切尔·卡森出版了她的新书《寂静的春天》。这本书让"环境保护"这个词第一次进入广大读者的视野，唤起了人们的生态环境意识，引发了美国各界对如何与自然和谐相处的反思，成为人类生态史上的转折点，推动了美国乃至世界范围内生态思潮和运动的发展。

《寂静的春天》是一部警示录，它既贯穿着严谨求实的科学理性精神，又充溢着敬畏生命的人文情怀，有评价称其引发的轰动比达尔文的《物种起源》都要大。

这本不寻常的书，唤醒了人们生态环境保护意识。此后，各种组织纷纷成立。1970年4月22日是世界第一个"地球日"，这个由美国人普洛德·尼尔森和丹尼斯·海斯发起的活动，旨在唤起人类爱护地球、保护家园的意识。

1972年6月5日—16日，联合国在瑞典首都斯德哥尔摩召开了首届"人类环境会议"，通过了《联合国人类环境会议宣言》和《人类环境行动计划》，呼吁世界各国政府和人民共同努力来维护和改善人类环境，为子孙后代造福。

同年，罗马俱乐部发表《增长的极限》，报告中说，如按目前的方式发展，100年后的地球各种资源的消耗将达到极限。"零增长"的理论第一次见诸于世，并且很快被译成34种文字放到了世界上几乎所有国家政府首脑的案头。

1987年，世界环境与发展委员会发布《我们共同的未来》的报告，第一次明确提出了可持续发展的理念。

但是，要将这一理念转化为人类的自觉行动，还有很长的道路要走。在首届人类环境会议之后20年，1992年6月，联合国在巴西的里约热内卢召开世界"环境与发展大会"。这是人类历史上最为盛大的、也是最为忧虑的聚会。有35000人参加了这次大会，其中有超过100位的国家元首或政府首脑。

1992年"环境与发展大会"发布《关于环境与发展的里约热内卢宣言》和《21世纪议程》，正式提出可持续发展战略。在这次会议上，为了实现人类永恒的和持续不断的发展，为了保护发展的基本条件和我们唯一共同的家园——地球，人类空前一致地达成协议，决心彻底改变现行的生产方式、消费方式和传统的发展观念，努力建立起人与自然和谐的生产方式和消费方式，建立起与之相适应的"可持续发展"的新战略和新观念。

简言之，所谓可持续发展，是指建立在社会、经济、人口、资源、环境相互协调和共同发展的基础上，既能满足当代人需求，又不对后代人发展构成危害的发展。

大会希望它成为21世纪人类社会发展的共同原则。走绿色发展之路、实现可持续发展是21世纪人类共同追求的目标。

生活在地球上的人类，一荣俱荣，一损俱损。环境问题就如同一把高悬在人类头上的达摩克利斯之剑，随时都有坠落的危险。人类只有与自然和谐相处，才是自身生存和发展的长治久安之道，才是人类文明的健康走向。

三、中国可持续发展之路

远古以来，中华民族在历史的长河中积累了丰富的思想遗产。

早在公元前3世纪，中国的荀子就在《王制》一文中阐述了保护自然的思想："草木荣华滋硕之时，则斧斤不入山林，不夭其生，不绝其长也。鼋鼍鱼鳖鳅鳝孕别之时，罔罟毒药不入泽，不夭其生，不绝其长也。"但是，在混沌未开的民智中，这样的呼声是极其微弱的。

千百年来，受经济社会发展水平的制约，"杞人忧天"的大智若愚的忧患意识，一直是人们的笑柄。

"天人合一"的哲学思辨，并没有化为全民族尊敬自然、顺应自然、保护自然的共识。

直至20世纪50~60年代，我们对地球环境的认识仍然是肤浅的、盲目的。我们将生态环境问题和社会制度挂钩，对西方、日本等发达国家的环境公害作壁上观。

西方学者有关生态环境保护的启蒙读物受到了忽视。《只有一个地球》在20世纪70年代以"内部资料"的形式出版，之后直至80年代中后期才有较多的与环境有关，但并不以环境或绿色名义出版的书籍。像上海译文出版社的《瓦尔登湖》是文学经典；科学出版社的《寂静的春天》是科普读物；商务印书馆甚至四川人民出版社"走向未来丛书"中的《增长的极限》，是经济学名著等。

然而，时至20世纪末，中国的污染却变得日益严重。1979年，联合国环境规划署的官员曾经受到一场不小的惊吓，他们通过卫星遥感照片分析世界上各个主要工业城市的环境状况时，竟然找不到中国东北的工业重镇本溪，尽管当时东北上空是万里晴空，面积达43.2平方千米的本溪市却消失得无影无踪，只是一片茫茫烟雾。出现了种种猜测，最可能发生的是地震吞噬了一个城市。

联合国环境规划署的官员后来得知，本溪安然无恙，只是几千个烟囱和几万辆汽车排出的黑烟把方圆几十里的本溪严严实实地罩住了，以至透视力极强的卫星遥感设备也被施了障眼法。了解真相后，他们的心情却更为沉重，在污染如此严重的环境中，居民怎样生存？

全球环境保护运动的兴起，为我国转变发展方式、走可持续发展之路带来了契机。

到20世纪八九十年代，一些以绿色本义出版的绿色书籍问世了。如罗马俱乐部的《在世纪的转折点上》《未来问题100页》，世界与环境发展委员会的《我们共同的未来》等。

这些书在一定意义上改变了当代人的思想观念和生活方式，进一步形成了今日全球生态运动和合作的思想基础。

1992年世界环境与发展大会后，中国政府编制了《中国21世纪人口、环境与发展白皮书》，首次把可持续发展战略纳入我国经济和社会发展的长远规划。

1994年3月25日，国务院通过了《中国21世纪议程》，将可持续发展上升为国家战略。为了支持《议程》的实施，同时还制订了《中国21世纪议程优先项目计划》。

1995年，党中央、国务院把可持续发展作为国家的基本战略，号召全国人民积极参与这一伟大实践。1997年，中共十五大把可持续发展战略确定为我国"现代化建设中必须实施"的战略。这里所说的可持续发展，主要包括社会、生态和经济的可持续发展。

但是，全民生态意识的真正觉醒，来自于大自然给人类的血泪教训。1998年，是"厄尔尼诺"现象最为猖獗的一年。水灾、旱灾、虫灾、沙尘暴、暴风雪、森林大火、草原大火等肆虐全球，各大洲几乎无一幸免。1997年黄河断流和1998年长江洪水。两个重大事件成为这样一个工程的导火索。一件是1997年的黄河断流，另一件是1998年的长江洪水。这场世纪大水成为全中国，乃至全世界关注的焦点。世纪洪水敲响我国生态危机的警钟，同时也唤醒了国人的生态意识。

1998年的长江特大洪水,表明原来那种以牺牲自然资源和生态环境为代价的经济增长方式、"先污染,后治理的发展模式",已经走到了尽头。

事实上,1998年大水,长江的水流量并没有1954年的大,但由于河床抬高、蓄调洪水能力下降等原因,九江河段的水位却比1954年高出了将近1米。

令人欣慰的是,1998年的洪水过后,国人的生态意识和国家的生态政策都发生了可喜的变化。

1998年9月8日,国家林业局举办"森林资源保护与生态环境建设的关系——特大洪水后的反思"研讨会。林业界的专家、学者集聚一堂,深入探讨总结了特大洪灾的教训,与会专家踊跃发言,他们的措施建议浓缩起来就是一句话:治水之本在治山,治山之道在兴林。

反思造成洪灾的种种原因,要从根本上遏制大江大河水患,必须注重全流域,尤其是上游地区植被建设,注重造林绿化工作,"治山必须治林"。不应该单纯注意工程设施建设,不抓森林植被的保护和恢复,是治标不治本,最终达不到治水的目的。

防御洪灾要从调整人与自然的关系出发,集中精力恢复有巨大防护能力的森林植被,建起有巨大水源涵养能力的绿色"水库",稳定河川流量,消洪增枯,缓解水患。我们必须认识到林业在治水战略中的基础性地位。坚持林水并重,兴林治水,实行综合治理,加快建设合理的林业生态体系,是实现治水战略的重要保障。

1998年10月,党的十五届三中全会通过的《中共中央关于农业和农村工作若干重大问题的决定》指出:"实现农业可持续发展,必须加强以水利为重点的基础设施建设和林业建设,严格保护耕地、森林植被和水资源,防治水土流失、土地荒漠化和环境污染,改善生产条件,保护生态环境。"

与此同时,天然林保护、退耕还林还草、退牧还草……一项项加强生态环境保护、加快生态环境修复的政策陆续推出。

正如著名学者徐刚指出:这是一次难能可贵的机会——以中华民族的智慧,谨慎地使用资源,竭尽全力地保护环境,不为增长的数字困惑,以改善人类的生存质量为目标,敬畏自然、顺应自然、逐步实现我们古已有之的"天人合一"的美好理想。

这是一个了不起的转变，是几代务林人集体智慧的结晶，是对新中国林业建设50年经验教训的深刻总结，是根据新形势新需求作出的审慎选择。

这是一个伟大的起点。退耕还林还草就是由这个起点出发，发展成为世界伟大的生态修复工程的。

第二章 退耕还林还草文化发展现状与趋势

经过退耕还林还草20多年的实践探索，全国对退耕还林还草重要性和科学性的认识已经上升到生态文明建设的新高度。这一时期涌现出一大批英雄模范、感人事迹、优秀文学作品和学术著作，极大地坚定了深入做好退耕还林还草事业的信心，鼓舞了当地群众和全国人民通过加强林业建设创造美好生活的热情和志气。在全面建成小康社会的时代背景下，退耕还林还草文化建设日益成为经济社会高质量发展、生态文明和美丽中国建设的有效途径和文化支撑，退耕还林还草文化将与生态健康产业、增进社会福祉紧密结合，更好地满足人民日益增长的美好生活需求。

第一节 退耕还林还草文化取得的成就

退耕还林还草是从保护和改善生态环境出发，将易造成水土流失的坡耕地有计划、有步骤地停止耕种，按照适地适树的原则，因地制宜地植树造林种草，恢复森林植被。退耕还林还草工程实施20多年来，不仅工程区生态环境明显改善，而且退耕还林还草文化建设取得系列重要成果。

一、退耕还林还草物质文化

（一）退耕林地草地不断扩大

退耕林地和草地是退耕还林还草物质文化的重要内容。截至2020年年底，20年的退耕还林还草持续建设，中央财政累计投入5000多亿元，在25个省（区、市）和新疆生产建设兵团的287个地市（含地级单位）2435个县（含县级单位）实施退耕还林还草5亿多亩，其中退耕地还林还草占同期全国重点工程造林总面积的2/5，4100万农户、1.58亿农民直接受益。工程建设取得了显著的综合效益，促进了生态改善、农民增收、农业增效和农村发展，有效推动了工程区产业结构调整和脱贫致富奔小康。

退耕地还林还草综合效益彰显。"十三五"期间，退耕还林还草工程区生态状况得到进一步修复，社会经济发展明显加快。据监测，退耕还林还草每年涵养水源385.23亿立方米、固土6.34亿吨、固碳0.49亿吨、释氧1.17亿吨、吸收污染物314.83万吨、滞尘4.76亿吨、防风固沙7.12亿吨，每年产生的生态效益总价值量达1.48万亿元，对改善我国生态环境、维护国土生态安全发挥了重要作用。同时，工程使4100万农户、1.58亿农民直接受益，户均累计获得中央补助9000多元，并且新一轮58%的退耕还林还草发展了经济林，拓宽了农民增收渠道。

退耕地还林还草规模持续扩大。国家林草局组织各地调查摸底并报国务院同意，先后核减17个省（自治区、直辖市）3700万亩陡坡耕地基本农田、扩大11个省（自治区、直辖市）贫困地区退耕规模2070万亩，使新一轮退耕总规模由4240万亩扩大到1亿多亩。2016—2020年，中央共投入1160亿元，实施退耕还林还草5954.46万亩。特别是全国97.6%的贫困县实施了退耕还林还草，"十三五"期间78%的任务安排在贫困地区，惠及277万建档立卡贫困户，为精准脱贫作出积极贡献。

（二）建成退耕还林还草纪念设施

2009年9月8日，"国家退耕还林纪念馆"在陕西省吴起县建成开馆。这是我国第一处以退耕还林还草为主题的纪念馆。馆内有大量关于国家退耕还林还草的图片、实物、影像等资料，让人们见证退耕还林还草历史，感受党中央、国务院改善生态环境的决心和信心，分享广大生态建设者辛勤努力换来的丰硕成果，从而调动广大干部群众和社会各界积极投身到生态建设的伟大实践中来，为实现祖国大地山川秀美作出更大贡献。

吴起县位于延安市西北部，属黄土高原梁状丘陵沟壑区，生态环境恶劣、水土流失严重、自然灾害频发，土壤侵蚀模数每年每平方千米达1.53万吨，全县平均每年侵蚀土壤厚度1.2厘米。1998年，吴起县率先提出"退耕还林、植树种草、舍饲养羊、林木主导、强农富民"的开发战略，仅1999年一次性退耕155.5万亩，成为当时封山禁牧最早，退的最早，面积最大的县份之一，被誉为全国退耕还林第一县。

截至2014年，吴起县累计完成退耕还林面积244.79万亩，经国家确认、市级确认完成退耕任务200.27万亩，其中国家计划确认面积185.37万亩（退

吴起县退耕还林展览馆

耕地93.98万亩、荒山90.49万亩、封山育林0.9万亩），成为全国退耕还林还草的一面旗帜。

在延安市宝塔区柳林镇南庄河村聚财山，建设了退耕还林工程纪念台。正是在这里，1999年8月，时任国务院总理朱镕基在这里向全国吹响了实施退耕还林还草的号角。在延安提出了"退耕还林、封山绿化、个体承包、以粮代赈"的16字方针。如今，站在这里放眼环望，处处是绿树成海、美景无限。

（三）退耕还林还草生态旅游兴旺

各地依托退耕还林还草培育的绿色资源，大力发展观光旅游、休闲采摘、森林康养等新型业态，绿水青山正在变成老百姓的金山银山。

作为发展生态旅游业的典型代表，延安市安塞区高桥镇南沟村打生态旅游牌，令"拐沟"变景区。退耕还林还草工程的实施打破了传统的农业管理体制，南沟村借机打起了生态牌，按照山水林田湖综合治理，一、二、三产业融合发展的思路，着力打造集现代农业、生态观光、乡村旅游为一体的综合性示范景区，生态效益正在逐步转化为促农增收的经济效益。2014年前，村子还是全区一个典型的山区贫困村，交通闭塞，村集体经济薄弱。2015年，在镇村两级党组织的不懈努力下，南沟村引进了本村外出创业成功的企业家回乡创业，启动了集现代农业、生态观光、乡村旅游为一体的南沟生态旅游景区建设。一期工程建成矮化密植苹果园、生态酒店、格桑花谷、沙地摩托和花样迷宫、儿童游乐、动物观赏及VR（虚拟现实）体验等项目，已于2017年8月建成并投入运营。2017年12月，延安市旅游局向南沟生态旅游景区颁发国家AAA级景区牌匾。

南沟村先后投资1200多万元，完成花草种植1500亩，绿化村庄2500亩，栽植常青树115万株、行道树4000多株，栽植连翘、丁香、红王子锦带、红叶碧桃等景观树种2.5万多株，进一步加强了村庄周围和主干道的绿化。生态环境不断改善，南沟村更注重将生态优势转化为经济优势，将生态与旅游协同发展，进一步拓展了百姓的增收致富路。2017年8月和2018年7月，南沟生态旅游景区连着办了两届乡村生态旅游节，多种形式、多样体验的活动，吸引了八方游客前来参观游览，而南沟村良好的生态环境、优质的旅游服务更是倍受游客赞誉。目前，南沟村有果园3160亩，初挂果园1980亩，种植葡萄、樱桃、梨、红枣等160多亩。该村还建起了农家乐和休闲娱乐设施。与此同时，南沟村的基础设施条件也得到全面改善，村里先后新修道路32千米，建成2个移民搬迁新社区，绿化造林6000亩，新修农田4000亩，建成淤地坝7座。依靠生态旅游，南沟村的人均纯收入从2014年的4600余元增加到2018年的15300元，打好了生态牌，南沟村从以前的"拐沟村"变成了景区，真正实现了"绿水青山"与"金山银山"的价值转化。

在全国退耕还林还草地区，像安塞区南沟村这样的实例还有许多。退耕还林还草及其产业和文化发展，为乡村振兴注入了活力。

二、退耕还林还草精神文化

多年形成的退耕还林还草精神文化成果，形式和题材相对多样化，包含了文学创作、影像制品、新闻报道及学术著作等。它们或来自退耕还林还草的一线参与者，或来自文学领域的艺术作家、新闻记者或科研工作者。但他们无一不对退耕还林还草取得的辉煌成就做出赞赏评价，这些作品在社会中的受欢迎程度也代表了广大人民群众对退耕还林还草工作的拥护之情。这些作品在丰富人民群众文化生活的同时，也把退耕还林还草工程建设引向纵深水平，为今后高质量发展奠定了初步的基础。

(一)文学创作

首先，一部分退耕还林还草文学作品是报告文学。文学工作者们以饱满的热情,用文字和歌谣描绘了我国日益向好的生态环境,描绘了我国壮美的大好河山,表达了对这一伟大工程的赞美和内心的喜悦,这些文学作品都成为我国人民喜闻乐见的文化载体。

陈廷一2005年撰写的《退耕还林交响曲》对我国为什么实施退耕还林还草,实施退耕还林还草又有什么成果进行了深刻的描述。他写道:当代中国退耕还林是生态恢复再造秀美山河的宏伟工程,也是一项惠及和影响子孙后代的文明工程。它与三峡工程、青藏铁路、南水北调、西气东输、南电北输等工程一样举国瞩目。但是最体现农民利益、最受农民欢迎的当数共和国退耕还林工程。应该说它的投资与其他投资相比,相当于三峡工程总投资的3倍,相当于青藏铁路的2.5倍。它比南水北调、西气东输、南电北输工程的总投资都要大。耕地保护的第一要义是生态优先,把属于自然的东西还给自然。作为国土人,审视我们脚下赖以生存的国土,更应该立体地、全方位地审视国土的生态、地球的生态。生态作为地球村用语最多最时髦的字眼,也是世界各国首脑最推崇的世纪话语;于是,世界上出现了如此纷繁的绿色食品和绿色组织。各国也诞生了众多的绿色首都、绿色名城和绿色大学。如今生态文化不再是单方面的,还包括科学的、人文的、社会的。21世纪伊始,中国大地上第一场没有硝烟的"生态保护战"便是退耕还林还草。

其次,有些退耕还林还草文学作品属于诗歌词作。张学军所作诗歌《退耕还林——春夏秋冬》用生动形象的文笔描写了退耕还林还草后草木的四季变化,展现出了一副勃勃生机的画卷。诗歌中对于春的描写尤为生动:春雷一声响,唤醒了冬眠的生灵,一棵棵春笋破土而出,沐浴着春雨,探出稚嫩的尖嘴,抖落身上的衣裳,相互召唤着,吮吸明媚的春光。

何晓明所写的诗歌《退耕还林谣》,用精炼简短的语句描绘出了退耕还林还草后的绿意盎然,并赞颂了这一伟大工程:平畴沃野绿阴连,大块文章草木篇。一阵风来嫌过热,还林应不到良田。由王天成所作诗歌《七绝退耕还林》赞美了退耕还林还草后的美景。他写道:东山坡地花枝艳,西岭梯田树木幽。生态平衡人惬意,风光秀美客如流。

在罗辉所写《退耕还林》一诗中,描写了退耕还林还草的种种功绩。他写道:遥望千山问几何,还林万里治荒坡。无须苞谷烧醇酒,但使油茶放牧歌。老叶辞枝肥嫩叶,后波逐浪送前波。两仪四象春常在,碧绿情牵日月梭。

刘宏彦所著《吴起退耕还林赋》表现出了实施这一工程的前后变化：

背负青天，面朝黄土，苦挣岁岁，生民戚戚。嗟夫！人欲无极兮天降罪，亵渎自然兮遭遗弃。呼天叫地兮天不应，长吁短叹兮最无益。

黄土高原，横亘东西，千山腾跃，万壑逶迤。吴起县域，雄踞陕北，生态立县，蔚然崛起。水涓涓兮流妙韵，山苍苍兮蕴生机。凭谁问，秀美山川蓝图何以描绘？请君看，退耕还林成效已显端倪。方志有记：往古吴起，林木葱郁，牛羊塞道，水草丰美。翠鸟扶摇九霄，耆龟漫步滩淤，群狼出没苍岭，狡兔筑窟丛棘。茫茫高原无穷碧，森森林荫掩柴扉。林籁结响，风光旖旎，物华天宝，名播塞北。

沧海桑田，时迁境移。或移民开荒谋生，或军队屯垦自给，或群羊觅草刨根，或伐木烧薪积肥。大地不堪重负，民生难以维系。生态恶化，荒漠四起，年复年年，了无尽期。春至沙尘弥漫，混沌不分天地；夏日山洪肆虐，狂澜裹沙挟泥；秋季禾疏岁歉，仓廪储粟无几；冬临荒山秃岭，风卷残雪号泣。背负青天，面朝黄士，苦挣岁岁，生民戚成。嗟夫！人欲无极兮天降罪，亵渎自然兮遭遗弃。呼天叫地兮天不应，长短叹兮最无益。

赖吴起党政，集群贤智慧，聚干群合力，法自然规律，封山禁牧，改善生态环境，退耕还林，掀起绿色革命。幸国家运筹帷幄，施生态文明建设，制宏猷，定措施，赈钱粮，谋远长。吴起大地，风起云涌，生态建设，气势恢宏，全民动员，埋头苦干，探索"双赢"，矢志不渝。育苗整地，哪管春寒夏暑？植树种草，更待雨露晨霜。汗水浸润千山绿，老茧育出万岭花。"吴起告慰红军，群山尽染绿色"，道其真，传其情。今日吴起，日新月异，革千年农耕积习，建现代产业园区，起白墙黛瓦新居，开富民强农新域。

孙仲琦《阮郎归·游越城岭》写道：菜农露湿衣衫一早忙，鲜蔬采满两箩筐。又逢集市公休日，挑月担星赶太阳。桥流水早霞红，隔山闻午钟。楼阁远，柳丝浓，身临图画中。越山胜景目难穷，山歌绕碧穹。何晓明、吴世清，闲吟无术治家难，浮生自坦然。精心甘淡泊，宿愿避尘烟。忘我春常驻，清平乐自安。客来茶当酒，共话小康年。这篇歌谣通过华美的句子赞扬了农家风景，表现了退耕还林还草后人民的美好生活。

杨志洲所写的《秦草是宝》则描写了退耕还林还草后秦岭的郁郁葱葱，内心充满的喜悦之情：都说秦地无闲草，群山闲草都是宝。谁说秦地无闲草，绿色成她主色调。

(二) 影像制品

除了文学作品，影视纪录片一类的作品也不在少数。这些纪录片有的是中央电视台录制，有的是地方电视台制作，所反映的题材从退耕还林还草工程的沙漠治理、黄土高原生态恢复，到发展方式转型、生态文明建设均有涉及。体现了在党正确领导下带领亿万人民走过的光辉历程，赞颂了退耕还林还草等生态建设工程所取得的巨大成就，振奋人心、令人鼓舞。

《辉煌中国》，2017年播出的央视纪录片，第四集重点关注生态文明建设，对库布奇沙漠进行了重点报道——治愈有"地球癌症"之称的荒漠化，中国走到了世界的最前面。黄河流经的最大沙漠库布齐是其中的典型样本，这里曾经是京津冀地区沙尘暴的源头之一。现在巨大的花房里，100多种苗木等待栽种。中国沙化土地年均缩减1980平方千米，提前实现了联合国2030年沙化土地零增长的奋斗目标。联合国环境规划署盛赞中国是全球沙漠治理的典范。黄土高原，沟壑纵横。退耕还林还草工程，让曾经生态最脆弱、水土流失最严重的地区变绿了，陕西的绿色版图向北推进了400千米。中国实施新一轮退耕还林还草，成为世界上唯一一个全面禁止砍伐天然林的国家。

《把绿色留给子孙》纪录片，是由中央新闻纪录电影制片厂制作的五集系列片，生动地阐述了我国这些年来对于生态建设的不懈努力，以及我国生态发生的巨大变化。新中国成立70年来，我国林业建设得到党和政府的高度重视，取得巨大成就，在不同时期为国家做出重要贡献。本片梳理新中国林业发展的历史，通过甄选典型事件和感人故事，凸显我国林业建设的辉煌成就和宝贵经验，以影像的方式为后人留下一份珍贵的绿色礼物。

在第一集"森林回想"中说道，森林不仅是陆地生态系统的主体，更是人类文明的摇篮。在公元前2000年的时候，中国森林覆盖率高达64%。然而，经过数千年民间樵采、国家砍伐、毁林耕种，到1949年，全国森林覆盖率只有8.6%。当时我国的生态状况十分脆弱，局部地区仍然在恶化。

党中央审时度势，把发展林业、加强生态建设事业，积极开展退耕还林还草提升到可持续发展的战略高度。提出人与自然的和谐、建设环境友好型社会的宏伟目标。经过多年的不懈努力，中国林业形势发生了巨大的变化。2009年，国家主席胡锦涛在全球气候变化峰会上向世界庄严承诺：到2020年，中国森林面积比2005年增加6亿亩，森林蓄积量比2005年增加13亿立方米。

森林是大地的霓裳，是稳固大地的根基，是所有生命的守护神。在新中国成立初期，作为国民经济的支撑性产业，林业曾经为国家建设提供了大量木材，为国民经济的恢复和发展做出重要贡献。改革开放以后，全民义务植树运动在中国国土绿化史上筑就了丰功伟绩。继规模浩大的"三北"防护林工程启动之后，天然林保护工程、退耕还林还草工程、京津风沙源治理工程、速生丰产林建设工程等林业重点生态工程相继出台。如今，从东北茫茫林海到西南葱绿的原始林区，曾经被削光的山头再次变得满目翠色；为长江中上游的高山原野到黄河流域的沟壑陡坡，平添了许多葱茏的翠绿。万木撑天的绿色屏障正在守望着一个个安居乐业的家园。

《大漠长河》纪录片，第五集"守护家园"，重点关注了内蒙古锡林郭勒盟的多伦县的治沙问题。在内蒙古锡林郭勒盟的多伦县，快速发展的浑善达克沙地威胁着当地十多万百姓的安全。为了保卫家园，多伦县多次尝试治沙，但是都失败了。每年大风时节，多伦县的沙尘南下，形成危害北京、天津等地的沙尘暴。政府为了治沙采取了令当地村民退耕还林还草、移民的政策，多伦县的沙化得到遏制，村民的生活也得以改善。

《我们一起走过》纪录片，重点聚焦我国的生态文明建设。以"生态保护和修复""生态制度建设""生态治理""生产生活方式变迁""国际承诺"为线索，讲述了延安退耕还林、广西红树林湿地修复、大熊猫国家公园、江苏镇江生产方式转型和冰川研究第三极环境国际计划等故事。其中对延安退耕还林描写道，这片黄土高原曾是中国生态最脆弱的地区之一，20世纪90年代末，延安近八成面积水土流失，每年有2.58亿吨泥沙从延安冲入黄河，占到入黄泥沙总量的1/6。1997年，延安吴起县率先在全国开启退耕还林探索，随后陕西、四川、甘肃开展退耕还林还草试点，揭开了中国退耕还林还草的序幕，这是迄今为止政策性最强、涉及面最广、群众参与程度最高的绿色革命。20 年，4500 多亿元的中央投入，累计完成退耕还林还草 4.47 亿亩。为生态添绿，为百姓增收，今天，退耕还林还草工程仍在继续。

《退耕还林，一场始于陕西的绿色革命》，陕西电视台录制纪录片，对陕西取得的成就进行了详细报道。自国家实施西部大开发战略以来，陕西大力实施以退耕还林还草为主的重点林业生态工程，全省生态得到极大改善，森林覆盖率由退耕前的 30.92% 增长到 43.06%，净增 12.14 个百分点，是历史上增幅最大、增长最快的时期。有效治理水土流失面积 9.08 万平方千米，黄土高原区年均输入黄河泥沙量由原来的 8 亿吨减少到 4 亿吨。北部沙区每年沙尘暴天数由过去的 66 天下降为 24 天，绿色向生态脆弱的陕北地区延伸了 400 多千米，昔日的"黄土高坡"如今变得天蓝了、山绿了、水清了、人富了。森林植被的增加，促进了野生动物的繁衍生息。野生动物种类增多，大熊猫、朱鹮等珍稀动物种群扩大，在一些地方已消失多年的狼、狐狸、金钱豹、鹰等飞禽走兽重新出现，生物链正在得到修复。

电影《山丹丹花儿开》，用影像方式谱写一部讴歌延安青山再造的宏伟史诗。延安人民长期期盼的青山常在、清水长流、空气常新的美好生活，如今已成为现实，人民群众在良好生态环境中生产生活，形成了人与自然和谐发展的现代化建设新格局。影片以"退耕还林、恢复生态"为主线，讲述了一群志在山水的人，为改善陕北地区恶劣的生态环境，通过不懈努力，将黄土高坡变为绿洲的感人故事，充分反映出我国实施退耕还林还草工程取得的显著成效，集思想性、艺术性于一体。影片中蕴含的生态理念不仅关乎普通农民的生活，也关系到国家未来的可持续发展。

此外，退耕还林还草主题的艺术作品还有许多。如由飞林作词、修骏作曲的《退耕还林歌》，唱出了退耕还林还草的美好成果和光明前景。艺术以其自身的抽象性为观众描绘出实施退耕还林还草后的美好画卷和描绘了人民对于美好生活的向往。这些退耕还林还草的艺术作品也是当代中国艺术成就的重要组成部分。

(三) 新闻报道

新闻报道是退耕还林还草精神文化建设的重要内容。经过 20 多年的建设和发展，已经形成以《人民日报》《经济日报》《中国绿色时报》和国家林业和草原局政府网等中央新闻媒体为龙头，以各省报纸、政府网站为骨干的新闻报

延安群众表演以歌颂退耕还林为主题的延安快书

道网络。在报道中坚持客观性、权威性、时效性、系统性和人民性。通过新闻报道和文化传播，较好地起到了宣传效果，把我国退耕还林还草宣传工作推向深入发展的新阶段，凝聚了人民共识和生态保护意识，为各项工作开展营造了良好的文化氛围。

一是对全国退耕还林还草的整体情况进行的报道。如2020年6月30日，国家林业和草原局发布《中国退耕还林还草二十年（1999—2019）》白皮书。白皮书显示，20年来我国实施退耕还林还草5.15亿亩，成林面积占全球同期增绿面积的4%以上。再如，2019年7月10日，《经济日报》报道了《我国退耕还林工程总投入超过5000亿元》。文中称，自1999年启动实施两轮退耕还林还草工程，20年来，我国已实施退耕还林还草5亿多亩，退耕还林还草工程总投入超过5000亿元。2014年，国家做出了实施新一轮退耕还林还草的决定。到目前为止，共安排新一轮退耕还林还草任务5989.49万亩，其中还林5486.88万亩，还草502.61万亩，涉及22个省（区、市）和新疆生产建设兵团。

关于退耕还林还草的战略意义，中国林业网2019年12月17日报道《"退"出绿水青山"还"上生态家园——退耕还林重庆生态文明建设的生动"实践场"》。其中写道："加快生态文明体制改革，建设美丽中国。""既要创造更多物质财富和精神财富以满足人民日益增长的美好生活需要，也要提供更多优质生态产品以满足人民日益增长的优美生态环境需要。"这是习近平总书记在党的十九大上发出的庄严号召，它凸显了作为国家"五位一体"总体布局中的生态文明建设是一件功在当代、利在千秋，关系人民福祉，关乎民族未来，关系中华民族永续发展的根本大计。迄今为止，作为我国政策性最强、投资最大、涉及面最广、群众参与度最高的一项生态建设工程，退耕还林还草经过国家20年的大力推进，目前也已成为当前我国推动生态文明建设和林业转型发展的标志性工程，改善生态、惠及民生的德政工程和民心工程。尤其在新时期，实施新一轮退耕还林还草，更是建设我国生态文明和美丽中国的战略举措，是实施乡村振兴战略、建设美丽乡村、促进农民脱贫致富和全面建成小康社会的客观要求，对于践行"绿水青山就是金山银山"理念、推进绿色发展、增加我国森林资源、应对全球气候变化都具有不容置疑的重大意义。

二是对典型地区的退耕还林还草的情况进行的报道。如2019年12月3日，《经济日报》刊发《从黄土满坡到秀美山川——陕西省延安市退耕还林调研记》一文。其中写道：国家实施退耕还林还草工程20年来，延安坚持一张蓝图绘到底，一任接着一任干，实现由"黄"到"绿"、由绿变美、由美而富的深刻变革，创造了黄土高原上的绿色奇迹，走上了一条"绿水青山就是金山银山"的绿色发展道路。山变绿了。截至2018年，延安共完成退耕还林面积1077.46万亩。退耕还林使延安的森林资源规模不断扩大，林地面积达4473.61万亩，森林覆盖率由33.5%增加到52.5%，植被覆盖度由46%提高到81.3%，分别较退耕前增加了19个百分点和35个百分点。将2000年以后逐年卫星遥感图进行对比，可以清晰地看到，延安实施退耕还林区域的颜色明显变绿变深，植被覆盖度上升趋势尤为显著，在实现"全域绿"的同时，还将陕西绿色版图向北推移了400多千米。用延安市委常委、宣传部部长柯昌万的话说，"遥感图上的延安，就像一枚绿色邮票镶嵌在了黄土高原上。"再如，2020年3月18日，国家林草局网报道《退耕还林二十载生态经济双丰收——广西大力实施退耕还林工程纪实》，关注了东兰县的改变。其中写道：改善生态环境、助力脱贫攻坚、调整经济结构……实施大规模退耕还林还草在我国乃至世界上都是一项伟大创举。退耕还林还草绿了山川、富了百姓，为增加森林碳汇、应对气候变化、参与全球生态治理作出了重要贡献。又如，2020年7月13日，国家林草局政府网报道《四川省宝兴县完成2020年新一轮退耕还林政策兑现工作》。报道称，四川省宝兴县以县级自查验收结果为依据,以"社会保障卡一卡通发放监管系统"为平台,完成今年新一轮退耕还林还草补助资金兑付工作。涉及全县 5 个乡(镇)、681 户,资金 51 万元。其中涉及贫困户 66 户,面积 186.8 亩,资金 5.6 万元。下一步,宝兴县还将继续加强退耕还林还草后期管护,进一步完善档案资料,为迎接省级检查验收打好基础。

三是对重点地区的退耕还林还草的情况进行的特别报道。如 2020 年 1 月 23 日,国家林草局首次发布我国 11 个集中连片特困地区和 3 个已明确实施特殊扶持政策地区的《退耕还林工程综合效益监测国家报告(2017)》(以下简称《报告》)。《报告》称,截至 2017 年年底,我国 11 个集中连片特困地区和 3 个已明确实施特殊扶持政策地区退耕还林还草工程面积 1.89 亿亩,其中退耕地还林面积 8586.6 万亩、宜林荒山荒地造林面积 8744.55 万亩、封山育林面积 1522.95 万亩。年产生的生态效益总价值量为 5601.21 亿元。

上述 14 个地区的退耕还林涵养水源物质量为每年 175.69 亿立方米,相当于三峡水库总库容 393 亿立方米的 44.7%,相当于全国生活用水量 838.1 亿立方米的 20.96%,发挥了"绿色水库"的作用。工程固碳为每年 2135.07 万吨,相当于年吸收二氧化碳 7300 万吨,能够抵消 1552.80 万吨标准煤完全转化释放的二氧化碳量。滞尘为每年 19841.98 万吨,相当于 2017 年全国烟粉尘排放量的 25 倍。按照 2017 年现价评估,上述 14 个地区退耕还林每年产生的生态效益总价值量为 5601.21 亿元,其中涵养水源 1659.05 亿元、保育土壤 615.04 亿元、固碳释氧 791.53 亿元、林木积累营养物质 77.2 亿元、净化大气环境 1193.41 亿元、生物多样性保护 1003.07 亿元、森林防护 261.91 亿元。

退耕还林还草工程促进了脱贫攻坚和区域社会经济发展,监测县参与退耕还林还草的建档立卡贫困户占建档立卡贫困户的 31.25%;退耕还林还草促进了以林脱贫的长效机制的形成,培育了很多新业态,样本县农民在退耕林地上的林业就业率为 8.01%;退耕还林还草促进了新型林业经营主体发展,增进了农村公平,促进了农村产权制度改革,55.27% 的样本农户已经领取林权证;退耕还林还草改变了退耕农户生产生活方式,样本户家庭外出打工人数占家庭劳动力人数的比重为 56.92%。

退耕还林还草工程促进了集中连片特困地区特色优势产业发展,加快了农村产业结构调整步伐，培育了林下经济、中药材、干鲜果品、森林旅游等新的地区经济增长点，加快了林草业民营经济发展和林业产业后续产业高质量发展，进而激发了地区经济发展活力，促进了退耕农户林业生产经营性收入大幅增长，户均达到0.51万元，占家庭总收入的比重为7.44%；农民林业收入渠道多元化。退耕还林还草财政补助资金成为退耕农户家庭现金收入的重要组成部分，明显提高了退耕农户短期收入，为其如期脱贫、加快增收致富奠定了基础。退耕还林还草不仅仅是一项生态保护修复重大工程，更是涉及万千农户的富民工程、德政工程，为山河增绿、农民增收做出了巨大贡献，生动诠释了习近平生态文明思想和"绿水青山就是金山银山"的理念。

（四）学术著作

学术著作是退耕还林还草精神文化的重要载体。退耕还林还草工作的科学研究为退耕还林还草的深入发展提供了重要保障，一方面体现在科研工作者对退耕还林还草工作中遇到的难题进行攻坚克难，另一方面是对已有经验的总结，这些都是我国退耕还林还草文化的重要组成部分。近20年来，以退耕还林还草为主题的学术著作和学术论文大量涌现。2020年年底，以"退耕还林"为关键词检索国家图书馆官网显示，共计出版相关书籍约100余部。另据在"中国知网"中搜索"退耕还林"关键词统计，自2000—2020年，发表相关论文54000余篇。现列举其中具有代表性的几部著作，并作简要介绍。

2004年出版的《中国退耕还林研究》一书，以中国退耕还林还草工程25个省（自治区、直辖市）、1800多个县（市、区、旗）为研究对象，引入系统动力学等多种先进理论和技术，采取试验站点观测与广泛调研集成等五个结合的技术路线，横跨自然科学、社会科学和经济三大领域，提出了我国退耕还林还草的时空发展规律和类型区划方案，建立了退耕还林还草的理论技术体系、优化模式体系和技术经济政策体系，具有重要的理论和实践意义，推动了我国退耕还林还草工程"退得下、还得上、稳得住、能致富、不反弹"，保持可持续发展。

张美华2005年《退耕还林工程理论与实践研究》，作者以一个管理学者的系统逻辑思维，以清新务实的风格，围绕退耕还林还草工程，深刻剖析了其理论基础、实践意义、发展历程、经验与成效、问题及成因、实施原则、对策建议、并指明应进一步研究的问题，同时特别对三个焦点问题——地方经济和农民收入的关系、效益分析以及实施模式进行了专题研究。从整体上看，该书本身就是一项"系统工程"；而从每一个单独的部分来看，也是一项完整的"亚系统工程"；每一部分之间连接有序，针对具体问题具有很强的针对性，也更凸显出研究本身的系统性与逻辑性。

崔海兴2009年《退耕还林工程社会影响评价理论及实证研究》，则是对社会工程方面造成的影响进行了阐述，他在书中指出，我国20世纪末开展的林业六大重点工程中，退耕还林还草工程是涉及面最广、规模最大、投入最多、政策性最强、与农民关系最密切、反弹的可能性最大的生态建设项目，具有长期性、规模性、广泛性、复杂性、公益性的特点。该工程实施以来，在人们认可其生态影响和经济影响的同时，社会影响越来越成为社会各界关注的一个焦点。目前，退耕还林还草工程社会影响评价在理论和实证研究方面均存在滞后性，已影响了工程综合效益的衡量和可持续发展。该书在社会学、发展经济学、公共政策学等学科理论指导下，探讨退耕还林还草工程社会影响评价的理论体系，构建评价指标体系，建立综合评价模型。

陈建生2006年《退耕还林与西部可持续发展》，关注到了退耕还林还草过程中农户的经济补偿问题，他写道：退耕还林还草是国家西部大开发中生态恢复重建采取的主要手段。随着近年来国家区域发展政策从重点发展向均衡发展的回归，以及退耕还林还草宏观经济环境的逆转，退耕还林还草的研究已不再像西部开发之初那样作为热点问题。然而，时至今日，退耕还林还草中的一些关键性问题，如经济补偿机制设计等，又成为政府和学术界不能不面对的重大问题，既关系到经济补偿期限到期后退耕农户的生存问题，又关系到如何通过开发后续产业促进退耕农户的发展问题。

王敬中2017年《探讨我国退耕还林工程》，对我国退耕还林还草还需要做出的改进进行了研究，他指出：我国的木材相关的行业对于林业经济中的森林资源的需求是极大的，导致我国的森林资源大幅地减少，然而第四次工业革命给世界上现存的国家的整体发展设立了一个大方向，即智能与生态，我国对于智能化的发展已经紧跟世界智能化的步伐，然而在生态方面的相关工作还很欠缺。退耕还林还草是改善我国生态环境的重要手段，但是在实际的退耕还林还草工作中还存在着各种问题，文章根据我国现如今的退耕还林还草工程的具体情况，提出如何更好地进行退耕还林还草的工作。

三、退耕还林还草行为文化

退耕还林还草文化已经表现于当今社会人们的一些行为之中。退耕还林还草早已成为科研工作者开展科学研究的重要选题，也已经走进基础教育与专业教育的教材和课堂。在延安，甚至将退耕还林还草的故事纳入文艺表演的节目，通过艺术表演形式，宣传其感人事迹和巨大成就。

（一）科学研究

退耕还林还草的科学研究活动兴起得比较早，大约在 20 世纪 80 年代初就已开始。元阳县人民政府农办的同志在 1982 年以《攀枝花公社建立退耕还林责任制》为题撰写文章发表在《云南林业》第 1 期上。1982 年，宁夏回族自治区西吉县在世界粮食计划署援助下开始实施为期 5 年的"2605"项目，为后来开展退耕还林还草工作积累了经验和教训。

有学者以 1999—2019 年 CNKI 总库与 Web of Science 核心合集数据库中以退耕还林还草为主题的期刊论文为数据源，借助 CiteSpace V 知识图谱工具，对退耕还林还草研究的被引文献、主题演进和研究前沿等知识基础开展可视化分析。研究发现：①中文发文数量呈先增加后下降的走势，而外文文献数量随时间演变稳定增长。②中文 CSSCI 文献有关退耕还林还草的研究，主要围绕基础理论探索与社会经济影响的实证检验两个重要的聚类主题。外文文献围绕退耕还林还草的生态影响及其效益评估、土地利用变化及其对生态系统服务的影响、成本有效性与预期目标等社会经济与生态环境问题 11 个聚类主题展开深入探讨。③退耕还林还草研究知识基础整体表现为，由早期以社会经济影响研究为主向社会经济与生态效益研究并存转化，再向以生态效益的细分领域研究为主的转化演进过程，知识结构虽有重叠，但社会经济与生态等多学科交叉特性不明显。研究提出：今后研究的重点，应该在于研究视角的多学科交叉融合，以及如何在不同区域进一步巩固扩大退耕还林还草的成果，以科学合理利用国土资源、增加林草植被、维护生态安全。如何通过市场的力量合理配置退耕还林还草资金的投入结构、提升资金的使用效率，也将是后续研究值得思考的现实问题。

有学者选择 CNKI 数据库、采用文献计量法，分析我国退耕还林还草研究趋势和热点。指出 1999—2020 年，有关退耕还林还草的相关文章总体呈现先快速增长，之后缓慢下降的趋势。从作者群体看，呈现"大聚集，小分散"的状态，主要形成4个研究群体，各群体间的连接度较弱，但群体内的连接度非常高。我国退耕还林还草研究大致分4个阶段。

1. 1999—2001年退耕还林还草试点实施阶段

学术界主要将退耕还林还草与坡耕地、天然林保护工程、生态建设、西部大开发等联系在一起协同讨论。就如下方面展开研究：包括退耕还林还草的合理布局、重点建设及配套政策问题，适宜优势树种选择、天然植被保护和改良问题，西北地区因地制宜、林草共进、生态与经济效益协同问题，以及退耕还林还草中的生态与经济兼顾发展问题。

2. 2002—2007年退耕还林还草建设完善阶段

这一阶段学界高度关注退耕还林还草的效益评价、植被恢复、退耕农户、生态退耕、后续产业、荒山荒地、土地利用等，注重退耕还林还草的成效、适宜性、退耕模式、后续产业，特别是因此带来的短期影响及效益。具有研究范围广、地域性强，集中于黄土高原区，时间尺度短等特点。根据退耕前后生态环境变化，评价退耕还林还草生态效益。探讨困难立地条件下的植被恢复，开展耐旱树种筛选、困难立地人工造林。提出金沙江干热河谷适宜造林树种。分析黄土高原退耕还林还草对土地覆被格局变化、生态和社会效益的影响。分析退耕还林还草对农民收入的短期影响。分析延河流域退耕前后土壤侵蚀变化，提出植被盖度和坡度是短期内影响土壤侵蚀的主控因子。分析退耕还林还草初期黄土高原丘陵沟壑区生态价值。

3. 2008—2013年退耕还林还草生态价值评估阶段

土地利用、退耕（地）、吴起县、土壤养分、生态补偿、植被恢复等受到学界高度关注。退耕还林还草的初期效益及其相关概念、政策等被广泛接受，退耕还林还草生态价值评估进入全面、综合、多指标评估期，特别注重评价指标及评价体系的建立。具有研究时间尺度长、研究方法多样性等特点。采用经济效益和生态效益指标，分析吴起县退耕还林还草综合效益。选择维护水源、固持土地、净化空气等指标，建立盐池县退耕还林还草生态效益评价体系。分析三峡库区黑沟小流域退耕还林还草区森林生态服务价值。利用层次分析法（AHP），构建小尺度（县级）退耕还林还草综合生态效益评价体系。退耕还林还草评价研究体系和模型逐步完善，由定性描述转向定量分析，由评估分析转向机理、过程、管理等多样化、理论性研究。

4. 2014—2020年退耕还林还草定量、机理分析与决策管理阶段

该阶段相关突显关键词主要有土地利用/覆被变化、生态补偿、土壤养分、退耕年限、生态系统服务等。土地利用/覆被变化、生态补偿等成为研究主题，集中在黄土高原区域，重点在机理分析和决策管理。采用成本流、保护拍卖和选择实验法，分析重庆市万州区退耕还林还草生态补偿机制。通过土壤有机碳、氮和磷的测定，从机理层次分析退耕还林还草对土壤的影响。研究重点还包括退耕还林还草植被覆被变化的定量分析，土地利用演变对景观格局的影响，生态恢复对土壤生物群落的影响等。研究逐步深化，从生态评价走向综合管理。探究退耕还林还草在"精准扶贫""乡村振兴"、生态文明等"社会-经济-生态复合系统"的决策管理。利用土地利用/覆被变化和GPP模拟数据，预测GPP年尺度变化规律，分析退耕还林还草对GPP年际变化的影响。

(二) 教育普及

1. 退耕还林还草基础教育

为让青少年掌握退耕还林还草相关知识，国家实施了一系列新课程改革策略。例如，2001年开始用《课程标准》(实验)代替《考试大纲》并试点运行，标志着教学和考查方式向着更科学的方向迈出重要一步，2010年正式启用《课程标准》指导具体教学实践活动，开启了地理教育的一个新阶段。在我国地理教育中对于退耕还林还草的讲解集中于以下几个方面：

一是围绕生态环境保护，强调退耕还林还草的重大意义。退耕还林还草是改善生态环境的迫切需要。保护资源环境就是保护生产力，改善资源环境就是发展生产力。目前全国水土流失面积360多万平方千米，占国土面积的37.5%；我国沙化土地面积已达174万平方千米，占国土面积的18.2%。造成我国水土流失和土地沙化的原因，主要是长期以来人们盲目毁林毁草开荒、以林草换粮食，造成水土流失，沙进人退，致使生态环境恶化，灾害频发。由于长江、黄河上中游地区毁林毁草开荒，陡坡耕种，每年流入长江、黄河的泥沙量达20多亿吨，其中2/3来自坡耕地。不断加剧的水土流失，导致江河湖库不断淤积，不仅使两大流域中下游地区水患加剧，而且使北方地区旱情加重，水资源短缺的矛盾日益突出，给国民经济和人民生产生活造成巨大

危害，国家也不得不年年花费大量人力、物力和财力，投入防汛、抗旱和救灾济民。实施退耕还林还草，改善生态环境，不仅能够促进长江和黄河上中游等地区林业生产力及社会生产力的快速发展，而且可以促进全国生产力的健康发展，为社会经济的可持续发展奠定坚实的基础。

二是强调退耕还林还草工作带来的经济社会效益。明确提出退耕还林还草是改变农民传统的耕种习惯，调整农村产业结构，促进地方经济发展和群众脱贫致富的良好契机。基层的广大干部群众通过自己的亲身体验，深切感受到生态环境恶化是导致贫困的主要根源之一，再不能走那种"越穷越垦，越垦越穷"的老路。实施退耕还林还草工程，改变农民传统的广种薄收的耕种习惯，使地得其用，宜林则林，宜农则农，扩大森林面积，不仅从根本上保持水土、改善生态环境，提高现有土地的生产力，而且可以集中财力、物力加强基本农田建设，实行集约化经营，提高粮食单产，实现增产增收。同时，退耕还林还草工程的实施，国家投入大量资金和物资，有利于优化配置生产要素，加快产业化进程，调整农村产业结构，发展特色经济，增加农民收入，促进地方经济的发展，有利于缩小地区差距、促进社会稳定和民族团结。

三是立足于国内国外环境，使学生认识到退耕还林还草对于实现民族复兴的重大意义。课程改革强调退耕还林还草是我国现阶段拉动内需，保持国民经济快速增长的重大举措。国际政治经济形势发生急剧变化，世界经济发展放慢，对我国扩大出口带来严重影响。要继续保持国民经济的中高速发展，必须通过进一步扩大内需来拉动经济的发展。近几年，农村经济发展明显滞后于城市经济发展，加上干旱、洪涝等灾害的影响，有些地方农民收入受到影响。拉动内需必须首先增加数亿农民的收入。退耕还林还草、改善生态环境已不仅仅是西部大开发的切入点，更是开仓济贫、增加农民收入、拉动内需、促进经济增长的关键性措施。退耕还林还草不仅对现阶段促进国民经济的健康发展具有十分重要的现实意义，而且对促进国家文明发展和人民殷实小康，实现中华民族长远发展和子孙后代繁荣富足具有十分深远的历史意义。

新课程改革注重提高学生的生态文明素养，让学生学会正确处理人类与自然、社会之间的关系。中高考是课程改革的重要内容，新课程理念中所强调的重视正确处理人口、资源和环境间的关系，在中高考中体现得也越来越明确。生态保护部分常见的知识考查方式有单独考查和综合考查两种，其宗旨即培养学生的生态保护意识，提高学生的生态文明素养。现在各地区学习教材或日常阅读材料中都加入了相关内容，基础教育与中等职业教育提到退耕还林还草相关知识。在2007年高考文综全国卷中，就有一道考题是关于退耕还林还草方面的知识点。

例如，退耕还林还草政策写入人教版初中《生物》七年级下册第七章：科学．技术．社会，详细阐述了我国退耕还林还草所面对的生态环境问题及治理成效。我国西部地区，水土流失、土壤沙化和沙尘暴是最突出的生态环境问题，而直接导致这些的就是毁林毁草开荒和陡坡种粮。在历史时期，黄土高原曾是森林茂密、草原肥美的富庶之地，由于种种人力和自然力的作用，盲目扩大耕地毁林毁草，使其植被被破坏，土地沙漠化。进一步探讨地理课程理论，为地理课程资源开发理论提供新视角，为退耕还林还草地区开发地理课程资源提供理论和事实依据，丰富了有关地理课程资源方面的研究成果。

退耕还林还草地理案例作为地理教学的重要组成部分，它有利于实现课标规定的地理课程目标，为地理教育工作者提供一些有用的教学素材，更好地贯彻地理教育思想，有利于师生关心和关注家乡的建设和发展，树立可持续发展思想，提高学生学习地理的兴趣。

2. 退耕还林还草职业技术教育

国家林草局退耕办以及全国各地林业和教育部门，经常组织开展退耕还林还草工程管理、相关政策法规，或者职业技术、技能等方面的教育和培训，提高各方面人员的综合素质，取得良好效果。

培训内容可以多种多样。例如，一些地方的林业局工作人员，开展巩固退耕还林还草成果技能培训会。村干部、群众参加培训。培训主要针对山区群众，林业局筹备精选与群众生产生活密切相关的林业政策法规、森林病虫害防治、森林防火、野生动物肇事、林权证办理、自然保护区管理及村寨四旁绿化树种选择等方面内容。培训旨在加强地方森林资源管理，合理规划利用林地，维护林业生态安全，巩固法治活动，提高林区群众维护林业生态安全意识。

有些地区则针对当地退耕还林还草政策面临的困境开展培训。区域管理人员积极地发挥主导作用，组织本地的媒体记者和党员干部积极宣传国家退耕还林还草政策。宣传工作围绕农民关心的核心问题展开，如农户的资金补助政策，林木的种植、林木的病害防护等技术，根据情况安排部分农户到林木种植基地进行实验教学，从而保证林木的成活率。为了保证退耕还林还草的具体实施成果，还安排专门管理人员对退耕还林还草进行实地的监督，并将退耕还林还草的责任落实到每一位农户。

还有的是围绕地方制定的《退耕还林成果保护条例》进行专题培训。由政府相关部门负责同志参加，目的是践行"绿水青山就是金山银山"的理念，破解退耕还林还草成果保护难题。

（三）宣传及标识

退耕还林还草工作涉及千家万户农民群众的切身利益，要搞好这项工作必须得到广大农民群众的大力支持，并使其积极投身到退耕还林还草中来。要做好这一工作，必须通过宣传发动。这是各个区域在实施退耕还林还草试点工作中积累的一条很重要的经验。

在国家发布的退耕还林还草工作规划的保障措施中有明确规定：为扎实稳妥地推进退耕还林还草工作，各地和各部门按照国家有关退耕还林还草的政策，结合当地的实际情况，采取切实可行的措施，创造性地开展工作并且摸索出适合我国国情的宣传经验。

在组织宣传中，围绕退耕还林还草核心工作展开。退耕还林还草工程实行省级政府负全责和地方政府目标责任制。有关省（区、市）领导要以对党和人民高度负责的态度，把退耕还林还草工作列入重要议事日程，及时研究解决工程实施中的重大问题，采取有力措施，保证这项工作健康有序地开展。层层签订责任状，落实责任制，把工程建设成效作为考核地、县、乡各级领导干部政绩的重要内容。各有关部门迅速明确职责，分工合作，共同做好工作。各级林业部门当好政府的参谋助手，积极做好规划、指导、组织、协调和监督工作。

退耕还林还草工作充分利用各级政府的多媒体平台，让退耕还林还草政策家喻户晓，广泛宣传国家实施退耕还林还草的目的意义和方针政策，使退耕还林还草的各项具体政策深入人心。组织编印相应的宣传手册、宣传提纲和宣传挂图，发放到退耕还林还草的乡村，使广大干部群众充分了解建设内容、操作方法、治理措施和政策规定等，确实做到思想统一、认识统一、行动统一。各级党委和政府，特别是农村基层组织已经深入细致地做好农民的思想政治工作和教育引导工作。

针对退耕还林还草宣传遇到的障碍困难，各地各级政府充分发挥主动性，进行一系列宣传与导向。例如，为了庆祝安塞区退耕还林建设20周年所取得的丰硕成果，将生态文明建设成果以精美图片和文字集中展示给全区广大干部群众，进一步统一思想，提高认识，激发和带动全区人民进一步热爱、保护、建设美丽安塞的强大活力，安塞地区举办纪念安塞区退耕还林20年摄影、文学作品大赛征稿活动。广大干部群众、摄影爱好者积极参与，踊跃投稿。

网络也是我国退耕还林还草工作重要的宣传阵地。截至2020年9月，百度词条共计收录"退耕还林还草"有7190万条相关文章和报道。这些文章和报告集中在两个方面，一是退耕还林还草政策实施的工作报告和新闻，另一类是对退耕还林还草政策进行的相关研究成果和总结。包括退耕还林还草政策实施过程中的产生的问题和影响，如何进一步完善政策，着重于政策有效性研究；从理论层面把退耕还林还草政策作为公共的生态政策研究，研究其效果、影响以及持续性等问题。

为纪念退耕还林还草工程实施20周年，国家林业和草原局有关部门发出通知，拟组织编辑出版《退耕还林在中国——回望20年》一书。出版该书旨在以新闻通讯或纪实文学的方式，全面呈现退耕还林还草20年所取得的成就，用退耕还林还草的建设成果和生动实践诠释习近平生态文明思想和"绿水青山就是金山银山"的发展理念，落实党中央、国务院关于扩大退耕还林还草的决策部署，有序推进新一轮退耕还林还草的实施。该书征集内容包括：一是20年来在实施退耕还林还草工程建设中作出突出贡献的模范典型事迹材料。典型的范围包括退耕农民、基层护林员、乡镇林业站长及技术员、林业局局长、退耕办主任、县乡级政府领导等奋战在基层的退耕还林还草先进人物（集体）。二是由退耕还林还草直接参与者以通俗的语言讲述亲身经历的故事，包括工作中的酸甜苦辣和体会感想，以及难忘的事情。作者可以是退耕还林还草在职人员和直接参与者，也可以是退休或转岗人员以及关注退耕还林还草的社会人员等。三是记录退耕还林还草工程建设伟大实践与生动故事的图片。

退耕还林还草文化构建

2020年伊始，我国退耕还林还草文化构建研究项目正式展开，同年7月，项目组召开了退耕还林还草文化构建与传播研讨会，标志着我国退耕还林还草文化研究工作已经走在了世界前列，这是我国林业工作者践行习近平总书记"讲好中国故事、传播好中国声音，向世界展现真实、立体、全面的中国，提高国家文化软实力和中华文化影响力"的又一创举，有力回应了近年国际社会中部分人士对中国植树造林负面影响的无端指责。

通过各级政府上下一心，协调、组织、利用起了线上和线下的多维宣传方式，形成了辐射面更宽、思想层面更高、发展意义更深的"退耕还林还草"宣传路径，让百姓了解其意义，读懂其内涵，主动参与到这场关乎国运的建设中来，为谱写我国生态篇章做出了贡献。

退耕还林还草标识图

2020年11月11日，国家林草局退耕办发布"退耕还林还草标识"，标识将在工程区广泛应用。

标识整体以"退耕还林还草"的草书写意变形而来。3个"走之"呈黄、淡绿、深绿三个颜色，分别代表耕地、草地、林地，整体形似等高线和坡耕地。标识上部以"退"字的"艮"变形耕田的"犁"，右侧是"三木成森"，上部连接处颜色渐变，寓意耕地向森林的转变。上下部结合，分别代表"退耕""还草""还林"。图案整体呈圆形，整个图案形似一只帆船，代表退耕还林还草事业乘风破浪，稳健前行。中英文以蓝色体现，与红、黄、绿等颜色共同体现"退耕还林还草，共建美丽中国"的主题。

"退耕还林还草标识"作为集中展示退耕还林还草建设发展理念的符号，是创造退耕还林还草品牌形象、展示退耕还林还草文化的重要载体，被社会各界广泛应用。

为进一步扩大新时期退耕还林还草的社会影响力，有序推进退耕还林还草高质量发展，国家林草局退耕中心此前开展了"退耕还林还草标识"征集活动，共收到作品229件，评出一等奖1件、二等奖3件、三等奖6件。在一等奖作品的基础上，广泛吸收和借鉴其他获奖作品优点，形成现标识。

第二节 退耕还林还草文化面临的机遇与挑战

在社会主义生态文明新时代，我国退耕还林还草文化建设面临难得的发展机遇，也存在一系列重大挑战。生态文明要求、经济发展基础、社会实践探索、美好生活期盼和绿色开放的国际环境，都为退耕还林还草文化建设提供了有利的历史契机。而目前仍然存在的生态文明意识不强、人才科技支撑不强、文化建设投入不足、文化产业不发达以及管理体制机制不顺等问题，则对退耕还林还草文化建设构成严峻挑战。

一、退耕还林还草文化面临的机遇

(一)生态文化繁荣的机遇

21世纪是人类由工业文明迈向生态文明、实现历史伟大转折的光辉时代，也是中华民族实现伟大复兴的中国梦、走向生态文明的世纪。生态文化将以其强大的渗透力和感染力，成为生态文明时代的主流文化，引领人类文化发展进入一个新时期。从1999年开始实施至2020年，退耕还林还草历经20多年不断探索，已经进入一个以生态与文化建设相融合发展的新阶段。在这个新的阶段不仅在各地积累了丰富的经验，探索形成了大量可复制、可推广的模式，为持续推进退耕还林还草工程建设奠定了良好的基础，而且对退耕还林还草文化建设的需求空前高涨，面临诸多难得的发展机遇。

1. 建设生态文化体系

2018年5月，习近平总书记在全国生态环境保护大会上将"加快建立健全以生态价值观念为准则的生态文化体系"置于构建生态文明体系的五项任务之首，凸显了生态文化建设的重要性和紧迫性。习近平总书记强调：

> 要加快构建生态文明体系，加快建立健全以生态价值观念为准则的生态文化体系，以产业生态化和生态产业化为主体的生态经济体系，以改善生态环境质量为核心的目标责任体系，以治理体系和治理能力现代化为保障的生态文明制度体系，以生态系统良性循环和环境风险有效防控为重点的生态安全体系。要通过加快构建生态文明体系，确保到2035

年，生态环境质量实现根本好转，美丽中国目标基本实现。到本世纪中叶，物质文明、政治文明、精神文明、社会文明、生态文明全面提升，绿色发展方式和生活方式全面形成，人与自然和谐共生，生态环境领域国家治理体系和治理能力现代化全面实现，建成美丽中国。

退耕还林还草文化是生态文化体系的重要内容，也是生态价值观念的集中体现。同时，退耕还林还草与生态文明体系中的生态经济体系、目标责任体系、生态文明制度体系和生态安全体系也都密切相关。建设好退耕还林还草文化，不仅提高退耕还林还草建设质量，也能极大推动生态文明建设。

党的十八大以来，习近平总书记高度重视生态文明建设。多次强调，生态环境保护是功在当代、利在千秋的事业，要以对人民群众和子孙后代高度负责的态度和责任，真正下决心把环境污染治理好、把生态环境建设好，努力走向社会主义生态文明新时代，为人民创造良好的生产生活环境。党的十八大报告对扎实推进社会主义文化强国建设和生态文明建设作出重要部署，提出尊重自然、顺应自然、保护自然的生态文明理念，把生态文明建设放在突出地位，融入经济建设、政治建设、文化建设、社会建设各方面和全过程，努力建设美丽中国，实现中华民族永续发展。党的十九大进一步提出新时代坚定文化自信、推动社会主义文化繁荣兴盛的初心与使命。近年来，中央先后颁布了《关于加快推进生态文明建设的意见》《生态文明体制改革总体方案》等文件，把"坚持培育生态文化作为重要支撑"纳入生态文明建设的基本原则，为生态文化建设指明方向。

2. 生态文明时代的主流文化

探讨退耕还林还草文化建设问题，离不开对生态文化产生发展的时代背景——人类生态文明新时代的考察。文化是人类创造的产物，不同历史时期有不同起主导作用的文化。用历史发展的眼光看，人类文明经历了原始文明、农耕文明、工业文明三个阶段，与之相对应的主导文化分别是原始文化、农业文化和工业文化。目前人类正处于从工业文明向生态文明过渡的时期，在未来生态文明阶段，与此相对应的起主导作用的文化应该是生态文化。正是在此背景下生态文化应运而生并蓬勃兴起。生态文化是人类通过对现实困境的反思、对传统文化的扬弃和对崭新实践的探索，不断总结、重构、升华而创造和建立起来的。生态文化伴随"人类中心主义"的工业文化导致的生态危机而再次被激活,并随着人们对人与自然关系认识的深化而进一步发展。生态文化的繁荣发展是时代进步的需要,新的时代需要新的文化,新的文化必将具有强大的生命力。

全球正迎来生态文明时代的曙光。生态文化的兴起,源于人类对工业文明所造成的生态危机的深刻反思。工业文明是一把双刃剑,一方面使科学技术飞速发展,生产力极大提高,经济走向全球化,人类生产生活出现了许多便利;但同时也导致了全球性生态危机。危机、危机,危中有机。破解生态危机是生态文化发展的根本原因。人类面对生态危机,不断地进行反思,试图改变自身价值观、改变科技发展的方向、改变生产方式和消费方式,使人类社会逐步跨入生态文明。

西方文艺复兴以来,资本主义兴起,人类从农业文明进入工业文明时代。早在19世纪中叶,恩格斯就提醒人们:"我们不要过分陶醉于我们对自然界的胜利,对于每一次这样的胜利,自然界都报复了我们。"在工业文明时代的早期阶段,自然界对人类的报复实际上就已经开始了,但是,那时候自然界对人类的报复只是暂时的或局部性的,未能引起或不足以引起人类的重视。到20世纪中叶,人类对自然界进行了近乎是"竭泽而渔"的掠夺性开发和超负荷的索取,由此造成人类从自然界索取资源的能力,大幅超过自然界的再生能力;人类排入环境的废物大幅超过了环境的承受能力,结果导致了全球性的生态危机。环境污染加剧,气候发生异常,自然资源枯竭,稀有动物面临灭绝,热带雨林缩小,土地沙化加剧,地球臭氧层遭到破坏等全球性问题日益严重,直接威胁着人类的生存和发展。面对严重的全球性生态危机与困境,人类不得不重新认识人与自然的关系,重新评价人类对自然的掠夺行为,重新思考人类未来的命运。走出全球性生态危机的困境,寻找新型的人与自然关系,成了当今时代的最强音。著名生态思想史家唐纳德·沃斯特指出:"我们今天所面临的全球性生态危机,起因不在生态系统本身,而在于我们的文化系统。"生态文化正是在全球生态问题日益严重,人类对生态危机日益觉醒的背景下产生的。

中国是人口最多的发展中大国,人与自然的矛盾格外突出。1978年,国家实施了"三北"防护林工程。1998年受大洪水的影响,国家陆续启动了天然林保护和退耕还林还草等重大生态建设工程。

1999年8月6日,中央政治局常委、国务院总理朱镕基视察了延安市宝塔区燕沟流域治理情况,并在聚财山发出了"退耕还林,封山绿化,个体承包,以粮代赈"的号召。朱镕基总理指出:

> 黄土高原治理,延安是一个重点。你们要尽快动手,作为先行一步的试点。延安人民要继续发扬艰苦奋斗精神,把过去"兄妹开荒"的革命精神,发展为"兄妹造林"。在这个问题上,一定要花钱,要投入,为子孙后代,为中国的长远利益是应该花钱的,而且是值得花钱的,要马上起步。我们把这个步子一迈开,年年都这么搞下去,我相信10年、20年,陕北的面貌就改变了,全国的面貌就改变了。

延安市宝塔区聚财山退耕还林工程纪念台

2007年,中国共产党第十七届全国代表大会将生态文明建设上升为国家战略。正是在此背景下,生态文化建设逐渐从学术界走进公众视野。生态文化是人与自然和谐相处、永续发展的文化,是伴随经济社会发展的历史进程形成的新的文化形态。发展生态文化,有利于贯彻落实以人民为中心、创新协调绿色开放共享的新发展理念,推动经济社会又好又快发展;有利于建设生态文明,推动形成节约能源资源和保护生态环境的产业结构、增长方式、消费模式；有利于增强文化发展活力，推动社会主义文化大发展、大繁荣。退耕还林还草文化就这样一路走来。

3. 退耕还林还草文化独具优势

文化是人类的创造，来源于长期的生产实践。退耕还林还草文化的源头，主要受到三方面实践或文化因素的影响：一是直接来源于当代20多年退耕还林还草实践的总结和创造。二是来源于对古代农耕文化的批判和改造。三是来源于与其他相关文化元素的有机整合。这三个方面，中国退耕还林还草文化建设具有独特的优势和潜力。

首先，20多年退耕还林还草，极大促进了农村产业结构调整，生态价值日益显现。实施退耕还林还草工程，退下的是贫瘠的低产耕地，增加的是绿色的"金山银山"，优化了土地利用结构，促进了农业结构由以粮为主向多种经营转变，粮食生产由广种薄收向精耕细作转变，许多地方走出了"越穷越垦，越垦越穷"的恶性循环，实现了地减粮增、林茂粮丰。国家统计局数据显示，与1998年相比，2017年退耕还林还草工程区和非工程区谷物单产分别增长26%和15%，工程区粮食作物播种面积和粮食产量分别增长10%和40%，而非工程区分别下降21%和7%。湖北秭归县通过退耕还林还草调整柑橘种植结构，出现了3个亿元村，全县柑橘年产值30亿元。同时，各地依托退耕还林还草培育绿色资源，大力发展森林旅游、乡村旅游、休闲采摘等新型业态，绿水青山正在变成老百姓的金山银山。

其次，在我国五千年文明史中，农耕与森林的关系是人与自然关系的重要表现。在人与自然长期共存演进的过程中，各地形成了丰富而独具特色的森林文化。从先秦时期的"森林以时禁发"，到北魏时期的"永业田植树"，到宋明时期的"广植桑枣榆杂"，再到明清时期园林人居文化等。由于长期的历史积淀，因而形成了我国退耕还林还草文化资源的显著特点，即自然生态资源与历史人文资源融为一体，物质文化形态与非物质文化形态交相辉映。这不仅为满足当代人和后代人退耕还林还草文化多样化需求提供了物质载体，而且为传承和弘扬退耕还林还草文化，展示我国退耕还林还草文化的历史纵深和无穷魅力提供了有利条件。

对历史教训作深刻反思更使人们树立建设森林强国的坚定决心。中国森林消长与民族兴衰紧密相关。据估算，距今4000多年前的夏代中国（按今日国土面积计)森林资源极为丰富，森林覆盖率约60%，森林厚度9.4毫米(然而，历史上森林资源持续减少，到新中国成立时森林厚度降为1.26毫米)。唐代中期之前，中国森林覆盖率在33%以上，森林厚度处于5毫米以上。"胡焕庸线"以西生态环境相对较好，有相当多的人口分布。从周至唐，西安附近长期是国都，周围渭河流域、黄土高原的生态环境也很好，有"八水绕长安"之美称。但随着人口的增长，农田和城镇扩大，森林和湿地面积逐渐缩小，于是西部地区气候变得日益干旱化，土地沙漠化不断加剧，西部的生态承载能力严重下降。塔克拉玛干沙漠的扩张，楼兰古城等西域文明逐渐衰落和消亡。国都也依次东迁，逐渐形成民国以来"胡焕庸线"所表征的人口分布格局。这验证了"生态兴则文明兴，生态衰则文明衰"的历史发展规律，这些深刻的历史教训须认真汲取。

再次，退耕还林还草文化与其他生态文化多元共生。我国地域辽阔、民族众多，自然地域和民族习俗的多样性，构成了我国生态文化的多元性。人类在与森林、草原、湿地、沙漠的朝夕相处、共生共荣中，所形成的良好习俗与传统，已深深融入当地的民族文化、宗教文化、民俗文化之中。诸如华北的树木文化、皇家园林文化、风景名胜文化；西北新疆的天山文化、荒漠文化和林果文化；云南的茶文化、花文化、蝴蝶文化、民居民俗文化；江南的山水文化、园林文化；东北的动物文化、湿地文化和恐龙化石文化等，都在国内独树一帜。在多元的文化中，有的是世界历史文化的遗产，有的是国家和民族的象征，有的是人类艺术的瑰宝，有的是自然造化的结晶。这些特殊的、珍贵的、不可再生的自然垄断性资源，不仅有着独特的、极其重要的自然生态、历史文化和科教审美价值，而且蕴藏着丰厚的精神财富和潜在的物质财富。这些宝贵的生态文化资源，为建设繁荣的退耕还林还草文化体系奠定了良好的基础。

最后，退耕还林还草文化与红色革命文化可以有效融合。在退耕还林还草地域有多处红色文化相融的内容：红军长征出发纪念碑、红军长征第一渡口、红军长征出发纪念馆、红军长征第一山、毛泽东同志养伤旧址、云石山中央苏维埃政府旧址、寻乌调查纪念馆、罗福嶂会议旧址、洪超将军烈士墓、油山游击战争纪念馆、中共广东省委旧址等。这也是新时期重走"长征路"，退耕还林还草文化建设的重要契机和优势。

4. 社会生态文化需求空前高涨

随着国民经济的快速发展，生态形势的日趋严峻，全社会对良好生态环境和先进退耕还林还草文化的需求空前高涨。这种退耕还林还草文化需求包括精神层面和物质层面。在退耕还林还草文化需求的精神层面上，研究、传播和培育生态理论、生态立法、生态伦理和生态道德方面显得尤为迫切。在退耕还林还草文化需求的物质层面上，走进森林、回归自然的户外游憩正逐步成为人们消费热点。在北京，天坛公园、植物园和奥林匹克森林公园等，正是由于那里壮观的古树群、优美的植物景观、浓郁的文化内涵，吸引着无数的北京市民和中外游客前往观光游览。同时大力发展退耕还林还草文化产业，既推动了林业产业发展、促进山区繁荣和林农致富，又满足人们退耕还林还草文化消费的需要。据统计，2019年度，国家林业和草原局、民政部、国家卫生健康委员会和国家中医药管理局联合出台了《关于促进森林康养产业发展的意见》，公布了第三批国家森林步道名单，推出3条国家森林步道示范段；公布了100家森林体验、森林养生国家重点建设基地；推出了10条特色森林旅游线路、15个新兴森林旅游地品牌、13个精品自然教育基地。举办了2019中国森林旅游节。全国森林旅游游客量约18亿人次，同比增长12.5%，创造社会综合产值约1.75万亿元。各地利用丰富的自然资源、独特的生态类型、多样的民族风情和良好的文化习俗，挖掘特色生态文化资源，带动了一批富有特色、充满活力的生态文化产业。例如云南普洱茶文化，怒江傈僳族自治州"三江并流"文化，四川省青神县"竹编艺术"，海南椰树文化、槟榔文化，福建榕树文化，浙江竹文化等。

退耕还林还草文化建设和产业发展的潜力巨大，前景广阔。一是退耕还林还草文化资源开发潜力巨大。在我国丰富的退耕还林还草文化资源中有相当一部分还未得到有效的保护、挖掘、开发和利用。二是退耕还林还草文化科学研究、普及与提高的潜力巨大。胡锦涛同志在党的十七大报告中把"建设生态文明"列为全面建设小康社会的重要目标，这不仅关系到产业结构调整和增长方式、消费模式的重大转变，而且赋予研究和构建退耕还林还草文化体系以新的使命。这就是通过生动活泼的退耕还林还草文化活动，增强人们的生态意识、生态责任、生态伦理和生态道德，促进人与自然和谐共存，经济与社会协调发展，全社会生态文明观念牢固树立。三是退耕还林还草文化产业的市场潜力巨大。森林旅游休闲在我国拥有广阔前景。

大众旅游消费持续快速增长。当前，我国人均 GDP 超过 8000 美元，正处于旅游消费需求爆发式增长时期，大众旅游时代刚刚开始。随着全面建成小康社会深入推进，城乡居民收入稳步增长，消费结构加速升级，人民群众健康水平大幅提升，假日制度不断完善以及基础设施条件不断改善，我国居民的旅游消费能力、旅游消费需求和旅游消费水平都将大幅度持续增长。目前旅游消费者主要是中、青年旅游者。随着老年群体数量的增加，中国开始向老年社会转化，相当多的老年人由于身体好、收入稳定、闲暇时间充足，具有很高的出游愿望和需求；同时，随着农村经济的发展，农民收入的提高，中国广大农民出游的势头也十分强劲，作为农业人口巨大的农业大国，农村旅游市场将成为中国旅游业未来发展的巨大客源市场。旅游方式也从"走马观灯"式向探索自然奥秘转变，真正感受森林文化魅力的"知性之旅"。

（二）应对气候变化的机遇

1. 努力争取 2060 年前实现碳中和

全球气候变化是人类面临的巨大威胁，是人类必须共同面对的重大挑战。如何积极应对气候变化及其给发展带来的重大影响，已成为可持续发展必须面对的全球性问题，林业在此方面具有特殊地位，这是国际社会在普遍关注气候变化的新形势下做出的新判断。森林对减缓气候变化具有重要作用，与工业减排相比，森林固碳投资少、代价低、综合效益大，更具经济可行性和现实操作性。森林是陆地最大的储碳库和最经济的吸碳器，全球陆地生态系统中约储存了 2.48 万亿吨碳，其中 1.15 万亿吨碳储存在森林生态系统中。据初步测算，林业为发达国家实现《京都议定书》规定的减排目标贡献了约 20%；同样，毁林排放的温室气体也占全球温室气体排放总量的 20% 左右。森林问题是全球气候变化控制中一个热点问题。在气候变化的国际谈判中，林业始终是重要内容。在 1992 年和 1997 年国际社会为共同应对气候变化而制定的《联合国气候变化框架公约》和《京都议定书》中，都明确指出要通过增加森林碳汇和减少毁林排放来减缓气候变化，但由于各国的利益诉求、国情林情存在差异以及林业本身的不确定性等，使得林业谈判的进展同整个气候变化谈判一样缓慢而胶着。2001 年《波恩政治协议》和《马拉喀什协定》已同意将造林、再造林项目作为第一承诺期合格的清洁发展机制（CDM）项目，这意味着发达国家可以通过在发展中国家实施林业碳汇项目抵消其部分温室气体排放量。2009年4月，在联合国于德国波恩举行的气候变化谈判上，各国仍然存在很大分歧，谈判未取得实质性进展。2009年12月，在丹麦哥本哈根举行联合国气候变化会议，达成不具法律约束力的《哥本哈根协议》，本协议维护了《联合国气候变化框架公约》及其《京都议定书》确立的"共同但有区别的责任"原则，就发达国家实行强制减排和发展中国家采取自主减缓行动作出了安排，并就全球长期目标、资金和技术支持、透明度等焦点问题达成广泛共识。

2015年12月12日，在巴黎气候变化大会上通过《巴黎协定》。2016年4月22日，在纽约签署气候变化协定，该协定为2020年后全球应对气候变化行动作出安排。《巴黎协定》长期目标是将全球平均气温较前工业化时期上升幅度控制在2摄氏度以内，并努力将温度上升幅度限制在1.5摄氏度以内。中国积极推动巴黎协定通过，展现"负责任大国"担当。2016年9月3日，中国全国人大常委会批准中国加入《巴黎气候变化协定》，成为23个完成了批准协定的缔约方。

2020年9月22日，国家主席习近平《在第七十五届联合国大会一般性辩论上的讲话》中指出：

"这场疫情启示我们，人类需要一场自我革命，加快形成绿色发展方式和生活方式，建设生态文明和美丽地球。人类不能再忽视大自然一次又一次的警告，沿着只讲索取不讲投入、只讲发展不讲保护、只讲利用不讲修复的老路走下去。应对气候变化《巴黎协定》代表了全球绿色低碳转型的大方向，是保护地球家园需要采取的最低限度行动，各国必须迈出决定性步伐。中国将提高国家自主贡献力度，采取更加有力的政策和措施，二氧化碳排放力争于2030年前达到峰值，努力争取2060年前实现碳中和。各国要树立创新、协调、绿色、开放、共享的新发展理念，抓住新一轮科技革命和产业变革的历史性机遇，推动疫情后世界经济'绿色复苏'，汇聚起可持续发展的强大合力。"

习近平总书记关于"2060年前实现碳中和"的庄严承诺，为退耕还林还草及其文化建设和发展指明了方向，同时也带来了新的难得的发展机遇。

我国作为一个快速发展的大国，在应对气候变化中负有重要责任，做好林业工作可对此发挥特殊贡献。我国人工林面积居世界第一，通过不断扩大森林面积和提高森林经营质量，可对增加碳汇和减少碳排放起到重要作用，同时在日益广泛的全球森林碳贸易中也大有作为。此外，气候变化将带来日益增多增强的极端气象事件，如极端降雨可能导致更多洪水和侵蚀，而森林的涵养水源等生态功能有利于减缓这些气候变化的不利影响。

林业在应对气候变化、实现碳中和中发挥关键作用。气候变化是当今人类面临的严峻挑战，危及人类生存和发展。森林既是吸收汇，也是排放源，在应对气候变化中具有减缓和适应双重功能。一方面，通过开展植树造林、森林恢复、合理采伐和森林管理，可不断增加森林碳吸收。另一方面，改变林地用途、不合理采伐，不进行更新造林和森林恢复，导致毁林和森林退化，会增加碳排放。森林在应对气候变化中的独特作用使国际社会认识到，保护森林，减少毁林，提高森林质量，推动森林可持续经营，是应对气候变化的必然选择。

2. 可持续发展是人类的共同梦想

建设生态文明是人类的共同理想，成为生态文化发展的历史使命。生态文化是生态文明的先导。面对工业化或后工业化高速发展给自然资源和生态环境带来的严重问题和巨大压力，国内外生态、经济、人文、哲学等专家学者十分关注生态文化，企图寻找新的发展路径和战略选择。最有代表性的是1962年，美国女作家卡逊的《寂静的春天》一书如春雷般惊醒了沉睡的人们，第一次向世人敲响了生态破坏带来后果的警钟，揭开了"生物学时代的序幕"。1972年罗马俱乐部发表《增长的极限》著名报告，指出人口增长、粮食生产、工业发展、资源消耗、环境污染等急剧增长将使地球的支撑力达到极限。罗马俱乐部创始人贝切利说出了意味深长的一席话："人类创造了技术圈，入侵生物圈，进行过多的榨取，从而破坏了人类自己明天的生活基础。因此如果我们想自救的话，只有进行文化价值观念的革命。"1992年里约联合国环境与发展大会，可持续发展成为全球共识。这标志着人类社会开始迈入生态文明新时代。

联合国"新千年发展目标宣言"，环境问题被列为八大问题之一。《京都协定书》关于应对气候变暖与温室气体减排问题等更加引世人瞩目。2012年联合国可持续发展大会(里约+20峰会)主题是发展绿色经济。人类决心通过对工业文明发展所带来的诸多生态危机进行深刻反思,总结经验教训,以指导未来的行动。这一系列发展过程,说明一个突出的问题——生态文化正在影响和改变人类的生产生活方式,并最终实现生态文明。

3. 生态文明成果得到国际高度评价

中国生态文明建设成果得到国际社会的高度评价。"中国政府在生态文明建设方面投入很多,一个突出的感受就是中国更美了。"哈萨克斯坦自然科学院院士克拉拉·哈菲佐娃曾表示。哈菲佐娃到访过黄河沿岸许多城市,看到黄河岸边绿树成荫,街心花园繁花似锦,许多市民在那里休闲娱乐,享受着绿色发展带来的成果。此外,中国的植树活动也有声有色,几年下来,绿色多了,生态也好了。

美国著名生态文明专家罗伊·莫里森非常关注中国的生态文明建设,并高度评价中国在可持续发展中作出的探索与贡献。在他出版的新书《可持续发展的密码——生态学调查》中,专门有两个章节谈到中国的生态文明建设。他坚信"中国将成为世界可持续发展的领导者"。理由很简单,因为"生态文明,深深植根于中国哲学传统中",中国在长期实践中追求与自然的"和谐与平衡",而且中国社会对生态文明建设和可持续发展有高度共识。

欧洲议会议员助理兼欧中友好小组秘书长盖琳尤为关注野生动物的保护。他说,中央深改组审议通过大熊猫、东北虎豹国家公园体制试点方案,形成打击野生动物非法贸易部际联席会议机制,这"说明中国正逐步迈向一个高素质的生态文明社会。"

日本湖泊污染治理专家稻森悠平,在过去40多年几乎每年都要访问中国多次,为中国湖泊治理出谋划策。他认为,绿水青山就是金山银山的理念,对中国生态文明建设起到重要指导作用。"这些理念根植于中国传统文化,又立足中国国情,对国家生态环境保护具有重要意义。中国不断加大生态保护力度,生态环境持续改善,朝着人与自然和谐共生的方向发展。"

比利时财经杂志《走进比利时》总编辑弗朗索瓦·曼森说:"我对中国发展绿色经济非常关注。这几年我前往贵州、四川、浙江等地采访,发现绿水青山就是金山银山的理念深入人心。""中国一些农村地区通过生态文明建设改善了生活环境,蹚出一条脱贫致富的新路子。去年,我到浙江松阳县采访,那里山青水绿，茶园飘香。由于当地生态环境好，茶叶品质高，茶产业成为当地经济的主要支柱。"

蒙古国科学院国际关系研究所中国室主任旭日夫和该所博士贺西格图雅2019年曾赴中国多地考察。"鉴于地理位置相近、气候条件相似，塞罕坝从荒漠变森林的经验对蒙古国很有借鉴意义。"旭日夫感受到，中国将发展经济和保护自然协同推进，积累了成功经验。贺西格图雅表示，中国很多农村实施净化、绿化、亮化、美化工程，效果显著。"比如浙江省'千村示范，万村整治'工程不仅在中国，在世界上也属于范例。发展中国家可以从中有所借鉴。"

在泰国正大管理学院院长助理洪风看来，中国加速推进生态文明建设，不但有利于自身经济发展，也让周边国家从中受益。"中国和中南半岛国家山水相连，中国加强水资源保护等工作，也促进了东南亚国家的生态保护。"

德国能源观察集团主席汉斯—约瑟夫·费尔访华时，中国在戈壁周边植树造林、退耕还林还草给他留下深刻印象，"这些举措将带来巨大的生态优势，通过碳汇为生态保护作出重要贡献。"

我国在生态文明建设中的突出贡献，包括退耕还林还草工程所取得的巨大成就，得到国际友人积极评价，展现出负责任大国良好形象。

4. 经济稳定发展提供强力支撑

经济与文化有着密切的关系。根据马克思主义原理，文化属于意识形态和上层建筑，一方面，文化对经济具有引领作用；另一方面，经济基础决定上层建筑，经济的发达程度，往往决定着文化的实现水平。

改革开放40多年，中国经济的快速发展，为包括退耕还林还草文化在内的生态文化建设提供了牢固的经济基础。当今世界是经济全球化的时代，物质产品相对丰富、物质生活极大便利。经济发达的标志是城市化、电气化、信息化、工业化、市场化、国际化。这一方面满足了人类衣、食、住、行的需求，但同时也为人类提出和解决日益增长的更高层次的物质与文化生活的需要奠定了基础条件。良好生态环境、生态消费、生态审美、持续的经济增长等需求就是这种新的需求。这种需求的满足不仅有利于人类生活质量的提升，同时也有利于经济的可持续发展。经济的发展为人类开展生态建设、生态消费、生态文化创作提供了时间、空间、物质手段等各方面物质保障。

科技空前进步在客观上促进了生态文化的繁荣兴盛。科技的进步不仅创造了辉煌的工业文化，同时也为生态文化的产生做好了准备。一方面，近代科学技术取得了前所未有的认识自然和改造自然的伟大胜利。以蒸汽机的发明为标志的第一次技术革命，和以电力的广泛运用为主要标志的第二次技术革命，使人类的社会生产力水平大步提高。正是由于科学技术的巨大作用，造成工业文明时代"人类中心主义"占主导地位的文化。另一方面，随着以生态科学、信息技术、生命科学等为主的科学技术的进一步发展，人类对人与自然关系的认识水平与实践能力已大幅提高。人类正更全面、更客观地认识到工业文化的利与弊，并以此来调整人的思想和行为，进而实现人类文化的根本变革。以生态科学为基础的生态文化正蓬勃兴起。

科学家们对森林草原等生态系统的认知取得重大进展。经过人类数千年的生产实践和上百年的科学探索，对森林的认知不断更新。截至目前，科学家们已经认识到，森林是陆地生态系统的主体，具有强大的供给功能、调节功能、文化功能和支持功能。以丰富森林资源、发达的林业科技为特征的现代林业，事关国家的气候安全、生物安全、土地安全、水资源安全、粮食安全。国际社会对森林问题极为重视，2009年第十三届和2015年第十四届世界林业大会主题分别为"森林在人类发展中发挥着至关重要的平衡作用"和"森林与人类：投资可持续的未来"。科技进步为森林中国建设提供了强大动力。研究证明，我国东南半壁的森林破坏是4000年来沙漠扩张的最主要原因，即所谓"东伐西旱、南伐北旱"。就全国而言，森林厚度每变化1毫米，则影响中国平均降水量变化约37毫米。相当于每增加92.2亿立方米蓄积量的森林，能增加3537亿立方米降水量（相当于20世纪70年代黄河年入海径流量的6.1倍）。所以，要增加西北半壁降水，必须在东南半壁建造大规模森林和湿地。尤其要加大在北方10省市（京津冀晋苏皖鲁豫陕辽）发展森林的力度，将该区域的森林覆盖率提高到50%以上为宜。

退耕还林还草20多年取得巨大成效，同样经济投入也是巨大的。实施退耕还林还草，是党中央、国务院为治理水土流失、改善生态环境作出的重大战略决策。1999年以来，全国累计实施退耕还林还草5.08亿亩，其中退耕地还林还草1.99亿亩、荒山荒地造林2.63亿亩、封山育林0.46亿亩，中央累计投入5112亿元，相当于三峡工程动态总投资的两倍多。退耕还林还草工程已成为我国乃至世界上资金投入最多、建设规模最大、政策性最强、群众参与程度最高的重大生态工程，取得了巨大的综合效益。

近年来，我国经济实力和国家财力明显增强，继续开展退耕还林还草及其文化建设、综合提升建设质量和效益，资金投入有了更大保障。我国粮食产量连年增加，粮食安全保障更为有力。农民收入稳步增加，在经济收入和粮食供给上，对坡耕地的依赖程度都大幅降低，继续实施退耕还林还草的条件完全具备。同时，全国土地调查结果为扩大退耕规模提供更加充分和准确的依据。这些条件为持续推进退耕还林还草工程和文化建设奠定了良好的基础，同时也提出了多方面的更高层次的新需求。

二、退耕还林还草文化面临的挑战

我国的退耕还林还草文化建设虽然取得了突出的成就，但从生态文明和美丽中国建设的长期性、艰巨性和复杂性来看，仍存在以下突出问题和严峻挑战。

（一）思想认识有待提高

经过退耕还林还草实践，明显增强了工程区广大干部群众的生态意识。退耕还林还草任务分配到户、政策直补到户、工程管理到户，政策措施做到了家喻户晓。20多年的工程建设，已经成为生态文化的"宣传员"和生态意识的"播种机"，生态优先、绿色发展的理念深入人心，爱绿护绿、保护生态的行为蔚然成风。尤其是工程实施20多年来取得的显著成效，让工程区老百姓深切感受到了生态环境的巨大变化和生产生活条件的明显改善，人们对生产发展、生活富裕、生态良好的文明发展道路有了更加深刻的认识，生态意识明显增强。有的基层干部说，退耕还林还草从某种意义上讲，退出的是广大农民传统保守的思想观念，还上的是文明绿色的发展理念；退出的是农村长期粗放落后的生产方式，还上的是集约高效的致富之路。

有学者研究，在对黑龙江国有林区公众进行森林文化建设问卷调查中，受访者对森林文化建设的意义给予肯定。80%以上的林区公众认为森林文化对我国生态文明的发展非常重要。黑龙江林区公众对森林文化建设具有重大意义没有异议。然而，在个案访谈的过程中发现目前黑龙江林区正处于绿色化转型发展的过渡阶段，绿色化转型发展的着力点还集中于林区的经济发展。

因此，在林区发展的过程中更加重视森林以及林业产业所带来的直接经济价值，忽略森林文化所蕴含的生态、社会以及经济的综合价值。黑龙江林区公众在森林文化建设的态度上并不十分明确。

然而，在对退耕还林还草的思想认识中，仍存在不少问题。

一是在全国各地退耕还林还草具体实践中，如何创造性地落实和运用习近平生态文明思想的问题。"两山"理论与退耕还林还草实践如何结合？人与自然关系如何协调？生态保护与产业开发如何统一？地方利益和国家利益如何兼顾？当代人利益和后代人利益如何实现可持续发展？退耕还林还草工程区之内如何发展？目前非工程区将来要变成工程区的地区如何发展？不同省份如何协调？不同行业尤其是农业和林业、经济林与粮食生产如何协同？

二是退耕还林还草如何持续发展的问题。即要不要扩大实施范围？未来10年扩大实施多少面积？在哪里实施更科学？如何在时间、空间上进行合理规划布局？如何更有效更质量地实施？等等。这一系列问题需要站在全国全局发展的角度，作出深入研究和有说服力的科学回答。比如：山东省如今森林覆盖率只有18.24%，能否通过退耕还林还草，在10~20年时间里，使其森林覆盖率达到70%左右？假设山东省的退耕还林还草真的大规模实施了，将来会对内蒙古河套地区、进而对于河西地区、新疆地区等的生态环境（降水、植被等）会产生什么影响？如果能够产生无比巨大的积极影响，国家可否将"森林山东"作为一项重大战略工程进行实施？在工程实施中，山东、内蒙古和全国其他省份，中央与地方之间，以及不同部门之间如何协同行动？这些问题，都需要认真系统研究，以求提高认识、获得新知，探索生态文明建设的切实可行的新路。

三是需要研究并明确退耕还林还草文化建设抓什么、怎么抓的问题。由于退耕还林还草文化建设提出来的时间比较短，各地对退耕还林还草文化建设的理解还比较模糊，从工作层面上讲，对退耕还林还草文化建设抓什么、怎么抓的问题不十分明确。与退耕还林还草相关联的森林康养、自然教育、森林游憩、森林文学、森林哲学、森林美学等如何研究和创作？退耕还林还草文化与农耕文化、沙漠绿洲文化、水-湿地文化等如何协同发展？这些问题都需要通过文化建设实践，加以解决和完善。

（二）政策制度有待完善

退耕还林还草工程已经实施20多年，各方面的效益正在日益显现，为持续推进工程建设奠定了坚实基础。但是，随着现行补助政策的陆续到期和工程建设的不断深入，巩固成果与扩大规模的任务十分繁重，一些深层次的矛盾和问题也随之凸现出来。主要是缺乏总体规划，耕地保护与退耕政策不协同，建设任务落地困难，与前一轮相比补助标准偏低，巩固成果长效机制尚未真正建立，等等。这些问题严重制约退耕还林还草工程的深入实施，也一定程度上影响了工程实施成效。各级林草部门既要认真总结成效和经验，又要坚持问题导向，增强责任感和使命感，着力解决工程建设中的各种问题，推动退耕还林还草工程持续深入开展。

面对退耕还林还草文化建设的新课题，各地没有明确的组织机构、相应的人员和经费保证。从管理体制上，林业草原部门在退耕还林还草文化建设中的主体地位有待强化，协调能力亟待加强。尤其在职责分工、利益分配、责任划分等问题上，由于利益驱动，往往造成退耕还林还草保护的责任由林业草原部门承担，而森林文化旅游开发的收益则不能反哺的做法，不利于调动各方的积极性，严重影响退耕还林还草文化建设。退耕还林还草文化的政策、组织和制度建设滞后，缺乏有效的管理技术标准和行为规范。

（三）建设投入明显不足

近年来，我国退耕还林还草及其文化建设有了长足进步，但总体上仍然资金不足，运转较为艰难。退耕还林还草文化基础设施等服务体系跟不上，而导致产业开发滞后。退耕还林还草文化方面的图书资料、音像作品等基本资料品种不多，造成有些地方只有资源而没有文化。从国家层面和地方层面上，退耕还林还草展览馆和博物馆建设还远远不够。2009年9月，退耕还林展览馆在陕西省吴起县建成，这是我国至今唯一一个以退耕还林还草工程建设为主题的展览馆。这种情况不能适应退耕还林还草文化传播的需要。

2020年，受新冠肺炎疫情影响，国际粮食市场出现不稳定因素。在此背景下，今后一个时期，国内部分粮食需求或面临一定的压力。这对巩固和扩大退耕还林还草成果、如何开展文化建设都提出了新的问题。需要从全局的高度，正确认识和处理退耕还林还草与粮食生产供给的辩证关系，找到两者互相促进的平衡点，讲清楚其中的深刻科学道理，是对各级领导者们的新的挑战。

(四)产品产业不够发达

当前,我国退耕还林还草文化建设还存在品牌效应不高、产业体系不完善的突出问题。退耕还林还草文化产品的开发仍停留在传统的发掘、整理层面,不善于用国际化的手段创造适合受众的文化产品,产品开发的系统性不够,文化含量低,产品创新能力弱,产品的市场竞争力和商业化运作能力弱。产业人才相对匮乏,没有形成有完善投资渠道的退耕还林还草文化产业集团。尤其是中西部地区,由于退耕还林还草文化产业起步较晚,后发优势没有得到充分显现。加上从业人员的综合素质较低,专业技能与基本素质培训的任务还很艰巨。

发展退耕还林还草文化产业,涉及多产融合和新兴业态的创新。诸如森林康养、森林游乐、森林教育等,需要加快基础设施、标志标识(Logo)、解说体系、配套服务体系等相关建设。根据到陕西、云南、江西等典型地区的调研来看,软件、硬件体系还不够完善,需要各地政府和企业结合实际进行探索打造。

(五)人才科技亟须加强

我国退耕还林还草文化建设,亟须相关方面的专业人才。尽管近年来退耕还林(草)工程管理中心曾加大对人才的培训力度,但由于事业发展迅猛,人才缺口较大,仍然不能满足生产需求。尤其是退耕还林还草文化建设,需要复合型、高素质人才。如要求人才具备林学、生物学、生态学等自然科学,和历史学、地理学、经济学、管理学、社会学、文化学等相关学科人文科学素养。加之经济社会的快速发展,社会和企业对人才素质的要求也进一步提高。相关人才培养的投入,包括科技人才、管理人才、文化人才等的教育和培训投入,都亟待加大。

长期以来,我国林业研究重技术、轻理论,重自然科学、轻人文社会科学,更缺乏对退耕还林还草文化深刻内涵的挖掘整理,特别是退耕还林还草文化与民族文化、民俗文化、流行时尚文化、社区文化等相融合的研究,造成退耕还林还草文化建设基础理论薄弱。退耕还林还草文化建设亟须科学的理论来指导。尽管近几年来不少专家学者从不同角度对退耕还林还草文化进行了研究,但是还没有形成成熟的理论。

退耕还林还草理论体系的建构和成熟,需要以深入的社会调查研究为基础，并运用理论思维的力量加以创造。毛泽东同志于 1930 年 5 月在寻乌县对农村社会经济做了深入细致的调查研究，广泛接触社会各阶层人士，连续 13 天召集调查会议，撰写了 8 万余字的调查报告。毛泽东同志从实际出发，运用马克思主义的阶级分析方法，认清了中国农村和小城市的经济状况，为开展土地革命，巩固农村革命根据地，积累了第一手材料。这种深入细致严谨的调查方法对我们的现实工作，包括今后如何更好地开展和提升退耕还林还草及其文化建设，都具有很强的指导意义。

第三节　退耕还林还草文化发展方向与趋势

党的十九大提出，第一阶段，在 2020 年全面建成小康社会的基础上，经过 15 年奋斗到 2035 年基本实现社会主义现代化。到那时从文化上，社会文明程度达到新的高度，国家文化软实力显著增强，中华文化影响更加广泛深入；在生态上，生态环境根本好转，美丽中国目标基本实现。第二阶段，从 2035 年到 2050 年，把我国建成富强民主文明和谐美丽的社会主义现代化强国。那时精神文明和生态文明将全面提升，我国人民将享有更加幸福安康的生活。

退耕还林还草文化建设，处于精神文明建设和生态文明建设的结合点，其发展方向就是精神文明和生态文明高度融合，即人的发展与自然的发展和谐共荣。要以习近平生态文明思想和习近平关于社会主义文化建设的系列重要论述为引领，巩固扩大退耕还林还草工程建设成果，努力营造退耕还林还草的良好舆论氛围。

退耕还林还草文化建设的发展趋势，必然是以创造人民美好生活为中心，不仅成为生态文明建设的重中之重，让人民从中获益，而且将会在全国各地涌现出大量成功的典范，让退耕还林还草成为绿色发展的共识、化为一种信仰融入生活。退耕还林还草文化建设必将为构建美丽世界做出中国贡献，让世人加深对人类命运共同体的认识，让一个个退耕奇迹感动世界，使中华智慧泽被万方。

一、生态文明建设的重要支撑

全国退耕还林还草文化建设，是全国生态文明建设的一支重要力量。必须深入学习贯彻习近平生态文明思想，系统总结退耕还林还草工程建设20多年的成就经验，研究分析退耕还林还草工作面临的新形势新要求，进一步统一思想认识、明确目标任务，安排部署当前和今后一个时期的重点工作，持续推进退耕还林还草工程建设，为建设生态文明和美丽中国作出更大贡献。

（一）习近平生态文明思想的生动实践

习近平生态文明思想，是习近平新时代中国特色社会主义思想的重要内容，是新时代生态文明建设的根本遵循和行动指南，也是马克思主义关于人与自然关系理论的最新成果。习近平生态文明思想的时代内涵集中体现为"六项原则"和"五个体系"。"六项原则"，即坚持人与自然和谐共生；坚持绿水青山就是金山银山；坚持良好生态环境是最普惠的民生福祉；坚持山水林田湖草是生命共同体；坚持用最严格制度最严密法治保护生态环境；坚持共谋全球生态文明建设。"五个体系"即建立健全生态文化体系、生态经济体系、目标责任体系、生态文明制度体系、生态安全体系。

党中央、国务院对退耕还林还草工作高度重视。习近平总书记几次回延安时都通过召开座谈会和深入退耕农户，了解农民退耕后的生计和还林还草的成效。他还多次强调，要做好退耕还林还草工作，扩大退耕还林、退牧还草，有序实现耕地、河湖休养生息，让河流恢复生命、让流域重现生机；实施好退耕还林还草、水土保持等工程，增强水源涵养、水土保持等生态功能。党的十八大以来，以习近平总书记为核心的党中央站在新的历史方位和实现中华民族伟大复兴中国梦的全局高度，于2014年重新启动实施新一轮退耕还林还草工程。这些重要指示和重要举措，为深入实施退耕还林还草工程指明了方向、提供了遵循。各级林草部门要深刻领会党中央、国务院实施新一轮退耕还林还草工程的背景和战略意图，充分认识持续推进退耕还林还草工程建设的重大意义，切实把思想和行动统一到党中央、国务院的重大决策部署上来，扎实做好新时代的退耕还林还草工作。

深入实施退耕还林还草工程、构建退耕还林还草文化体系，是贯彻习近平生态文明思想的具体步骤和生动实践。长期以来，习近平总书记高度重视并多次为生态文明建设发现培育实践典型。延安的退耕还林还草为水土流失严重的黄土高原、为世界生态脆弱区提供了生态修复的成功样本。习近平总书记多次把延安的退耕还林还草作为典型案例教育激励人们。他指出，从这些案例看，只要朝着正确的方向，一年接着一年干，一代接着一代干，生态系统是完全可以修复的。退耕还林还草工程按照宜林则林、宜草则草的原则，着力营造以森林、草原为基础的自然生态系统，为构建山水林田湖草相互依存促进的生命共同体，探索了成功路径。深入实施退耕还林还草工程，就是要以习近平生态文明思想为指导，进一步增加林草面积、提高林草质量，不断扩大生态空间和生态承载力，让我国拥有更多的绿水青山和金山银山，为建设生态文明和美丽中国夯实资源生态基础。同时，深入实施退耕还林还草工程，必将培育更多的生态建设典型，为生态文明建设注入不竭动力。

（二）退耕还林还草工程成果的巩固提高

加强退耕还林还草文化建设，是巩固扩大退耕还林还草工程建设成果的内在要求。对于生态工程建设，习近平总书记始终强调要坚持久久为功，驰而不息；要一年接着一年干，一代接着一代干；进则全胜，不进则退。退耕还林还草工程更是如此，如果不珍惜眼前的成果，不能保住来之不易的建设成果，必将前功尽弃。历史上生态建设初期成果很好，但最终成果巩固却出了问题的案例不在少数，必须引以为戒。从对前一轮退耕还林还草成果巩固情况的抽查结果看，保存率和管护率较之前均有所下降，有些地方下降幅度还比较大。2020年，受新冠肺炎疫情、水灾和国际形势的综合影响，国内粮食保障形势趋紧。目前，退耕政策补助陆续到期，如果连已有建设成果都巩固不住，势必影响党中央、国务院进一步扩大退耕还林还草规模的决心，势必影响广大干部群众持续推进工程建设的信心。要把巩固扩大工程建设成果，作为持续推进退耕还林还草工程建设的重要内容，通过挖掘林草资源的生态价值、经济价值和社会文化价值，大力发展后续产业，加快产业结构调整，促进一、二、三产业融合，服务乡村振兴，确保退耕还林还草成果得到巩固发展。

退耕还林还草工作是一项系统工程，巩固成果不能只靠老百姓的自觉行为或者政府的行政指令，要靠完善的政策和长效的机制，也要靠文化来凝心聚力。要用足用好多渠道的政策资金，探索将符合条件的退耕还林还草工作纳入森林生态效益补偿、草原生态保护补助奖励、森林抚育补贴、国家储备林建设、森林质量精准提升工程等范围。要依托已有的成果，大力发展休闲旅游、林下经济、森林康养等后续产业，发挥退耕林草资源的文化服务功效，确保退耕农民有持续可观的经济收入。要在落实退耕农户管护责任的基础上，逐步将退耕还林还草纳入生态护林员统一管护范围，继续搞好封山禁牧，加强对退耕还林还草成果的管护。要依法依规保护退耕后形成的林草资源，严肃查处毁林毁草、非法征占用、擅自复耕等行为。加强对退耕农民、生态护林员的林业技术、政策和文化知识培训，提高业务能力和综合生态文明素养。

不断提升工程管理水平，努力形成退耕还林还草"严格管理、精细管理、民主管理"的制度文化。实行精细化管理，严格把控工程建设全过程，是退耕还林还草工程健康推进的重要保障。要抓好良种壮苗培育与供应工作，严格管控施工过程、质量。坚持接受群众和社会监督，认真落实任务分配、检查验收、政策兑现等关键环节的乡村公示和群众举报办理制度。加强与自然资源部门的沟通衔接，用好第三次全国土地调查成果，推进新一轮退耕还林还草矢量化管理，提升工程管理水平。落实"放管服"要求，优化检查验收程序，加强对检查验收队伍的管理和廉政教育，提升检查验收效果，确保工程建设质量。特别是退耕还林还草工程补助资金总量很大，而且直接面对千家万户，管理难度和工作量很大，必须严格执行国家财经纪律和相关政策规定，健全完善制度办法，强化资金稽查审计，加快资金拨付进度，严防发生挤占挪用、虚报冒领、贪污克扣等违法违纪行为，确保资金安全。完善政策、强化文化、精准发力，持续推进退耕还林还草工程建设。

(三) 社会参与生态建设的舆论导向

对退耕还林还草活动，要广泛开展宣传报道。退耕还林还草涉及面很广，政策性很强，推进工程建设高质量发展，必须有一个良好的舆论氛围，引导各有关方面积极参与支持。《退耕还林条例》明确规定："国务院有关部门和地方各级人民政府应当组织开展退耕还林活动的宣传教育，增强公民的生态建设和保护意识。"

要旗帜鲜明、大张旗鼓地宣传退耕还林还草的重要地位、政策目标、政策内容、巨大成效和先进典型，以及当前面临的新形势和新任务。行动是最好的宣传，要用资金和粮食补助等具体政策措施的落实和兑现，来让群众理解政策、相信政策、拥护政策。

要充分利用广播、电影、电视、报纸等传统媒体和微信、微博、公众号等新媒体，开展形式多样的宣传。用实践中涌现出来的先进人物和模范事迹，来教育人、感染人、鼓舞人。用榜样的力量进一步增强广大退耕工作者和退耕农民的主动性、积极性和创造性，进一步提高全社会的生态保护意识。

要大力宣传推广行之有效的经验做法、先进适用的退耕模式，不断提高工程建设成效。要加强对陕西省延安市退耕还林还草巨大成就和建设经验的宣传，还可组织有关代表到延安等地进行实地考察、经验交流，学习新时期在退耕还林还草工作中体现出的"延安精神"。

要继续加强对外宣传，向全世界讲好中国退耕还林还草故事，传播我国加强生态文明建设的声音。

二、人民美好生活的新兴业态

退耕还林还草文化建设，是为人民生产绿色产品和提供生态文化服务的宏伟事业。习近平总书记在党的十九大报告中指出："坚持以人民为中心。人民是历史的创造者，是决定党和国家前途命运的根本力量。必须坚持人民主体地位，坚持立党为公、执政为民，践行全心全意为人民服务的根本宗旨，把党的群众路线贯彻到治国理政全部活动之中，把人民对美好生活的向往作为奋斗目标，依靠人民创造历史伟业。"退耕还林还草工作，不仅是一项宏大的生态建设工程，也事关中国共产党的执政宗旨，事关全社会和人民群众美好的生产生活，事关国家经济的绿色和永久发展。创造人民美好生活，将是退耕还林还草文化建设的根本目标和长期任务。

(一)绿色发展的重点工作

在生态文明时代，中国的退耕还林还草及其文化建设，将成为生态文明建设的标志性工程，成为生态保护和高质量发展的重中之重。由于其效果之巨大、影响之深远，它势必将得到国家和社会的进一步重视，也必将吸引来自世界各地的更多目光。

科学编制工程总体规划。退耕还林还草工程实施20多年来，一直没有全国性的统一规划，给工程建设和管理带来了很多问题。国务院2017年和2019年两次批准扩大退耕还林还草规模。除此之外，各地实际上还有大量水土流失、风沙危害、土壤污染严重以及导致地下水超采的耕地依然在耕种，需要退耕还林还草。要依托第三次全国土地调查结果，全面查清需要退耕地类、面积、分布，确保数据真实准确。要依据国土空间规划和"三区三线"划定结果，科学编制退耕还林还草总体规划，做好顶层设计，谋划好退什么地、退多少、怎么退的问题。对退耕还林还草工作中存在的重大问题，要加强调查研究，提出符合客观实际、切实可行的意见建议，为加强顶层设计、完善政策措施提供决策参考。

切实加强组织领导。退耕还林还草工作情况复杂、任务艰巨，必须强化组织领导。各级林草部门的主要负责人要把退耕还林还草工作放在更加突出的位置，切实把责任扛在肩上，把工作抓在手里，科学谋划，抓实抓细抓好。要当好参谋，积极争取同级党委政府特别是主要领导同志的重视。在机构改革过程中，要明确机构，理顺职能，保证编制，稳定队伍。要加强与发改、财政、自然资源等部门的沟通协调，争取更多理解和支持，积极推动解决影响工程进展和成效的突出问题，增强耕地保护与退耕还林还草政策的协同性，完善投资补助政策，确保符合条件的耕地能退尽退，建设成果能够切实得到巩固。

笔者实地调研了江西省崇义县的森林经营样板后感受深刻。作为南方集体林区，崇义县长期遵循"标识目标树，采伐干扰树，调整疏密度，补植加管护"的原则经营天然林分，森林经营水平达到了国内领先，做到了越采越多、越采越好、永续利用的良性循环。该县国营林场改革后成立县属国有林业投资公司，实行企业化管理，自主经营，自负盈亏，目前运转良好。

(二) 幸福民生的生态源泉

退耕还林还草工程全面实施，将有效控制长江、黄河上中游地区的水土流失和三北地区的风沙危害，将成为林果产品生产基地，为人民提供更多森林游憩、休闲康养的场所，带来巨大的生态、经济和社会效益。

生态效益。工程建设大规模新增林草面积，使工程区林草覆被率显著增加；水土流失状况大面积控制，森林植被增加减轻洪涝灾害造成损失的效益将十分巨大；大面积发挥防风固沙作用；增加土壤蓄水能力，并使水质和空气得到净化；同时，森林增加碳汇减轻温室效应的效益也十分明显。

经济效益。工程建设的经济林陆续进入成熟期，为农民带来收益。每年产生的直接经济效益巨大，其中包括经济林产值；抚育间伐材产值；薪材产值。工程在生态、社会方面产生巨大的间接经济效益，其中水土保持价值，防风固沙价值，涵养水源价值。生态改善带来的生态旅游、森林康养效益以及吸引国际、国内投资等，其收益更是难以估算。

社会效益。工程实施不仅能有效地改善生态环境，而且可以有效治理长江、黄河水患，大大减轻长江、黄河中下游地区水灾造成的损失，保障下游地区粮食稳产高产；为中西部地区大量吸引人才、吸纳各方投资创造良好的环境条件；拓宽就业门路，为当地提供劳动就业机会；推进农村产业结构调整，优化农村生产要素配置，提高集约化经营水平，促进各业生产健康有序发展；加快中西部地区农民脱贫致富的步伐，促进少数民族地区经济发展和各民族团结，保持社会的繁荣和稳定。森林生态系统将促进人民健康、改善生活质量、满足审美和精神文化需求，持续产生多方面的文化价值。

退耕林将来的一个很重要的发展方向应是文化林。文化林，又称人文林，是以满足人的身心健康与发展需求、发挥社会文化服务功能为主的森林。这与以发挥生态服务功能为主的生态林和以发挥经济价值为主的商品林是有区别的。随着经济社会发展水平的提高，人们对这类森林的需求正日益高涨，且表现出多样化、精细化的发展趋势。

文化林体现的是一种人与森林相互融合、和谐共生的生存状态和生命过程。文化林作为人与林的共生体，其中蕴含了人与自然和谐的思想，能够为社会公众所日常接触，可以通过与人发生频繁的关联，将其蕴含的生态文明思想不断地扩散与传播，从而对人类社会文明形态的转变起到潜移默化的引导作用。

文化林的物质实体属性虽是森林，但有别于其他森林。基于文化林"人与林共生"的人文本源属性，文化林具有3个明显特征：①健康性。文化林是在人的精心保护和培育下健康生长起来的森林。如果属于被人为压制自然形态的林木，就不是文化林；②审美性。文化林是承载人与自然和谐的核心价值观念的森林。如过于人工化、品种单一的商品林，无法体现人与自然和谐的思想，也不是文化林；③亲人性。文化林是能够为人们日常所频繁接触并发挥文化服务的森林。如生态效益良好但人们日常无法接触的自然保护区森林，亦不是文化林。

长期以来，我国林业建设多侧重发挥森林的生态效益和经济效益，而对森林的文化效益、地域及传统价值有所忽视，导致林业建设不能很好地满足城乡人民的需求。因此弘扬森林文化已成为现代林业发展的崭新理念，"文化林"概念应运而生。2003年,中国林科院科研人员在开展"绿色江苏现代林业发展战略研究与规划"项目时,提出按照森林主导功能谋划"三林"体系建设思路,将森林分为三种类型:生态林、产业林及文化林。其中文化林主要是改善人居环境和具有丰富文化内涵的森林,是现代林业生态文化体系建设的重要内容,重点在于发挥森林的社会文化功能,通常要求具有丰富的生物多样性。

根据文化林的服务功能的不同可以划分为多种类型。如森林公园、城市园林、森林植物园、村庄林、传统风水林、名胜古迹林、寺庙林、古树名木、游憩林、康(疗)养林、纪念林、风景林、科研教育林、体验林等。

文化林作为城乡发展和城乡规划的重要组成部分,不仅可以协调人与自然的关系,还可以协调人与社会的关系,增进人类的身心健康,是居民生活游憩、休闲康养、自然审美的重要载体,也是对我国传统文化的传承与弘扬。加强文化林及森林文化建设,是推进社会和谐文明进步的重要内容,是推进生态政区建设和林业发展的需要,对促进城乡一体化发展具有重大意义,有利于提高居民生活品质,构建具有地带风貌特征的生态景观,提升城市和区域竞争力。

文化林是多种森林形态中与人类活动关系最密切、承载与传播森林文化最直接的部分。同时,文化林具有包容性和系统性丰富内涵,不仅包括狭义上的森林文化,还包括园林文化、人居林文化、景观廊道文化、宗教林文化、纪念林文化等方面。文化林作为森林文化的载体,体现着森林的人格化或者人格的森林化。人类长期以来对自然环境的作用与改造,造就了文化林的自然风貌及其人文内涵。

评价文化林服务价值的高低,可以用"人与森林共生时间"的长短来衡量。文化林的经营主要围绕提升文化服务价值的目标来开展,须按照森林生长规律和人的多样化需求,通过采取多项综合措施逐步加以实现。

总之,退耕还林还草工程及其文化建设,不仅在生态脆弱地区形成较好的生态系统,使我国中西部的生态环境得到明显改善,促进中西部地区经济的快速发展,推动农村产业结构的战略性调整,而且加快农民脱贫致富的步伐,促进乡村生态文化繁荣兴盛,为实现乡村振兴和社会主义现代化建设战略目标提供生态和文化保障。

(三)追求梦想的精神家园

当前,宣传退耕还林还草要充分利用广播、电视、报纸等传统媒体,以及微信、微博、公众号等新媒体,开展形式多样的宣传,用实践中涌现出来的先进人物和先进事迹来教育人、感染人、鼓舞人,进一步增强广大退耕工作者和退耕农民的主动性、积极性和创造性,进一步提高全社会的生态保护意识。

建设生态文化的信念要更加坚定。经过长期的生产实践,人们总结经验并认识到,"人不负青山,青山定不负人"。以陕西省安康市为例,这里地处秦巴山区集中连片特困地区的核心区。安康市平利县老县镇,其种茶史早在唐代就有记载,但多年来乡亲们守着金山却揭不开米锅。这种现象,习近平总书记一直非常关注。他曾在中央扶贫开发工作会议上指出:"现在,许多贫困地区一说穷,就说穷在了山高沟深偏远。其实,不妨换个角度看,这些地方要想富,恰恰要在山水上做文章。"2020年4月21日,习近平总书记乘车来到平利县老县镇。高山之上,春风、春雨、春茶,云山、云海、云田,一望无际。当地茶农们一五一十地向总书记讲述自己每年的收成:既有茶园的土地流转费,还参加分红,愿意参加采茶的还有务工费,"采茶季每年有3个月,手快的一天能拿两百多块,少的也有百来块。就像您说的,绿水青山就是金山银山!"原来,这两年在党中央政策引导下,苏陕扶贫协作项目进村,建起女娲凤凰茶业现代示范园区,形成"党支部+龙头企业+贫困户"的合作模式,带动100多户困难群众增收。习近平指出,人不负青山,青山定不负人。绿水青山既是自然财富,又是经济财富。他高兴地说:"希望乡亲们因茶致富、因茶兴业,脱贫奔小康!"在习近平总书记看来,建设生态文明是关系人民福祉、关乎民族未来的大计。他反复强调,"在生态环境保护上一定要算大账、算长远账、算整体账、算综合账,不能因小失大、顾此失彼、寅吃卯粮、急功近利。"

今后深入贯彻新发展理念,开展退耕还林还草文化建设,实施生态保护、绿色经济与美丽文化融合发展,必将极大地促进地方生态经济社会的高质量发展,助力实现中华民族"天人合一"与美丽中国建设的伟大梦想。

三、构建美丽世界的崭新方案

全国退耕还林还草文化建设,不仅为中国生态文明建设发挥重要作用,而且为世界生态保护和经济社会可持续发展提供新的有益经验。退耕还林还草所体现的全局观念、系统思维、生态智慧、协作精神、坚强意志、自然情怀，将是全人类的宝贵财富，值得在世界范围共同分享并收获硕果。

（一）人类一体，命运与共

地球是全人类赖以生存的唯一家园。习近平总书记在2019年中国北京世界园艺博览会开幕式上的讲话中指出，人类应该"共谋绿色生活，共建美丽家园"。我们要像保护自己的眼睛一样保护生态环境，像对待生命一样对待生态环境，同筑生态文明之基，同走绿色发展之路。

推动构建人类命运共同体，是习近平新时代中国特色社会主义思想的重要内容，关系新时代中国特色大国外交的重大战略。习近平总书记指出，纵观人类文明发展史，生态兴则文明兴，生态衰则文明衰。工业化进程创造了前所未有的物质财富，也产生了难以弥补的生态创伤。杀鸡取卵、竭泽而渔的发展方式走到了尽头，顺应自然、保护生态的绿色发展昭示着未来。

我们应该追求人与自然和谐。山峦层林尽染，平原蓝绿交融，城乡鸟语花香。这样的自然美景，既带给人们美的享受，也是人类走向未来的依托。无序开发、粗暴掠夺，人类定会遭到大自然的无情报复；合理利用、友好保护，人类必将获得大自然的慷慨回报。我们要维持地球生态整体平衡，让子孙后代既能享有丰富的物质财富，又能遥望星空、看见青山、闻到花香。

我们应该追求绿色发展繁荣。绿色是大自然的底色。绿水青山就是金山银山，改善生态环境就是发展生产力。良好生态本身蕴含着无穷的经济价值，能够源源不断创造综合效益，实现经济社会可持续发展。

我们应该追求热爱自然情怀。"取之有度，用之有节"，是生态文明的真谛。我们要倡导简约适度、绿色低碳的生活方式，拒绝奢华和浪费，形成文明健康的生活风尚。要倡导生态意识，构建全社会共同参与的生态治理体系，让生态保护思想成为社会生活中的主流文化。要倡导尊重自然、爱护自然的绿色价值观念，让天蓝地绿水清深入人心，形成深刻的人文情怀。

我们应该追求科学治理精神。生态治理必须遵循规律，科学规划，因地制宜，统筹兼顾，打造多元共生的生态系统。只有赋之以人类智慧，地球家园才会充满生机活力。生态治理，道阻且长，行则将至。我们既要有只争朝夕的精神，更要有持之以恒的坚守。

我们应该追求携手合作应对。建设美丽家园是人类的共同梦想。面对生态环境挑战，人类是一荣俱荣、一损俱损的命运共同体，没有哪个国家能独善其身。唯有携手合作，我们才能有效应对气候变化、海洋污染、生物保护等全球性生态问题，实现联合国 2030 年可持续发展目标。只有并肩同行，才能让绿色发展理念深入人心、全球生态文明之路行稳致远。

退耕还林还草将促进绿满中国，美丽地球。退耕还林还草文化的精神，就是坚持绿色低碳，促进人与自然和谐共生，建设一个清洁美丽的世界。

（二）退耕奇迹，感动世界

退耕还林还草创造了行之有效的经验做法和先进适用的生产模式，创造了一个又一个生态建设奇迹，对此应加强对外宣传，向全世界讲好中国退耕还林还草故事，传播我国积极实施生态文明建设的声音。

20 多年来，退耕还林还草工程造林面积占我国重点工程造林总面积的 40%，目前成林面积近 4 亿亩，超过全国人工林保存面积的三分之一，确保了我国人工林保存面积长期处于世界首位。实施大规模退耕还林还草在我国乃至世界上都是一项伟大创举，为增加森林碳汇、应对气候变化、参与全球生态治理作出了重要贡献。退耕还林还草工程已成为我国政府高度重视生态建设、积极履行国际公约的标志性工程，成为人类治理生态系统、建设生态文明、推动可持续发展的成功典范，得到全世界的高度赞誉。美国科学院院士、斯坦福大学教授格蕾琴·戴利通过长期深入研究后指出，退耕还林还草是一个极大的创新项目，解决了两个至关重要的问题：保护生态和引导产业转型、为农村极端贫困人口提供致富机遇。她认为，退耕还林还草已经在中国取得了显而易见的成效，其他国家应重视并学习中国的经验，将中国当成一面镜子。2019 年 2 月，美国《自然》杂志发表文章，对我国实施退耕还林还草、应对气候变化的举措作了详细介绍，呼吁全球学习中国的土地使用管理办法。美国航空航天局同一时间公布了一组研究数字，称世界绿色增加的四分之一来自中国，并且植树造林占到了 42%。毫无疑问，退耕还林还草工程功不可没。

延安无疑是全国退耕还林还草的典范。延安是全国退耕还林第一市，截至 2020 年，全市累计完成退耕还林任务 1077.5 万亩，占全市国土总面积的 19.4%，占全国退耕面积的 2.1%、陕西省的 26.7%。森林覆盖率由 33.5% 增加到48.1%，植被覆盖率由46%提高到81.3%，分别较退耕前提高了15个百分点和35个百分点。工程惠及28.6万农户，124.8万农村人口。近年来，延安市以"延安精神"为指导，不断摸索创新工作方法，形成了具有延安地方特色的退耕还林还草文化。延安市依托"三黄两圣"（黄河文化、黄土文化、黄帝文化——中华民族圣地、红色文化——中国革命圣地），以生态旅游引领退耕还林还草文化建设，取得了良好效果。其中，吴起县建设了退耕还林森林公园和退耕还林展览馆，均是全国首创。特别是退耕还林展览馆自2009年9月建成以来，已累计接待国内外参观人数3.8万人，成为普及退耕还林还草文化的"生动课堂"。吴起县南沟村以农村集体产权制度改革为契机，在2018年注册了文化旅游发展公司，同年12月被评为国家AAA级景区。通过发展生态旅游，退耕农户找到了致富新门路。

云南是典型的边疆、山区、民族省份，也是澜沧江、金沙江等六大国际国内河流的源头、上中游及主要汇水区，生态区位重要。退耕还林还草20年，云南累计完成退耕还林任务1813.93万亩，巩固退耕还林成果项目发展后续产业种植业1311.77万亩，森林覆盖率提高3.69%，工程实现全省16个州市129个县（市、区）全覆盖，惠及农户265.5万户、1085.3万人。云南省临沧市依托茶文化和少数民族文化，结合退耕还林还草，正在打造集茶叶种植、加工、茶文化旅游和少数民族文化体验于一体的一、二、三产业融合示范园。

延安市和临沧市退耕还林还草文化建设中的主要经验做法，就是以生态旅游为载体，持续推进退耕还林还草文化建设。

（三）中华智慧，泽被四方

退耕还林还草20多年，取得显著的生态、经济和社会效益，积累了许多宝贵的经验，是我国生态文明建设的生动实践，是世界生态建设史上的伟大奇迹。回顾这20多年，退耕还林还草工程之所以取得如此巨大的成功，是各方面共同努力的结果。

党中央、国务院高度重视、高位推动。历届中央领导同志对实施退耕还林还草工程先后作出一系列重要指示批示，党中央、国务院多次会议进行安排部署，党的十九大报告明确要求扩大退耕还林还草，近年来的中央一号文件和《政府工作报告》都要求继续实施退耕还林还草，国务院先后下发5个关于退耕还林还草工作的文件，为工程顺利实施提供了强有力的保障。

地方各级党委政府以及各有关部门通力协作、共同推进。各地坚持省级人民政府负总责，实行目标、任务、资金、责任"四到省"。各级党委政府始终把退耕还林还草作为农村工作的大事要事来抓，党政主要领导亲自抓；各级发展改革、财政、自然资源、生态环境、农业农村、林草、扶贫等部门坚持分工负责、互相配合，共同研究解决工程实施中的各种困难，形成了推动工程建设的合力。

广大农民衷心拥护、积极参与。退耕还林还草政策措施含金量很高，而且创造性地实行个体承包、直补到户的方式，让农民真切感受到了退耕政策的实惠，也逐步体会到了实施退耕还林还草带来的好处，人民群众有了越来越多的获得感、幸福感，参与工程建设的积极性得到充分调动，为工程建设注入了强大动力。

工程建设管理规范有序、开拓创新。工程实施以来，颁布实施了《退耕还林条例》，建立健全了一整套行之有效的制度体系，工程管理越来越规范、政策越来越完善。同时，工程实施过程中，各地不断探索创新生产组织、产业发展、品牌建设等模式，积极引导民间资本和社会资本参与，使退耕农户小生产与改革开放大市场有效衔接，实现优势互补、风险共担、利益共享，为实现"退得下、稳得住、不反弹、能致富"目标提供了重要支撑。

广大退耕还林还草工作者辛勤工作、无私奉献。乡镇村组和基层林草部门干部职工和技术人员跋山涉水，走村串户，宣传政策、落实地块，核实任务、兑现补贴，付出了大量心血和汗水，为工程建设扎实推进筑牢了基础。

中国的经验，体现了中华民族的创造性智慧，可以为世界生态文明建设提供中国方案，供世界各国参考和借鉴，促进全球可持续发展，进而让世界人民从中获益。

第三章 退耕还林还草文化的概念与特征

退耕还林还草文化概念的正式提出，时值退耕还林还草工程实施20周年的2019年。20年来，退耕还林还草工程的规模和成就是举世瞩目的，这项工程从提出到设计到实施不能不说是一项伟大的创举。退耕还林还草工程的建设涉及农业、畜牧业、渔业、林业、草业等最基础的行业，涉及经济、政治、生态等事关当下和未来民生的重要领域。在20年的建设中，工程的进展与其相关文化的积累是分不开的，20多年的退耕还林还草实践不仅在改善生态环境、改变不合理生产方式、加快贫困地区农民脱贫致富、优化农村产业结构、促进农村经济发展等方面发挥了积极的作用，还在经济、文化、伦理思想方面对人与自然的关系进行了重塑，反过来，退耕还林还草文化的建设从物质和精神两个维度给予退耕还林还草工程以思想和舆论的指导与支撑，为进一步推进和深化退耕还林还草工程具有深远的历史意义。

第一节 退耕还林还草文化概念的提出

退耕还林还草文化从广义上讲，是人们在退耕还林还草活动中创造的物质财富与精神财富的总和；从狭义上讲，是指人们在退耕还林还草活动中创造的精神财富，包括退耕还林还草创造的，或受其影响以及与之相关的哲学、文学、艺术、科技、制度、风俗习惯、生活方式、思想道德等。退耕还林还草文化的发展与退耕还林还草政策的提出和实施基本上是同步发展的。退耕还林还草20年来的实践和丰硕成果催生了退耕还林还草文化，反过来，要深入理解和研究退耕还林还草，就需要大力进行退耕还林还草文化建设。退耕还林还草是我国从20世纪80年代开始，应对水土流失和耕地退化的一项重要政策和措施。退耕的核心目的一是保护和改善生态环境，二是扭转效率低、易造成水土流失的耕种方式。这里面既有面向未来的生态环境保护的目标，也有面向过去的对传统农牧文化反思的维度。因此，退耕不仅是一个涉及农牧业发展、水土保持科学研究、生产和经济结构变化等方方面面的实践性的技术活动,更涉及与社会生活息息相关的思想和文化领域。2020年,国家林业和草原局开展的退耕还林还草文化建设既是对退耕还林还草文化的一个阶段性总结,也是有体系地传播和深入推进退耕还林还草工程的思想、理论和文化保证。

一、总结宣传成果和经验

> 我家住在黄土高坡,
> 大风从坡上刮过,
> 不管是西北风还是东南风,
> 都是我的歌,我的歌……

1988年的这首《黄土高坡》唱响了"西北风",当时也再一次将民众的视线拉向了这个中国文化的摇篮、中国革命的圣地。大风、窑洞、沟壑遍布的黄土高原既是中国人共同的辉煌历史和灿烂文化的记忆,又勾起所有人心中的水土流失、贫瘠落后之痛。有人说,一部黄河史就是一部中华民族史。中华民族成长和发展既是一部依赖黄河滋养的历史,又是一部同黄河泛滥斗争、治理黄河的历史。从传说中的大禹开始,中国历朝历代都经历过黄河泛滥的惨痛,也留下了一套又一套治水的方案。然而,直到新中国建立,黄河水患依然严重,黄土高原依然大风强劲,沟壑纵横。在以黄土高原为背景的小说中,不论是陈忠实的《白鹿原》,还是路遥的《平凡的世界》,贫瘠的土地、贫困的生活都是黄土高原的主题之一。由于长期的滥垦、战乱和火灾等破坏,新中国在建立之初还是一个贫林国家,1949年全国森林覆盖率只有8.6%。而20世纪五六十年代,为了解决粮食、能源等问题,森林资源流失更加严重,不少地区林地被侵占,滥伐、滥垦的现象非常严重,导致生态环境持续恶化。因此,保护森林,绿化祖国就已经成为林业部门,乃至全国人民的一项重要任务。

"黄河流碧水,赤地变青山。"这是新中国第一任林垦部长梁希先生的愿望,而使黄土高原披上绿荫的正是从1999年开始试点的退耕还林工程。在当代知名生态作家李青松的报告文学《从吴起开始》中,在曾经因为"三口"(灶口、人口、牲口)问题长期困扰,被苦难和贫穷长期相伴的吴起县柴沟退耕还林区,如今已经草木葳蕤,云雾缭绕。曾经的沟壑梁峁在退耕还林的绿色"被子"下,现在做到了"泥不下山,水不出沟"。附近的洛河、无定河的水越来越清澈,"无定河流域原来很少见的野鸡和沙斑鸡,现在却多得成群成群的。"甚至还发现了成群的野猪出没。陕西省吴起县,这个长征的终点站又成为了退耕还林的起点站。

吴起县铁边城镇退耕还林前后对比(1984—2019)

　　吴起,陕北,黄土高原只是退耕还林还草的其中一个舞台。在新疆生产建设兵团,人们种植耐旱林木,不仅防风固沙、保护农田,而且发掘了经济价值,建设生态宜居宜业的家园。十师一八二团在退耕还林还草后,充分利用乌伦古河两岸丰富的自然资源优势,鼓励和引导职工利用湖、洼地等现有资源进行生态养殖,如今该团畜牧业发展蒸蒸日上,生态结构趋于多元化。如今一块草场、一片林子、一泓池水,搞活了该团散养牛、沙棘鸡、藏香猪、灰天鹅等生态养殖圈经济。一八二团职工通过绿色生态养殖发展圆了生态家园梦，富了腰间钱袋子，让绿水青山变成老百姓致富路上的金山银山。"大漠孤烟直，长河落日圆"的浩瀚沙漠见证了人类逼迫绿洲步步后退的残酷历史。党的十八大以来，新疆国家沙化土地封禁保护区已实施六批，累计设立封禁保护区 38 个，封禁保护沙化土地面积 730.8 万亩。"十三五"以来，全区新增 20 个国家沙化土地封禁保护区，新增保护面积 346.5 万亩。封禁保护显示着人类对自然的信任，自然也向人类展示出了强大的恢复力。如今，受益于连年的生态输水，塔里木河下游区域已绿意盎然，台特玛湖及塔河下游胡杨林重新有了生机，人们也尽量减少在这片区域的活动，沙化土地封禁保护区内沙源地进一步减少，台特玛湖波光粼粼，水鸟翩跹。新疆人民采取围栏禁牧、人工植树、飞机播草种等方式，使沙漠自然生态环境得到进一步改善。

除了还林，还有还草、还湿、还湖。湿地号称"地球之肾"，具有涵养水源、净化水质、调蓄洪水、维持碳循环等功能。湖南省拥有 5000 多条溪河，湘、资、沅、澧四水流域和洞庭湖区湿地资源丰富。但由于湿地遭受围垦、侵占，面积缩小、功能退化。自从退耕还湿项目实施以来，湖南全省累计完成退耕还林还湿面积 3.85 万亩，建成 56 个项目区。如今，水清了，鸟来了，鱼虾多了，家园更美了。在湖南衡东县新塘镇退耕还林还湿项目区，迷人的湿地风光扑面而来：荷塘碧叶连天，水岸垂柳依依；洣水与湘江交汇处，白鹭、须浮鸥等鸟类在水中嬉戏。据了解，这片 800 多亩的湿地，一年可净化污水 2000 万立方米左右。

曾经在 1998 年发生特大洪涝灾害的东北，如今也因为退耕还林还草工程，在水土保持方面取得了重大成绩。在吉林省大安市，当地河流湿地、湖泊湿地、人工湿地交错共融，焕发新生。夏季以来，嫩江湾国家湿地公园、牛心套保国家湿地公园等更是风景如画，令人神往。

20 年过去，全国退耕还林还草 5 亿多亩，一片片濯濯童山，变成了秀美山川。20 年来，从退耕还林起步，延伸到还草、还湖、还湿，工程区森林覆盖率平均提高 4 个多百分点，完成造林面积占同期全国林业重点生态工程造林总面积的 40.5%，其成林面积占全球增绿面积的比重在 4% 以上。这些巨大成就是涉及全国 25 个省（自治区、直辖市）和新疆生产建设兵团的贡献，是 2435 个县（市、区）的人民对全国生态环境的贡献，也是我国投入 5174 亿元，

湖南省衡东县退耕还林还湿项目区

举全国之力,对世界生态环境的贡献。退耕还林还草工程的巨大成就,以其丰富的实践和创新成为习近平总书记"两山"理念的生动写照,成为我国生态文明建设史上的标志性工程,按照2016年现价评估,全国退耕还林还草当年产生的生态效益总价值量为1.38万亿元。

2019年,在退耕还林还草工程实施20周年之际,退耕还林还草文化的建设被提上重要日程,这一概念的提出首先是对20年成果的总结和发扬。国家林草局2019年出版了《退耕还林在中国——回望20年》一书,2020年向全社会发布了《中国退耕还林还草20年》白皮书,这些都为研究和建设退耕还林还草文化提供了有力支撑和帮助。而退耕还林还草项目开展以来,相关文化研究和建设就已经起步,包括理论研究、文学创作、艺术创作、新闻宣传、社会教育等方方面面,成为退耕还林还草有力的思想和舆论支撑。

二、提升群众生态意识

退耕还林还草20年,改变的不只是山水,更重要的是通过保护农民利益,补贴农民收入的同时,增强了全民的生态意识。《中国退耕还林还草20年》白皮书中就指出了20年来退耕还林还草为农民增收和精准扶贫作出的独特贡献。首先,退耕还林还草工程在政策上直接补贴农户。同时,通过机制创新和模式推广，培育了优势资源，发展了特色产业，有力推动了农民增收和精准脱贫。据统计，全国4100万农户参与退耕还林还草工程实施，1.58亿农民直接受益，截至2019年退耕农户户均累计获得国家补助资金9000多元，2007—2016年退耕农户人均可支配收入年均增长14.7%，比全国农村居民人均可支配收入增长水平高1.8个百分点。2016—2019年，全国共安排贫困地区退耕还林还草任务3923万亩，占4年总任务的75.6%。据退耕还林还草样本县监测，截至2017年底，新一轮退耕还林还草对建档立卡贫困户的覆盖率达31.2%，西部地区一部分县超过50%，工程扶贫作用显著，一些地区真正实现了生态美、产业兴、百姓富。

湖南省衡阳市石鼓区、衡东县通过退耕还林还湿，打造花海景观，建设美丽乡村，兴起休闲旅游，年接待游客逾10万人次，带动当地农民增收500多万元。湘潭县投入1200万元，在唐家湖实施退耕还林还湿项目，种植荸荠、莲藕200多亩，每年产生经济效益60余万元，当地农民依托附近的唐家湖湿地，挖荸荠、做藕粉，项目区农民户均增收1万元以上。他们在湿地修复的同时，结合产业筛选物种，栽植的湿地植物如莲藕、茭白、水芹菜、黄菖蒲、黄金柳等，均产生了良好的经济效益，推动了产业结构的调整和优化。

广西大石山区也在退耕还林还草过程中书写了"绿色传奇"。自实施退耕还林还草以来，东兰县几乎所有的陡坡地、石山裸地以及红水河两岸都披上了绿装，环境有了明显变化。全县森林覆盖率现达到81.56%，水土流失现象得到有效遏制，生态环境显著改善。一片片荒坡披上"绿衣"，一户户农民挣脱贫困。通过实施退耕还林还草，广西林业生态建设用脚踏实地换来了"山清水秀生态美"，而对于农民来说，退耕还林还草不仅提高了他们的收入，也改善了过去依靠耕地种玉米，一年到头收入不稳定的情况，现在光卖桃子就挣了一万多元。

其他各个地区在推动退耕还林还草工程的同时，也注意开展退耕还林还草文化建设，通过新闻报道的形式，向全国人民传播和推广退耕还林还草的成果，这些都为退耕还林还草文化的构建打下了实实在在的基础。

更重要的是，退耕还林还草过程中，全国人民的生态意识得以提高，退耕还林还草的基本思想也被广泛接受。中国对于生态保护的意识实际上古已有之，最早主要来自原始社会的图腾崇拜，也随着农业文明的发展不断更新。

广西壮族自治区东兰县退耕还林还草成效

在远古的时候,人类开始慢慢脱离被动危险的森林生活,伐林逐兽以抵御来自野生环境的威胁。《越绝书》记载黄帝"烧山林,破增薮,焚沛泽,逐禽兽,以益人。"这种做法大大保障了人们的生活安全,提高了生命质量,为维护了社会的稳定。随着自然知识的积累,人们对森林的利用程度也越来越高,用途越来越多,与森林、草原等大自然之间的关系也越来越复杂。人们不再以洞穴树杈为巢,而是砍伐树木建造房屋。《越绝书》中记载:"轩辕、神农、赫胥之时,断树木为宫室,死而龙藏。"到了大禹时代,"居靡山,伐木为邑。"考古发现,商代将"帝"尊为宇宙最高主宰,对山川四方、风神雷电加以祭拜。在利用自然提高生活水平的同时,古人也注意保护自然资源,治理水土流失。

中国人对森林的认识和利用,对野生树林及草原的保护意识和思想的发展伴随着农业和畜牧业的发展。远古时期,"人民少而禽兽众,"(《韩非子》),森林是先民的主要栖息地、食物来源地和主要的生活和活动场所。先民们以天然的洞穴、树枝为屏障,"冬则居营窟,夏则居橧巢",以野生的植物果实和动物为食,在森林中采集和狩猎可实之物,"食草木之实,鸟兽之肉,饮其血,茹其毛……衣羽其皮。"森林不仅为古人提供了衣食住行的资源和场所,也是人类积累经验,认识世界,逐步发展出文化生活的起点。在新的时代,退耕还林还草工程在造福四方,改善生态环境的同时,又一次唤醒了中华民族保护自然、保护生态的生态意识。

习近平总书记站在历史和全局高度，提出了"绿水青山就是金山银山"，尊重自然、顺应自然、保护自然、促进人与自然和谐共生等一系列重大理论创新观点，深刻回答了为什么建设生态文明、建设什么样的生态文明、怎样建设生态文明等一系列重大理论和实践问题，所有这些马克思主义关于人与自然关系的最新理论创新成果，成为推动我国经济社会发展全面绿色转型、建设美丽中国的强大思想武器。在习近平生态文明思想指导下，退耕还林还草取得了巨大成就。生态就是民生，青山就是美丽，蓝天也是幸福。这样的理念已经深入人心，成为推动退耕还林还草继续深入的有力思想基础。

三、推动全球生态环境改善

退耕还林还草文化这一概念虽然才提出，但是保护森林和退耕还林还草思想的萌芽和起步可以追溯到很早的历史时期。从国家层面对林业的重视程度和社会层面对于森林重要性的认识程度来说，在新中国建立以后出现了极大的飞跃。中国第一任林垦部长梁希在考察黄河支流渭河时看到，"两岸的山上有毫无树木庇护的梯田，岸畔有宽阔的泥滩，河中则有几十丈宽几里长的沙滩，挡住了浊得像泥浆一样的流水，把渭河分成两条河道。它清楚地告诉我们：山上的土是这样流失的，河床是这样淤塞的，水灾是这样酿成的……整个一条渭河自西向东绵延千里都是这样"。而这一切，则"不得不归咎于农田"。因为山土如果不被开垦，而由森林覆盖，表土是不容易被冲刷的。而"在渭河上游极倾斜的土地上所见的山田，他们耕了三年就放弃了，再去找一片新地开垦，这不能叫耕地，只能叫运土。他们年年拼命把山土运到河里，自己所得极微，而河流则酿成极大的危害。渭河如此，泾水如此，洛、汾、无定河都如此，黄河哪得不泛滥，哪得不成大灾害？要正本清源，只有护林和造林。"

中华人民共和国成立后，林业大发展，国家做出大力发展林业教育的决策。1952年，林业部配合教育部，对农林高等院校做了调整，分别在北京、哈尔滨、南京成立了3所独立的林学院，并在13个农学院扩大了森林系，增加了招生名额。从此，林业界形成了"办学热"。到1958年全国独立的林业高等学院已达11所，设在农学院中的森林系有19个，在校师生有3万多人，而1950年初全国高等院校森林系在校学生还不到100人,可见发展之快。为此,梁希曾激动地说:"我在旧中国教了30年的书,培养了那么多的学生,想改变中国林业面貌,想让中国的黄河流碧水,赤地变青山。我的宣传活动只不过是书生的议论,纸上谈兵,毫无用武之地。只有解放后在毛主席、共产党的领导下,我们的理想才能实现……国民政府几十年培养的林业技术人员没有新中国两年培养的多,中国的林业是大有希望的。"

从新中国建立开始,中国在改善生态环境方面做出了很多积极的贡献。1949年4月,晋西北行政公署发布的《保护与发展林木林业暂行条例(草案)》规定:已开垦而又荒芜了的林地应该还林。森林附近已开林地,如易于造林,应停止耕种而造林。林中小块农田应停耕还林。1952年12月,周恩来总理签发的《关于发动群众继续开展防旱抗旱运动并大力推行水土保持工作的指示》指出:"由于过去山林长期遭受破坏和无计划地在陡坡开荒,使很多山区失去涵蓄雨水的能力,……首先应在山区丘陵和高原地带有计划地封山、造林、种草和禁开陡坡。"1954年,林业部提出林业发展的方针:普遍护林护山,大力造林育林,合理采伐使用森林。1956年,毛泽东发出了"绿化祖国""实现大地园林化"的号召。中国开始了"12年绿化运动",目标是"在12年内,基本上消灭荒地荒山,在一切宅旁、村旁、路旁、水旁,以及荒地荒山上,即在一切可能的地方,均要按规格种起树来,实行绿化。"1957年5月,国务院第24次全体会议通过的《中华人民共和国水土保持暂行纲要》规定:"原有陡坡耕地在规定坡度以上的,若是人少地多地区,应该在平缓和缓坡地增加单位面积产量的基础上,逐年停耕,进行造林种草。"1970年前后,开始在北方恢复飞播造林,据统计,1967—1978年,全国飞播面积达1.5亿亩。1979年2月,在邓小平提议下,第五届全国人大常委会第六次会议根据国务院的提议,正式通过了将每年的3月12日定为中国植树节的决议。1981年12月13日,五届全国人大四次会议讨论通过了《关于开展全民义务植树运动的决议》。这是新中国成立以来国家最高权力机关对绿化祖国作出的第一个重大决议。从此,全民义务植树运动作为一项法律开始在全国实施。1982年,成立了中央绿化委员会和各地的绿化委员会,大力开展全民义务植树造林活动。1984年9月,六届全国人大常委会七次会议通过修改的《中华人民共和国森林法》总则中规定:"植树造林、保护森林是公民应尽的义务",从而把植树造林纳入了法律范畴。统计显示，自1982年开展全民义务植树运动以来，中国参加义务植树的人数达104亿多人次，累计义务植树492亿多株。1979年，"三北"防护林工程正式启动。防护林体系东起黑龙江宾县，西至新疆的乌孜别里山口，北抵北部边境，南沿海河、永定河、汾河、渭河、洮河下游、喇昆仑山，包括新疆、青海、甘肃、宁夏、陕西、山西、河北、辽宁、吉林、黑龙江、北京、天津等13个省、直辖市、自治区的551个县（旗、区、市），总面积406.9万平方千米，占中国陆地面积的42.4%。从1978年到2050年，分三个阶段、八期工程进行，规划造林5.34亿亩。截至2020年，累计完成造林保存面积4.52亿亩，工程区森林覆盖率由1977年的5.05%提高到13.57%。1998年特大洪灾之后，启动了"天然林保护工程"，要从根本上遏制生态环境恶化，保护生物多样性，促进社会、经济的可持续发展，范围覆盖了全国，核心区是长江上游、黄河中上游、东北和内蒙古等林区。到2018年年底，我国投入天然林保护的资金达4000多亿元，建立了比较完备的森林管护体系，使天然林得以休养生息。20多年来，天然林资源的恢复增长迅速，全国天然林面积净增4.28亿亩，天然林蓄积净增37.75亿立方米。

退耕还林还草工程正是在这样一个社会背景和思想政策氛围中诞生。1999年8月至10月，朱镕基总理先后视察了西北、西南6省区（陕西、云南、四川、甘肃、青海、宁夏），提出"退耕还林、封山绿化、以粮代赈、个体承包"的综合措施。随后，四川、陕西、甘肃3省1999年率先启动了退耕还林试点工作。2000年3月，经国务院批准，国家林业局、国家计划委员会、财政部联合发出了《关于开展2000年长江上游、黄河上中游地区退耕还林（草）试点示范工作的通知》，退耕还林试点工作正式启动，范围涉及13个省（自治区、直辖市）和新疆生产建设兵团，正式拉开了退耕还林还草工程的大幕。

我国第一任林垦部长梁希曾经为中国勾画了这样一幅远景："无山不绿，有水皆清，四时花香，万壑鸟鸣，替河山妆成锦绣，把国土绘成丹青。"据美国国家航空航天局2019年研究结果，2000—2017年我国绿色净增长面积占全球净增长总面积的25%，其中植树造林占到42%，退耕还林还草功不可没。退耕还林还草工程已成为我国政府高度重视生态建设、积极履行国际公约的标志和标杆，为世界增绿、增加森林碳汇、应对气候变化、参与全球生态治理做出了巨大贡献。正是在这种背景下，退耕还林还草文化得以提出，并应得到大力建设。习近平总书记多次强调,"林草兴则生态兴""生态兴则文明兴,生态衰则文明衰"。在生态文明建设过程中,退耕还林还草文化与森林文化、草原文化、湿地文化、海洋文化、沙漠绿洲文化等等一起,构建出一幅丰富多彩的生态文化图卷。

第二节　退耕还林还草文化的内涵与外延

退耕还林还草文化不同于我们常说的中国文化、西方文化等具有明显地理概念的区域国别或民族文化,也不同于森林文化、草原文化等具有明显领域边界的主题文化,从时间角度来看,它包含了一个基于历史传承、当代反思和全球互动的历史发展的动态过程,从空间角度来看,它涵盖了我国广大的地理区域,涉及不同民族的生活圈子,牵扯到不同学科领域。因此,退耕还林还草文化受到不同历史时期、不同地域特点、不同社会生活背景的影响,具有与传统智慧和时代需要相结合的文化的历时性和共时性特征;同时,又受到经济社会、地域环境和国际情况等多方面的影响,具有地方性和全球化相结合的特点。可以说,退耕还林还草之所以有其文化内涵,就在于它不仅是一个政策性的举措,而且是一个涉及多学科的,凝聚了物质和精神等多维度的思想和成果的文化现象。

《现代汉语词典》将"文化"解释为"人类在社会历史发展过程中所创造的物质财富和精神财富的总和。"包括种种人文、社科和自然科学在内,人类社会的一切活动和创造都在其研究视野之内。我国学者冯天瑜教授提出,"文化的本质内涵是自然的人化,是人的价值观念在社会实践中对象化的过程与结果。"从这些视角来看,退耕还林还草的政策在我国虽然正式实施的时间只有短短20多年,但是究其源头,视其发展和目标,却是具有丰富积累和深刻伦理体系的文化现象,其内涵也具有明显的物质和精神两个方面的内容。

一、退耕还林还草文化的物质内涵

(一)退耕还林还草文化是民本思想的体现

"民以食为天,国以民为本"。在中国这样一个几千年以农立国的社会中,古代稷神与社神祭祀往往被并提。"稷神"是神农氏之子,是谷神,"稷"

同时也是食粮的一种，在麦黍文化的早期全民遍食，因而被尊为"百谷之主""五谷之长"。《孝经》中说，"稷，五谷之长也，谷众不可遍祭，故立稷神以祭之。"也就是说，古人信奉和崇拜的是实实在在的"稷"这种谷物。这正是历代皇朝持续不断祭祀稷神的真意。社神源于对土地的崇拜。土地是人类居住生活的场所，是人类获取生存资料所需（衣、食、住等）最重要的源地。社神就是土地神，古人认为土生万物，所以土地神是被广为敬奉的神灵之一。古代把土地神和祭祀土地神的地方都叫"社"。每到播种或收获的季节，农民们都要立社祭祀，祈求或酬报土地神。《礼记·郊特牲》中说："社祭土而主阴气也。"即社祭是祭祀土神，而土属阴。"地载万物，天垂象。取财于地，取法于天，是以尊天而亲地也，故教民美报焉。家主中溜而国主社，示本也。唯为社事，单出里。唯为社田，国人毕作。唯社，丘乘共粢盛，所以报本反始也。"意思是说，大地孕育了万物，上天则垂示了法象。我们的所有生活资料都是取之于地，所有的伦理法则都是效法于天，所以人们对天尊敬而对地热爱，应该尽力报答土地神。土地是一家一国赖以生存的根本，因此对于一个家来说，应该在中雷祭土神；而对于一国来说，则应在社坛祭土神。举行社祭之时，家家户户都要出人帮忙，这就是表示对大地生养之恩的报答。当"社稷"成为国家的象征，粮食生产必然不仅是人存在的基础，而且是历代王朝的立国之本，也是维系国脉民生的基业。

我国的重农思想由来已久，最早可以追溯到关于农业的起源。《易·系辞下》提到："包牺氏没，神农氏作，斫木为耜，揉木为耒，耒耨之利，以教天下。"庖牺氏就是伏羲氏，因为伏羲氏"养牲以充庖厨"，故得此名。神农氏就是传说中的炎黄始祖之一——炎帝。这句话意思是说，伏羲死了以后，神农氏兴起。砍断木头做成耜，烤弯木头做耒，把耒耜的利处教给天下人民。《淮南子·修务训》中也提到："古者民茹草饮水，采树木之实……神农氏始教民播种五谷。"可见，古人认为畜牧和耕种是非常神圣的活动，把农牧业的源头归于神化的始祖，对伏羲氏和神农氏敬拜祭祀。对植物和动物的驯养将人类带出了原始状态，将人类文明提高到了一个新的台阶。

"退耕还林还草"这个词语从名称上就涉及了两种文化，一是农耕文化，二是森林和草原文化。中国基于北温带大陆性气候，得以发展出以农业为主体的定居文化和经济，经历了漫长的农牧业社会。神农尝百草，教部落的族人种植农作物是中国农业的发端。中国汉族大部分属于农耕文化,祭祀"社稷"之神。今天,在故宫两侧,左为太庙,右为社稷坛。太庙祭祀祖先,象征着生命的繁衍和承续;社稷坛祭祀土地和五谷之神,因为"民以食为天"。以重农、定居为基础的以农为本的生活和文化特色既是对中国特殊的地理环境、气候特点和人口发展的适应,也是为了巩固政治权力,实现社会安定的策略。中国历经几千年的农业文明有着辉煌的历史和丰厚的积累,不仅对供养生活在中华大地的人类做出了巨大贡献,以不到世界总面积5%的耕地供养了超过世界25%的人口;中国农业文明传播到世界其他地方,也为世界农业的发展做出了巨大贡献。但是,耕地扩展和人口的发展逐渐产生了人与土地和自然之间的不平衡关系,20世纪由于战乱、过度垦牧等原因更加恶化,造成了严重的生态问题,也反过来制约和影响了农牧业的进一步发展。农耕文化与森林草原文化的互相冲突、互相妥协,已经互相融合构成了退耕文化发展的历史基础。

现代意义的生态农业就是将农业置于与其他产业之间的关系网中,把种植业与林、牧、副、渔等产业和文化结合起来通盘考虑,同时还要把发展粮食与多种经济作物生产,发展大田发展大农业与第二、三产业结合起来,利用传统农业精华和现代科技成果,通过人工设计生态工程、协调发展与环境之间、资源利用与保护之间的矛盾,形成生态上与经济上两个良性循环,经济、生态、社会三大效益的统一。

(二)退耕还林还草文化是要构建和谐的人地关系

正如习近平总书记所提出的"两山论"认识的三个阶段:第一阶段是"只要金山银山,不管绿水青山",只要经济,只重发展,不考虑生态,不考虑长远,"吃了祖宗饭,断了子孙路"而不自知;第二阶段是虽然意识到生态的重要性,但只考虑自己的小环境、小家园而不顾他人,以邻为壑,有的甚至将自己的经济利益建立在对他人环境的损害上;只有真正认识到生态问题无边界,认识到人类只有一个地球,地球是我们的共同家园,保护生态环境是全人类的共同责任,生态建设成为自觉行动,才能进阶到认识的第三阶段。粮食发展是世界文明的一大进步,但是,生活方式从茹毛饮血向农业发展的转变也必然引起对土地的需要。人们开始焚烧森林,开垦荒野,以扩展耕地,农业和相关技术的发展使人们开始逐渐远离原始栖息地,逐渐形成了村落和城市。农田面积不断增加的直接后果就是野生植被面积的不断缩小。《孟子·滕文公上》第三章中记载了孟子的一段话:"夏后氏五十而贡,殷人七十而助,周人百亩而彻,其实皆什一也。"这段话是关于缴税的问题,孟子举古代的例子劝滕文公施仁政,虽然孟子所提的数目存疑,但是其中可以看出人均耕地面积从夏代开始不断增加。从周武王封邦建国到春秋时期,农耕文明的主导地位在黄河流域逐渐确立下来,与此同时,各诸侯国人口一直在持续增长,而新垦耕地则与人口同步增长,迫使原来在荒野上的游牧部族或者接受农耕文明,或者退出中原农耕区,使原来被荒野阻隔的各个农业区连成一片。耕地面积的大规模扩大直接导致了森林和草原面积的减少。

因此,要做好退耕还林还草的工作,首先是要理解退耕还林还草所蕴含的深刻的思想和文化信息,要把退耕还林还草还原到历史发展的语境之中,研究退耕这一行为和政策及其相关文化所关联的当代背景及其历史演化过程。要看到,退耕不是一个现当代的某时某地的权宜做法,而是在对现当代人地关系问题的深刻反思基础上形成的。

二、退耕还林还草文化的精神内涵

退耕还林还草文化涉及对农业和环境伦理学的重构。伦理学是研究社会道德现象的科学,是一门关于道德的学问。"伦理学"一词指涉一门学问是清代末年从日语逆输而来,但是关于"伦理",在我国有着悠久的理论和研究历史。"伦理"一词最早见于《礼记·乐记》:"凡音者,生于人心者也。乐者,通伦理者也。是故知声而不知音者,禽兽是也;知音而不知乐者,众庶是也。"《礼记》是中国古代一部重要的典章制度书籍,认为音乐是调和人的性情,教育人、引导人的重要工具。声音是发自人内心,表现人情感的东西,能够反映当时的政治,有什么样的政治就有什么样的声音。音乐高于声音,与社会伦理相通,是否懂得声与音的不同是区分人与禽兽的标准,而音域乐的不同则是区分君子与普通人的尺度。《说文解字》中解释说:"伦,从人,辈也,明道也;理,从玉,治玉也。"这里,"伦"即人伦,指人的血缘辈分关系;"伦理"即调整人伦关系的条理、道理原则,也即"伦类的道理"。可见,中国传统的伦理学一直和哲学、政治学、教育学等有着紧密的关系。

英文的"伦理学"(ethics)这个词来自希腊语"ethos",意思是"特定时间和地点的民族特征和精神"，这种特征逐渐形成"习惯"和"道德"，不仅涉及"性格特征"，也涉及"习惯"。到罗马时代，西塞罗将"伦理学"翻译为"道德哲学"。与"风俗习惯"相关。到14世纪中，逐渐接近现代意义的moral，意思是"正确的行为或道德原则"。西方第一部直接以"伦理学"命名的著作是亚里士多德的《尼各马可伦理学》，它开卷就提道：每种技艺与学问、人的每种实践与选择，都以"善"为目的，而一切实践的所能达及的"最高的善"是"幸福"，此幸福由快乐和完善的行为共同构筑。美德是行为习惯的结果，是在正确理性指导下，表现在履行道德义务的行为活动中。德性是"中道"，是伦理美德中最重要的，它是人们用理智来控制和调节自己的情感与行为，使之既不过度，也无不及，而始终保持适中的原则。

从以上简略的演变历史中可见，"伦理"首先是一个历史的和地理的概念，与一时一地相关，不同的时间、不同的地理特征会导致不同的伦理和道德。其次，伦理学的本质是关于道德问题的科学，研究的是道德和利益的关系问题，即"义"与"利"的关系问题，其中既包含经济利益和道德的关系，也有个人利益与社会整体利益的关系。对伦理学的理解决定着道德体系的原则和规范，也决定着各种道德活动的评判标准和取向。

将所有的生命置于同一个系统中加以考虑，认为万物都属于宇宙的有机部分，有着内在的生态秩序，这一点在当代生态学家奥尔多·利奥波德的"土地伦理"中得到了伦理学意义上的强调。利奥波德被后人称作美国"野生动植物管理之父"，在他1949年出版的《沙乡年鉴》中，提出伦理不应仅仅被用来规范人与人之间的关系，而是需要拓展其外延，涵盖土地，以及土地上所生长的动植物以及土壤、水等，这些组成部分同属于一个"生命共同体"，其中各部分相互依赖，并各自拥有在自然状态下存在的权利，具有平等的地位。而人类作为其中的一个成员，不应凌驾于其他成员之上，将土地视作自己的财产，不应只享受特权，不承担对土地的义务。利奥波德的"土地伦理"指出，"生命共同体"的运行依赖于各个部分的相互合作与竞争，对其中任何一个环节的人为破坏都可能导致整个系统的崩溃。因此合理的土地利用不仅仅是一个经济问题，而且具有伦理和审美的维度。而判断一个行为的正确与否就在于看它是否着眼于保护生物群落的完整性、稳定性和美感。

利奥波德的"土地伦理"对现当代生态思想产生了很大影响，也激发了各个领域对伦理观的反思和重建。我国农业专家、中国工程院院士任继周先生和他的团队在提出了中国"农业伦理学"建设的迫切性和必要性。他们认为，"农业伦理学是研究农业行为中人与人、人与社会、人与生存环境的功能关联的道德认知，并进而探索农业行为对自然生态系统与社会生态系统这两大生态系统的道德关联的科学。其终极目标是实现农业现代化，填平城乡二元结构的鸿沟，使农民获得尊严与幸福，使农村繁荣而美丽。"任继周等人在数十年农业生态学系统科学理论研究及实践的基础上，提出构建以"时""地""度""法"为框架的多维结构的"农业伦理学"体系，并组织团队于2018年12月出版《中国农业伦理学导论》一书。在这本书中，作者提出"农业伦理学是伦理学中的应用伦理学分支……在农业这一特定领域，需要建立适应时代需求的农业伦理学，以保持农业的持续健康发展。"他们为农业伦理学下了一个定义：

> 农业伦理是人类文明最初的萌芽。农业系统从本质上说，就是自然生态系统和社会生态系统的耦合，它本身内涵不容忽视农业伦理关联。在表现为农业行为道德关怀和应承担的责任，其中既包括对自然生态系统的道德关怀，也包括对社会生态系统的道德关怀。农业伦理观是农业本体的内在必然，亦即农业活动本体所有而非外铄。

他们提出，中华文化的核心是以农业社会为基础的农耕文明。在中国历史上，农耕文明曾与皇权政治结合，形成中华文化的主流，但是在全球化的今天，中华民族要立足世界，就必须跨越从农耕文明伦理观到工业文明伦理观到后工业文明的现代农业伦理观这道障碍。

中国现代农业伦理学应该与中国现代农业文明相携发展，而"时""地""度""法"是构建中国农业伦理学的四维结构。"时"与整个农业活动紧密联系，是理解农业、规范农业的首要维度。它不仅指时间，更指蕴含在时间中的规律。尤其是在现当代，当我们面对生态环境日益恶化、耕地逐渐耗竭的危机时，"适时""违时"则是判断人与自然关系中正义与非正义的尺度之一。"时宜"就是不违背客观规律，是对自然的尊重。在农业生态系统中，荀子说"天之所覆，地之所载，莫不尽其美，致其用，上以饰贤良，下以养百姓，而安乐之。"（《荀子·王制》）土地处于不可忽视的地位，土地与不同的气候条件和地理特征一起为农业提供了一个地境。在农业活动中，必须清晰认识地境的特征，因地制宜地进行生产，尊重农业相关生物的多样性，才能保证农业生态系统健康发展。"度，法制也。"也就是规矩和制度。"度"是一种量化的表征，与农业生态系统与自然生态系统和人类的行为、活动紧密相连，于是要"帅天地之度以定取予"，因此就有了"度"的维度，其涵义包括因法因序、因时因地、以及因事因势。中国文化的"法"不仅是规章制度，法律条文，更重要的是伦理道德。是老子"人法地，地法天，天法道，道法自然"的"法"，是不可违逆的规律，也是判断善恶的准绳。"法"的维度涉及土地和土地上的人，涉及农业生产和分配的全过程，既是法度，也是关怀。

退耕还林还草就是转变这种传统农业的思维框架，重建现代农业伦理学的重要元素。人类自从进入农业社会以来，就开始了对大自然的征服和改造。这些对自然的开发在人类进步的历程中起到了至关重要的作用。因此长久以来，大自然（或是说"荒野"）便被人类看作了待开发、征服以及改造的对象。如果用二元论的思维来看的话，以荒蛮、贫瘠、无序为特点的荒野便站在了文明、肥沃、有序的人类"文明"社会的对立面。传统农业社会常常会对土地进行分类：良田、荒地、沼泽等等。什么样的土地算是"好的"土地？从农耕的角度来看，只有肥沃的、能够产出大量作物的土地才是"好的"土地。人类对大自然的征服和改造正是从把那些"荒野的"土地开垦、最后变为"高产"的土地开始的。在开垦、种植的过程中，为了让作物丰收，人类需要除草、杀虫、赶走野鸟，从而获得所需的资源，并且让土地变得"肥沃"。而在退耕的思想框架中，荒野并不荒，良田也并非都要成为耕地，大自然中没有哪一块土地是"不肥沃"的，因为土地总是要遵循自然法则，产生出各种生命所需的资源。那些所谓的杂草、野鸟、害虫，无一不是遵循着一定的自然法则，有规律地从土地以及大自然的其他方面汲取所需资源，又对大自然有所回馈的。因此"垦荒"不是尊重自然规律的正确做法，也不一定是能给人类带来幸福的活动，相反，过度的垦荒会改变自然法则，破坏生物圈中的已有平衡。没有伦理学支撑的农业发展有可能会导致对自然的过度利用，是人类中心主义在作怪。

人类社会诞生发展的历史，也是人类与自然的关系史，传统中华文明是一种亲自然的农业文明，是在朴素生态思想指导下的文明。生态农业是农业的必由之路。"建设生态文明不可不发展生态农业，发展生态农业不可没有农业伦理。"中国作为几千年的农业文明古国，有着丰富的农业伦理的经验，但是却没有将其上升到农业伦理观的高度，也缺乏农业伦理学的自觉。生态哲学教授田松提出，"农业伦理是一个以往被忽略的视角。农业是现代人生存的基础，关乎生产、消费，也关乎伦理。讨论农业伦理可以有多重视角。农业活动涉及的每一重关系，都存在相应的伦理问题。"人类和自然是融为一体的。人不是不可以利用大自然，但应该首先尊敬大自然。在利用大自然的时候要遵循农业伦理和环境伦理，摒弃以自我中心的错误观念，重新理性地、客观地审视自然，最终和自然融为一体、和谐相处。

20多年的退耕还林还草实践不仅在改善生态环境、改变不合理生产方式、加快贫困地区农民脱贫致富、优化农村产业结构、促进农村经济发展等方面发挥了积极的作用，还在伦理思想方面对人与自然的关系进行了重塑，在环境伦理学的中国构建方面，具有深远的历史意义。

三、退耕还林还草文化的外延

退耕还林还草文化因为其丰富的内涵，牵扯到方方面面的外延因素，外延的变化一方面体现着退耕还林还草文化建设的变化，另一方面又往往是退耕还林还草工作发生变化的直接诱因。这些外延因素包括思想、政治、经济、社会、技术、制度等多方面内容，它会对退耕还林还草工程的决策、退耕还林还草工程战略的制定和执行、退耕还林还草的文化建设等产生直接切实的影响。文化，究其本质，跟人的活动密切相关。把人的活动与文化结合起来，才能认识到文化的可塑性、历史性和特殊性。各个时代、民族和地区在不断发展过程中，形成的文化存在着差异性和多样性。同时，人又是文化的产物，人的活动又是文化或其凝结物的载体。每一个人首先会被某种文化所塑造，然后，他反过来也会成为一个文化的塑造者。但是，单纯从人的角度考察文化，把人类看成是文化核心，就割裂了人与自然相互依存的有机关系。因此，要进行文化建设，就不能忽视其外延的因素。文化的外延指的是与该文化相关的不同类别的社会现象。退耕还林还草文化建设也遵循此规律，与其外部环境有着紧密的关系，也就使得退耕还林还草文化的外延具有广阔和开放的特征，概括起来主要包括物质文化、精神文化、行为文化、制度文化等。

（一）退耕还林还草物质文化

退耕还林还草物质文化凝聚着退耕还林还草工程理念、价值观、建设目标和建设成果，是以实体形式对退耕还林还草文化的具体呈现。物质文化顾名思义，指的是以物质为表现形式的文化现象，是以物质和实体形式体现出的文化现象。退耕还林还草物质文化外延，是指在退耕还林还草工程推进的过程中，退耕还林还草工作人员和退耕区群众所创造和逐渐形成的具有退耕还林还草特征的物质和物质性产品。退耕还林还草物质文化外延首先与社会经济活动密切相关，借助经济、社会、金融和市场的基础设施显示出来。其次，还包括公共文化设施建设及相关活动，它是由政府或社团设立的面向社会大众的文化设施及其活动，例如图书馆、博物馆、文化宫、文化活动室等等及相关文化活动。

除了官方的物质文化建设，还有退耕还林还草民间文化建设。民间文化也是一个具有综合性的文化领域，即自发地流行于民间的通俗的朴素的文化。退耕还林还草民间文化为广大群众所喜闻乐见，对群众具有潜移默化的作用，有强大的影响力，包括退耕还林还草文艺活动、生态旅游活动、娱乐活动、退耕还林还草相关的时尚、流行的文学、音乐等。这些活动甚为广泛，涵盖面很广，但由于民间文化一般来说缺乏自觉性、理论性、系统性，需要在引导的基础上进行推广和支持。

（二）退耕还林还草精神文化

退耕还林还草精神文化外延体现着退耕还林还草工作中的价值观，反映了退耕还林还草工作的基本指导思想和工作的基本思路，是退耕还林还草工作在处理人与人、人与物关系上形成的意识形态和文化现象。精神文化主要指哲学和其他具体科学、宗教、艺术、伦理道德以及价值观念等，其中尤以价值观念最为重要，是精神文化的核心。精神文化是文化要素中最有活力的部分，是人类创造活动的动力。没有精神文化，人类便无法与动物相区别。价值观念是一个社会的成员评价行为和事物以及从各种可能的目标中选择合意目标的标准。这个标准存在于人的内心，并通过态度和行为表现出来、它决定人们赞赏什么，追求什么以及选择什么样的生活目标和生活方式。同时价值观念还体现在人类创造的一切物质和非物质产品之中。产品的种类、用途和式样，无不反映着创造者的价值观念。退耕还林还草精神文化指的是退耕还林还草活动中直接反映的精神活动及其产品。

精神文化从退耕还林还草的价值观出发，通过目标的驱动来决定退耕还林还草工程建设的方向。所以，它对退耕还林还草行为文化具有最直接和最根本的导向作用，决定着退耕还林还草工程行为所产生的最终利益结果。退耕还林还草精神文化外延也包括逐渐形成的相关传统与约定俗成的行为，人们在退耕还林还草的长期工作和实践中形成的共同认同的行为和风气。传统具有传承性与惯性，传播广，流传的影响面大，潜移默化地影响着退耕还林还草工作人员与相关地区群众的生活和日常行为，从而对退耕还林还草文化建设产生深远的影响。

精神文化起着重要的教育和推广的作用。因此，要在退耕还林还草文化建设的过程中加强教育和培训，提高相关理论和文化水平。同时，配合教育和培训工作，要注重新闻出版事业。及时报道退耕还林还草工作中的先进事迹、重要事件，运用语言、文字、图像、广播、电视、电脑各种传播工具反映退耕还林还草的成果，向世界展现和宣传退耕还林还草的成就，沟通我国与世界相关领域的联系。退耕还林还草精神文化彰显了退耕还林还草文明、退耕还林还草特征、退耕还林还草的社会服务功能，以及退耕还林还草工作所追求的卓越目标，它昭示着退耕还林还草工程核心价值观与责任。离开了精神文化建设，退耕还林还草工作便失去了内在的价值和发展的动力。因此，退耕还林还草精神文化建设必须符合和服从退耕还林还草的使命，在退耕还林还草工作中认同和践行社会主义生态文明价值观。另一方面，退耕还林还草精神文化建设凝聚着退耕还林还草工程全体成员的意识，因此，精神文化的建设也会指导和决定着退耕还林还草工程人员的行为文化。

(三)退耕还林还草制度文化

行为文化建设和制度文化建设是密不可分的，只有严格完善的制度建设，用完善的制度去规范人的行为，才有可能形成统一的行为文化。行为文化的建设有一个由认知到认同再到自觉实践，由不自觉到自觉、不习惯到习惯的过程的发展和成熟过程。因此，在加强观念引导的同时，必须与制度文化建设相结合，来支撑价值理念体系，通过把行为文化变为有形的、具体的、可操作的行为规范，从而构建起完整的行为文化体系。退耕还林还草制度文化建设主要包括相关规章制度和职业道德规范，是规范退耕还林还草工程开展的行为准则。它以刚性的表现形式和具体化的规定内容来约束和限制退耕还林还草职工的行为。规章制度相对来说缺乏柔性，但是，它从小的方面讲，对退耕还林还草工作人员的行为具有极大的控制与限制作用，在消除职工不良行为和养成良好的行为习惯方面发挥不可替代的作用；从大的方面讲，是退耕还林还草广大工作人员在长期实践中的经验总结和智慧的结晶，对保证退耕还林还草顺利进行，保护退耕还林还草工程工作人员的财产与生命安全，保障退耕还林还草的各项成果具有重要的作用。退耕还林还草制度文化主要传递着一些指示性信息，即应该干什么、不应该干什么、应该怎么干、干到什么程度。

退耕还林还草制度文化建设是退耕还林还草工程建设和文化传播的重要支撑。文化本身是软性的，是没有强制力的，但是制度具有刚性特征。如果退耕还林还草工程不能为新理念与实践提供一种可靠的、持久的、刚性的推动力，其效果是难以保证的。因此，退耕还林还草文化建设需要通过建立、健全和完善教育培训、岗位责任、考核评价、人事管理等相关制度，不断推进退耕还林还草文化建设。

(四) 退耕还林还草行为文化

退耕还林还草行为文化是指在退耕还林还草工作中组织、教育、宣传、人际关系、文娱体育活动中产生的退耕还林还草相关的文化现象。它是退耕还林还草实际工作、精神风貌、人际关系和工作人员文化素质的动态体现，也是退耕还林还草精神、退耕还林还草价值观的折射。行为文化是指人们在生活、工作之中所贡献的，有价值的，促进文明、文化以及人类社会发展的经验及创造性活动。价值观是人的行为的重要心理基础，它决定着个人对他人和事的接近或回避、喜爱或厌恶、积极或消极。对价值的认识不同，会从其行为上表现出来。具有合理的行为，首先需要有正确的价值观念。习惯对于特定行为方式的熟练化和自动化，可以不假思索地去践行某种特定的行为方式。而职业行为习惯的养成是在长期的生产管理工作、学习、生活等实践中，依靠职业道德的养成和修炼，这是符合职业行为习惯养成的基础和前提。行为文化是文化层次理论结构要素之一，它是通过人的日常行为体现出来的有形文化，既是由人类在社会实践中约定俗成的行为规范，即习惯性定势的风俗构成的文化层它包括活动规范和行为方式，体现在礼俗、民俗、风俗等形态中。当人们按照社会风俗践行达到一定程度，就会变成某种自然而然的行为倾向。只有人的行为层面表现出约定俗成的特点之后，文化建设才能体现出它的意义。

退耕还林还草行为文化建设的好坏，直接关系到退耕还林还草相关工作人员积极性的发挥，关系到退耕还林还草工作能否顺利开展，关系到退耕还林还草未来的发展方向，直接影响着退耕还林还草工作的成效。退耕还林还草行为文化首先包括退耕还林还草工程领导人物或群体、模范人物和退耕还林还草工程工作人员的行为等。在退耕还林还草的工作过程中，以上人员的行为都应有一定的规范。在规范的制定和对规范的履行中，就会形成一定的退耕还林还草行为文化。

退耕还林还草工程领导人物和管理人员的行为展现的是退耕还林还草领导的思维方式和行为方式。退耕还林还草工程领导人物是退耕还林还草工作的灵魂人物，他们承担着巨大的责任，也相应地掌握着相关工作的指挥和领导权力，他们的价值观、知识能力和个性品质等是退耕还林还草文化生成的重要基因，往往主导着退耕还林还草文化的特质和风格。退耕还林还草工程领导人物经常能够将自己的信仰和价值观移植到退耕还林还草的经营决策活动中，对退耕还林还草行为和工作人员行为具有强烈的示范效应，与退耕还林还草工程的顺利开展休戚相关。随着退耕还林还草工程的逐步发展壮大和规范化，退耕还林还草管理者群体的行为作用会逐渐增强。因此，在行为文化的建设过程中，退耕还林还草工程领导人物和管理层应该成为先进文化的积极倡导者和模范实践者，起到率先垂范的作用。退耕还林还草模范人物的行为是退耕还林还草价值观人格化的体现。他们是退耕还林还草其他相关人员学习的榜样，他们的行为也经常会成为其他人仿效的行为规范。退耕还林还草模范个体的行为文化能够卓越地体现退耕还林还草价值观和退耕还林还草精神的某个方面；同时，模范人物的集合体还能够构成一个模范群体，卓越的模范群体必须是完整的退耕还林还草精神的化身，是退耕还林还草价值观的综合体现。是退耕还林还草模范个体典型行为的提升，具有全面性，因此在各方面它都应当成为退耕还林还草所有人员的行为规范。

退耕还林还草工程人员是退耕还林还草的主体，也是退耕还林还草文化建设的主体。只有当退耕还林还草所倡导的价值观、行为准则普遍为工作人员群体所认同和接受，并自觉遵守、实践时，才能形成有实践意义的退耕还林还草文化。退耕还林还草人员的群体行为文化指的是各类工作人员的岗位工作表现和作风、相关的退耕还林还草活动和业余活动等。由于工程工作人员是退耕还林还草工程的一线人员，他们往往在一线与普通群众打交道，因此会成为退耕还林还草工程形象和文化的直接代言人，工作人员的行为直接决定着退耕还林还草的整体价值导向和精神风貌。榜样的力量是无穷的。模范人物的行为对人们的行为具有很大的影响作用，因此，要做好培养与树立典型工作，既要培养个体典型，也要树立群体典型，通过以点带面和典型群体的不断扩大，在退耕还林还草文化建设中形成人人学习、崇尚、效仿模范人物和模范群体的风尚和约定俗成的风气，使广大退耕区的工作人员和群众在向模范人物和群体学习的过程中，通过不断地学习与模仿，养成良好的行为。

四、全球化视域下的退耕还林还草文化建设

退耕还林还草工程的贡献不仅限于造福我国民众，更在于它对全球生态保护的贡献。退耕还林还草思想和理念也成为全球生态治理和保护运动不可或缺的元素。因此，退耕还林还草文化不是一个地理的和静态的概念，在人地关系越来越受到全球关注的今天，退耕还林还草文化既是对中国传统思想文化，尤其是农牧文化之根源、发展、传承的再思考，同时也是世界生态文化建设的一部分，与全球化的世界生态保护和生态文明建设目标无法割裂。

习近平总书记在多个场合指出，国际社会日益成为一个你中有我、我中有你的命运共同体。人类只有一个地球，各国共处一个世界。共同发展是持续发展的重要基础，符合各国人民长远利益和根本利益。我们生活在同一个地球村，应该牢固树立命运共同体意识，顺应时代潮流，把握正确方向，坚持同舟共济……战胜人类发展面临的各种挑战，需要各国人民同舟共济、携手努力。"绿水青山就是金山银山"，这个思想体现了一种新的发展理念。这个新发展理念就是在人与自然作为生命共同体基础上的可持续发展。

面对人类面临日益严重的生态环境问题，西方也在20世纪后半叶开始了严肃的思考。1962年，美国学者蕾切尔·卡逊出版《寂静的春天》，揭露了化学农药的使用对农村产生的影响。虽然化学农药减轻了病虫害，保障了农作

物的丰收,但化学农药造成的污染危害了生物的健康甚至生命。她在《寂静的春天》里写道:"神秘莫测的疾病袭击了成群的小鸟,牛羊病倒和死亡,不仅在成人中,而且在孩子们中也出现了突然的、不可解释的死亡现象";"一种奇怪的寂静笼罩了这个地方,这儿的清晨曾经荡漾着鸟鸣的声浪,而现在只有一片寂静覆盖着田野、树木和沼泽。"她还十分敏锐地觉察到,这不仅是农药的问题,更关系到经济发展模式,她说:"我们长期以来行驶的道路,容易被人误认为是一条可以高速前进的平坦、舒适的超级公路,但实际上,这条路的终点却潜伏着灾难,而另外的道路则为我们提供了保护地球的最后的和唯一的机会。"《寂静的春天》问世以后,受到了以美国化工界科学家、工程师、企业家为中心的社会力量的谩骂和抨击。但它也唤醒了不少人,当时的美国总统肯尼迪就十分重视,曾指示对化学农药造成的健康危害进行调查,并在政府层面发布了相关规定。受《寂静的春天》的影响,来自10个国家的30位科学家、教育家、经济学家和实业家于1968年在罗马成立了"罗马俱乐部",他们在一起关注、探讨人类面临的共同问题。

1972年,罗马俱乐部发表的研究报告《增长的极限》提出:"地球的支撑力将会由于人口增长、粮食短缺、资源消耗和环境污染等因素在某个时期达到极限,使经济发生不可控制的衰退;为了避免超越地球资源极限而导致的世界崩溃,最好的方法是限制增长。"这本书的出版引起了强烈的反响和尖锐的论争,它对人类前途的忧虑促使人们密切关注人口、资源和生态问题,但它反对增长的观点也受到了尖锐的批评和责难。在"罗马俱乐部"和《增长的极限》的影响下,一批以生态保护为己任的非政府组织兴起并开展了有益的活动,他们喊出口号"人类只有一个地球,这个地球不是我们从上代人手里继承下来的,而是我们从下代人手里借来的。"充满了对地球的感情,也富有对人类应负责任的哲理性的分析。"罗马俱乐部"和《增长的极限》还催生了联合国第一次有关环境问题的大会——"人类环境会议"。1972年,联合国在瑞典斯德哥尔摩召开"人类环境会议",发表了《人类环境宣言》,向全球发出呼吁:"已经到了这样的历史时刻,在决定世界各地的行动时,必须更加审慎地考虑它们对环境产生的后果"。《人类环境宣言》还指出:人类必须运用知识与自然取得协调,为当代和子孙改善环境,这与和平和发展的目标完全一致;每个公民、机关、团体和企业都负有责任,各国中央和地方政府负有特别重大的责任；对于区域性和全球性的生态问题，应由各国合作解决。大会号召各国政府和人民都要关注生态，保护生态。1983年，"世界环境与发展委员会"成立，要求进一步研究经济发展与生态保护的关系，寻求正确的出路。在1987年于东京召开的环境特别会议上，发表研究报告《我们共同的未来》，报告提出：生态危机、能源危机和发展危机不能分割，地球的资源和能源远不能满足人类发展的需要，必须为当代人和下代人的利益改变发展模式等。其中，它还首次提出，解决发展与生态矛盾的正确道路就是可持续发展的道路。

2000年，针对这场全球化危机的根源，以诺贝尔化学奖得主保罗·克鲁岑为首的地质学家提出地球进入"人类世"的观点。克鲁岑和尤金·斯托莫在国际陆界生物圈项目（IGBP）名下杂志《全球变化》发表"我们已经进入'人类世'了吗？"一文，认为地球已经进入一个新的地质时期，即"人类世"时期。"人类世"概念一经提出，立刻引起广泛关注。之所以称之为"人类世"，他们认为人类活动对地球大气和地壳的影响在最近几个世纪如此巨大，以至于将开创一个崭新的地质时期。今天的人类在地质和生态中起着核心的作用，对地球系统产生着巨大的、不容忽视的影响。

"人类世"一词是在两个希腊语词根的基础上创造出来的，前半部分是"人"的意思，后半部分意思是"全新的"，人类世这一概念认为"人类世"作为一个新的地质时代，将取代始于12000年前新石器时代的"全新世"，成为工业革命，尤其是1950年代以来地球进入的一个新时代。此概念认为，在过去的300年间，全球变暖、臭氧破坏、人口过剩、物种灭绝、海水酸化、淡水短缺等问题日益严重，全球生态系统处于崩溃的边缘。以物种灭绝为例，2015年，由斯坦福大学、普林斯顿大学和伯克利大学的科学家联合发布的一项研究报告显示，现在脊椎动物物种的平均灭绝速度是天然灭绝速度的一百多倍，这可能引发地球的"第六次物种大灭绝"。科学证据表明人类成为地质形成的主要力量，成为影响地球生态、自身生存的决定性因素，人类活动已经深刻影响了地球生态系统，甚至地质变化。意味着。虽然人类世的具体起始时间有待科学界进一步讨论，但建议以18世纪晚期作为人类世的起点，因为从这一时期开始，人类行为的全球影响变得日益明显，比如，对极地冰芯的分析显示，大气中二氧化碳和甲烷等温室气体的含量开始提高。这一起点也与以瓦特改良蒸汽机为起始标志的工业革命吻合。在人类世时代，地球始终处于一种满负荷、甚至超负荷运转的状态。人类活动对地球的影响已经达到"现有和将来需求不可调和的临界点"。

"人类世"的概念一方面强调了人类对于生态问题的责任性和人类自身生存的危机性，另一方面也强调了应重新思考人类与生态之间的关系。在自然科学家们研究地质的同时，人文学者们已经开始了围绕人类世问题的激烈讨论，涉及哲学、法律、美学、教育、文化等领域。人类世研究者们认真反思人类世，对人类世的美学、正义和人类活动提出了多方面多维度的思考和讨论，不仅涉及反思人与自然关系的哲学和伦理，更涉及人类自身的生存和未来。人类世概念尤其突出了"涌现""尺度"两个特征。前者指在特定架构中的复杂的物理体系发生的，走向和后果具有不可预测的变化。人类同物质世界在交互影响中形成的物理体系包含无数个子体系，它们之间相互联系、互为作用。在特定条件下，一个微不足道的行为可能扰乱整个体系，反过来可能导致区域性灾难事件的涌现，但人们又很难发现个体性事件同整个系统的内在关联。比如，每一个物种灭绝都是涌现性事件，物种灭绝可能会发生在地球的任意一个角落，或许并不为人知，造成的影响也难以评估。"尺度"则突出"尺度/规模效应"。无数的个人行为和活动，累积起来就形成新的、无法估量的事件，足以对整个地球生态系统产生影响。在此效应的影响下，在一个层面上不言自明的或合理的现象或事物在另外一个层面上或许就具有破坏性。在微观层面看起来是生态保护的行为，可能在地区性的中观层面以及全球的宏观层面来看，则会导致生态灾难。

人类世概念的提出意义非凡，意味着人类成为自身生存和地球环境的最大威胁。在人类世语境下，人类的中心地位已无可否认，影响持续显现，后果已经造成，关键在于人类能否意识到自己作为一个物种对地球的主体义务和所需承担的责任。促使人们反思人类和地球之间的耦合关系，警醒人们重新认识人类在地球上的地位以及人类行为、文明进程对地球产生的影响。克拉克强调对人类、技术和地球局限性的认识。首先，人类自身具有局限性。在人类世视域下，人类文明历史不再那么光鲜荣耀，只不过是人类为了自身利益，攫取、争夺有限资源的衍变过程。其次，技术具有复杂性。现代科技在给人类带来便利的同时，引发的后果和潜在危险远远超出想象，具有不可控性，是导致生态灾难的重要原因。最后，地球机体自愈功能有限。人们往往对地球自身的局限缺乏认识，依然持有生态可以自愈的观念和对生态灾难"事不关己，高高挂起"的心态。这些观念将使人类错失稍纵即逝的自我拯救机会。

随着"全球化"概念的出现和不断得到的广泛接受，人文科学领域的研究也纷纷拓宽视野，将全球意识作为学科研究的一个重要基础。"全球化"作为现代化进程的一个结果或现象，最早反映在经济领域，后来从资本扩张逐渐延伸到技术、文化等领域。20世纪90年代，全球化的研究范式在社会科学和人文学科被广泛接受，并且出现了新的态势，即对"跨民族主义"和"世界主义"等视角的强调，尤其是在身份研究和空间研究领域，突出了超出地方和民族范畴的归属问题。但矛盾的是，大部分理论家接受关于杂糅、流散等理论，仍然强调身份问题中的文化性、法律性和民族性规约，而对人类作为一个整体的，突破民族和文化界限的身份思考不够。在生态成为一个重要学术关注点的当代，在谈论生态整体性的同时，对人类整体性的关注就成为了题中之义。

自人类实现登月以来，从太空所拍摄的蓝色星球照片一直是我们守卫地球母亲，保护地球生态的重要视觉推动。美国圣母大学教授托比亚斯·波斯用宇航员的视角来对比人类世所凸显的整体观：当人们看到宇航员从太空拍到的地球照片，那种视野与身在地球之上截然不同：没有了地平线之后的视野是一种无边际的广阔。就像济慈在《初读查普曼译荷马史诗》中所感慨的：

> 之后我觉得我像是在监视星空
> 一颗年轻的行星走进了熠熠星空，
> 或像是体格健壮的库特兹他那老鹰般的双眼
> 盯着太平洋一直瞧——而他所有的弟兄
> 心中都怀着荒诞的臆测彼此紧盯——
> 他不发一语，就在那大然山之巅。

从人类世的角度来看，这首诗中所表达的美学思想已经远远不只诗人济慈语言和技艺的精湛，也不只他对美的激情与热爱。这种象征性的"星球意识"不是为了表达占有，而是一种超越时间和空间的整体性壮美。这是一种崇高的、无法掌控的远景，但又以某种方式与人类相连。人类不是一个一个孤立的存在，而是共同生活在这个蓝色星球的集体，所有人一起呼吸着同一个大气层的空气，以这个蓝色星球作为栖息地，彼此同呼吸共命运，生活息息相关，生命彼此相连。保护地球，既是每个人的责任，也是所有人赖以维持生命的必然。

在"人类世"概念的基础上，更多的概念应运而生，包括"资本世""种植世""地球世"等，关于人类面临危机和责任的研究和讨论范围也更加扩大，包括"人类之外""非人类""作为土地同源的人类""后人类主义""毒性话语研究""复原性/韧性话语""生态不确定性/不稳定性""慢性暴力"等等，呼吁对人与自然的关系给予更多的社会和文化关注，发出更大的声音。这些概念或提出的生态问题是关系到可持续发展的全球问题，或认为对弱势群体的关注，就是对生态问题的重视和人类自身生存的危机感的关注。地球的变化是一种"慢性暴力"，是逐渐发生的、看不见的暴力。这种暴力通常具有延迟破坏的特征，时间和空间上比较分散，通常不引人注目，但是在渐进的过程中将产生重大的破坏性影响。放任土壤恶化，就是放任人类的慢性暴力不断延展；放任毁林造田，就必将受到这种缓慢的、不易察觉的慢性暴力所最终带来的恶果。

人与自然是生命共同体，对自然的伤害最终会伤及人类自己。2008年，美国生态批评学者斯黛西·阿莱莫提出"通体性"概念。她提出在这个"通体性"的时空中：

> 人类的身体，以其物质的形式，与"自然"或"环境"密不可分。"通体性"作为一个理论场所，是身体理论与环境理论相遇和融合的地方。此外，人类身体与非人类自然的相通使纠缠了物质与话语、自然与文化、生物与文本的丰富、复杂的分析模式成为必要。

这一概念承认"人类"与"自然"实际上由相同的物质组成，并处于不断的相互交流过程之中，从而反思因为种种历史原因被简化的思想与物质的区分。在这种思维范式中，草木、泥土也可以被理解为一种施事者，并与人类行为息息相关，而不仅仅是一种行为发生的背景，保护草木、泥土就是保护人类；

而退耕还林还草就是将这种被剥夺的草木泥土的施事能力重新还给大自然。几千年的实践和教训证明，良好的生态是经济发展的基本保障，如果以破坏生态为代价搞经济求发展，那么必然会受到自然的惩罚。所以，退耕还林还草既是对农业的保护，对农业经济结构的优化，长远来讲，更是对我们赖以生存的生态环境的保护。这需要政策和制度上的导向，但更重要的是实现一种思想和意识上的自觉，因为对于一个社会来说，任何目标的实现，任何规则的遵守，既需要外在的约束，也需要内在的自觉。生态意识的提升，既是开展退耕活动的必要思想支撑，也是退耕活动开展过程中的必然结果。

国家林业和草原局2020年6月30日发布的《中国退耕还林还草二十年（1999—2019）》白皮书回顾了我国退耕还林还草的历史轨迹：我国1998年特大洪灾后试点"封山植树，退耕还林"，1999年起正式实施"退耕还林（草）、封山绿化、以粮代赈、个体承包"的政策，2002年在全国范围内全面启动退耕还林还草工程。20年的持续建设涉及全国25个省区的2435个县，中央财政累计投入5000多亿元，4100万农户的1.58亿农民直接受益。实施退耕还林还草5亿多亩，完成造林面积占同期全国林业重点生态工程造林总面积的40.5%，工程区森林覆盖率平均提高4个多百分点，成林面积占全球同期增绿面积的4%以上，生态环境得到显著改善。这个在生态环境保护方面的巨大成就不仅惠及中国，也是全球生态建设的重要部分。

"生态兴则文明兴，生态衰则文明衰"。2015年9月，中共中央国务院审议通过了《生态文明体制改革总体方案》，明确提出树立"山水林田湖是一个生命共同体"的理念，从国家层面将生态环境治理、生态修复以生态文明法制建设的方式进行探讨。2018年3月自然资源部成立，打破以往山、水、林、田、湖、草等各自然要素条块式分割管理的格局，首次强调了国土空间生态修复职责。2020年5月，中央全面深化改革委员会第十三次会议审议通过了国家发展改革委员会、自然资源部的《全国重要生态系统保护和修复重大工程总体规划（2021—2035年）》，《规划》以习近平新时代中国特色社会主义思想为指导，全面贯彻落实党的十九大和十九届二中、三中、四中全会精神，按照党中央、国务院决策部署，坚持新发展理念，统筹山水林田湖草一体化保护和修复，在全面分析全国自然生态系统状况及主要问题、与《全国生态保护与建设规划（2013—2020年）》及正在推动的国土空间规划体系充分衔接的基础上，以"两屏三带"及大江大河重要水系为骨架的国家生态安全战略格局为基础，突出对国家重大战略的生态支撑，统筹考虑生态系统的完整性、地理单元的连续性和经济社会发展的可持续性，研究提出了到2035年推进森林、草原、荒漠、河流、湖泊、湿地、海洋等自然生态系统保护和修复工作的主要目标，以及统筹山水林田湖草一体化保护和修复的总体布局、重点任务、重大工程和政策举措。

文化形成于社会集体，又具有强大的反作用于社会的功能。退耕还林还草文化的形成与传播对于退耕还林还草政策的继续深入贯彻，生态保护意识的进一步提升，农业和生态伦理的发扬、生态审美的提倡，都起着积极的作用，使爱护生态成为一种具有公共性的自觉意识，一种与全人类命运相连的全球意识。

第三节　退耕还林还草文化的基本特征

退耕还林还草文化归根结底是一种研究关于人与自然如何相处的文化，它的研究主题是人与自然相处之道，人与自然之间是什么关系，人的来去与退耕还林还草有什么关系。但是，退耕还林还草文化出现也具有非常强烈的时代感，它是在中国这个特殊的地理语境和特殊的时代、政治、经济、制度背景下的产物，具有四个基本特征。首先，它是一种"复兴文化"，主张"将自然还给自然"，通过"退"和"还"的方式，将人类欠下的生态账还给自然。其次，它是一种"智慧文化"，主张以退为进，通过退耕还林还草，让自然恢复生机，让人与自然的紧张关系缓和下来。再次，它是一种"和谐文化"，主张深入反省人与自然的相处模式，彻底摒除人类中心思想，尊重自然、顺应自然、保护自然，最终实现人与自然和谐。最后，它是一种"科学文化"，对土地资源、人力资源、财政资源等等进行合理的、科学的优化配置。

一、功在当代的复兴文化

退耕还林还草文化是一场深刻的土地利用方式变革，是对大自然的复兴，把本应属于自然的还给自然，这是以民为本执政思想的深刻体现。退耕还林还草20年，绿了山川，富了百姓。因为这一"退"，祖国的濯濯童山变成秀美山川；因为这一"还"，老百姓从越垦越穷变成林茂粮丰。"退"的是落后的生产方式，"还"的是先进生产力。退耕还林还草文化"复兴"的不是传统的农耕文化，不是要放弃农耕文化，更不是要否定农耕文化几千年的文明成果，而是在新时代新情况下对农耕文化进行反思，采用"退"和"还"的方式，提高农业效率，优化产业结构。"退耕""退"不是无限制无规划的被动败退，而是在增强生态意识、依靠科学决策的主动的有计划的退，是在人们提高认识的基础上的一种主动性，是一种主体行为。

2017年10月18日，习近平同志在党的十九大报告中指出，实现中华民族伟大复兴是近代以来中华民族最伟大的梦想。"复兴"一词出自明代冯梦龙的《东周列国志》，指衰落后再兴盛起来，再创辉煌；指春回大地、万物复苏的景象。中华民族在漫长的历史长河中，曾经长时间走在世界的前列，创造了令世界瞩目的辉煌成就，对人类文明的发展做出了不可磨灭的贡献。但是，近现代中华民族受到压迫和欺侮的惨痛历史对我们的民族自信造成了很大伤害，每个中国人心中都有着复兴的伟大梦想。正如2012年11月29日，习近平在参观"复兴之路"展览时所指出的："每个人都有理想和追求，都有自己的梦想。现在，大家都在讨论中国梦，我以为，实现中华民族伟大复兴，就是中华民族近代以来最伟大的梦想。这个梦想，凝聚了几代中国人的夙愿，体现了中华民族和中国人民的整体利益，是每一个中华儿女的共同期盼。"

中国几千年农业耕种、畜牧智慧，以及农牧业科技的发展使中国古代文明得以始终屹立在世界文明的前列，更是中国文明历经几千年不断裂的重要支撑。古代的重农思想反映了在农业劳动生产率低下的条件下社会经济按比例发展的客观要求，由于农业是人们的主要职业，农业人口占全国人口的绝大多数，只有在必要的农业劳动力得到稳定的情况下，才能保证农业的正常发展，农业生产的上升，进而保证社会的稳定。所以，重农不但有其历史必要性，也有其历史合理性。但是，农业的发展、人口的增加导致土地开发的力度不断加大，出现了与水争田和与山争地的现象。这样一个缓慢但是不可逆转的过程中，人口不断增长，产生对粮食供给能力和耕地的新需求，于是推动了垦殖面积的不断扩大，在求生存的压力下，"边际垦殖"逐步向纵深拓展，黄土高原逐渐变得沟壑纵横，水草丰美的北方草原逐步沙漠化，植被茂密的西南山地亦渐呈石漠化，最终转变为对生态环境的永久性破坏，出现了大面积的水土流失、草原的沙漠化、石漠化等难以恢复的生态灾难。为了生存，人们不得不与山争地、与水争田，推动了梯田、圩田的迅速发展。然而，对山地过度垦殖会造成严重的水土流失，而围湖占江垦田之祸。到宋淳熙三年（1176年），太湖流域围圩田多达1498所，"每一圩方数十里，如大城"。宋朝诗词有不少提到圩田的，比如胡仲参的《圩田》："圩田依涧水，入夏未栽禾。不是春耕晚，山中寒气多。"大诗人杨万里关于《圩田》的诗现存有十几首之多，比如："周遭圩岸缭金城，一眼圩田翠不分。行到秋苗初熟处，翠茸锦上织黄云。"从这些诗中可见，圩田已经是江南很常见的耕地方式。圩田面积广大，除了向地势低的地方围圩田，还有向地势高的地方开山而造的梯田。大规模的围湖垦田在当时已经带来祸患。戚氏志有详细记载："上元、江宁、溧水多赖圩田，农民生计居处，皆在圩中，每遇水至，则举村合社，日夜拼力守圩，辛苦狼狈于淤泥之中，如御大寇。幸而雨不连降，风不涌浪，可以苟全一岁之计。其或坏决，则水注圩中，平陆良田，顷刻变为江湖，农民颠沛流离，哭声满野，拏舟结筏，走避他处。"大规模的垦田使得在生态恢复能力较强的长江流域，也造成了严重的水土流失和山地石漠化。玉米的引种在整个西南地区酿成了全局性的灾变，在一些地区甚至酿成了无法修复的石漠化灾变。

而这一切都在1999年退耕还林还草工程实施以来，发生了翻天覆地的变化。退耕还林还草改善改善了生态环境，退耕前的荒山荒坡如今山也绿了，水也清了，退耕区林地枝繁叶茂，生态优美，为增加森林碳汇、应对气候变化、参与全球生态治理作出了重要贡献。20年来，中央财政累计投入5174亿元，完成造林面积占同期全国林业重点生态工程造林总面积的40.5%，工程区森林覆盖率平均提高4个多百分点。在陕西延安，退耕还林还草让昔日"山是和尚头、水是黄泥沟"的黄土高坡变成了山川秀美的"好江南"，实现了山川大地由黄变绿的历史性转变；在贵州省铜仁市，实施新一轮退耕还林还草扭转了治理区生态恶化的趋势，种植在石头山上的桃树、李树，让石旮旯、荒山坡变成了丰收果园；在四川省巴中市巴州区双山坪，退耕还林还草在全区增加了11.3万亩生态林，水土流失等生态恶化现象得到有效缓解。20年来，我国实施退耕还林还草5.15亿亩。按照2016年现价评估，全国退耕还林还草当年产生的生态效益总价值量为1.38万亿元。防治水土流失、减少自然灾害、绿化固碳增汇……退耕还林还草工程的实施，绿染神州大地，让一片片濯濯童山变成秀美山川。

贵州省铜仁市印江土家族苗族自治县退耕还林还草成效

退耕还林还草的主战场就在生态脆弱、贫困发生率高、贫困程度深的集中连片特困地区。全国有812个贫困县实施了退耕还林还草，占国家扶贫开发工作重点县总数的97.6%。退耕还林还草主要安排在水土流失、土地沙化严重地区，安排在15度以上坡耕地尤其是25度以上陡坡耕地。传统农用坡耕地资源大幅减少，林下可利用空间大面积增加。在政府引导和龙头企业带动下，当地群众利用丰富林业资源，充分利用林下空间，通过发展林下种植业、养殖业等林下经济产业，实现了脱贫增收。在退耕还林还草工程涉及的全国25个省（自治区、直辖市）和新疆生产建设兵团的2435个县，在政策直补农户的同时，通过机制创新和模式推广，培育了优势资源，发展了特色产业，有力推动了农民增收和精准脱贫。数据显示，全国4100万农户参与退耕还林还草工程实施，1.58亿农民直接受益，截至2019年年底退耕农户户均累计获得国家补助资金9000多元。退耕还林还草工程的实施，促进农业结构由以粮为主向多种经营转变，粮食生产由广种薄收向精耕细作转变，许多地方走出了"越穷越垦，越垦越穷"的恶性循环，实现了地减粮增、林茂粮丰。

二、利在千秋的智慧文化

退耕还林还草的出发点之一就是对自然万物及其规律的尊重。首先要破除的一个思想窠臼就是传统对"良""莠"的区分,即并不是只有产粮食的土地才是"好地""良田"。山、林、河、草、湖不是无用的荒山野地,而是与产出粮食的耕地一样,在人类生活和文明发展中起着非常重要的作用,退耕及其相关文化就是建立在对生态和谐之重要性的深刻认识之上,蕴含着尊重和平等对待自然界万物的生态平等思想。现代意义的"生态"一词出现很晚。1866年,德国科学家恩斯特·海克尔在《生物体普通形态学》一书中第一次提出"生态学"一词。海克尔对这一概念的定义是:"有关自然经济的知识体系,即对动物与其有机和无机环境的整体关系的研究。"这里的关键词一是"环境",二是"关系"。20世纪著名生态学家尤金·奥多姆在《生态学:自然科学与社会科学的桥梁》中提到,"生态学的研究范围已经因为公众需要而扩展。由于人类对环境危机意识的普遍增强……此研究已经被广泛接受为对人与环境的整体性研究。"在此基础上可见,生态思想就是关于身处自然中的人与其生存环境之间关系的思想,是对生物环境整体性、多样性及生命圈之平衡的思考。

"生态"这个词的现代意义虽然来自西方,是应对环境危机的产物,但与我国古代哲学和思想有很多契合之处。几千年的中华文化积累了丰富的生态智慧。中国传统哲学中很早就有"万物齐一"的思想。"万物齐一"即万物平等,也就是说,万物都是平等的,包含人在内的自然万物都是宇宙的成员,没有高低贵贱之分。这句话直接的出处是《庄子·齐物论》:"天地与我并生,而万物与我为一。"庄子又说,"古之人在混芒之中,与一世而得淡漠焉。当是时也,阴阳和静,鬼神不扰,四时得节,万物不伤,群生不夭,人虽有知,无所用之,此之谓至一。当是时也,莫之为而常自然。"从这些话语中可见,庄子认为人与自然界地位平等,具有共同的起源,没有高低贵贱之分。人不能独立于天地万物之外,与自然万物是并生共存的。"顺物自然""常自然",天下才能达到阴阳和静、鬼神不扰、四时得节、万物不伤、群生不夭的和谐状态。在《秋水》篇中,庄子又说:"号物之数谓之万,人处一焉;人卒九州,谷食之所生,舟车之所通,人处一焉。此其比万物也,不似豪末之在于马体乎?"在茫茫宇宙中,人不过是万物中的一类,在谷物所生长的地方,车船所通达的地方,人不过也只占其中的万分之一,人与万物相比,就像马身体上的一根毫毛之末。物无贵贱,人与万物平等,因为"若物之外,若物之内,恶至而倪贵贱?恶至而倪小大?……以道观之,物无贵贱;以物观之,自贵而相贱;以俗观之,贵贱不在己。以差观之,因其所大而大之,则万物莫不大;因其所小而小之,则万物莫不小。知天地之为稊米也,知毫末之为丘山也,则差数睹矣。"也就是说,不论是从事物的外表还是内在,都没有贵贱大小之分。首先是自然的常理,因为"道"的本性是自然而然,是无欲无为。其次,庄子提出了观察问题的不同视角,贵贱不在于事物自身,物与物之间的差别不过是视角的问题,从不同的视角来看,毫末可以看作大山,反之大山也可以被看作一粒小米。

以孔子为代表的儒家学说最重要的思想之一就是"中和",但孔子的"和"不是要整齐划一,相反,是"和而不同",即万物虽然状态不同,形态不同,但是可以协调和谐地共存,即"和则相生"。只有生物相杂,自然才能繁盛;相反,如果强求整齐划一的同一种生物,或者同一种状态,那么则不能维持生态的繁盛,即生物多样性。儒家宇宙之道,人事之理,都基于"易"推演而成。天地万物变化的根本在于阴阳、乾坤、天地的对立和统一,以及其变化无穷的过程和推演。"易"是宇宙的第一法则,而宇宙是自然之母,自然又是人类之母。万物始于天,顺承天道;地用厚德载养万物,而人生活于天地之间,必须首先顺应天道和宇宙的本然之性,才能合理安排自己的生活。自天地开辟以来,日月交替,寒来暑往,万物萌发,生生不息,新新相续,变化无住,故称之为"易"。易经六十四卦的推演,就是天地之间万物变化之理的一种符号表达。

人在宇宙中的使命和作用是什么呢?"天地生君子,君子理天地。"(《荀子·王制》)人就是要"赞天地之化育",这里的"理"强调了人的能动性,天地是化育万物的体,有其固有的规律,人不应该违背自然的法则,人要管理天地万物,首先需要管好自己,成为君子,发挥自己的爱,用一种善的态度去对待自然外物,即"仁民而爱物。"(《孟子》)。儒家学者们将这样的思想提升到"平天下"的政治层面,孟子就劝诫梁惠王:"不违农时,谷不可胜食也;数罟不入洿池,鱼鳖不可胜食也;斧斤以时入山林,材木不可胜用也。谷与鱼鳖不可胜食,材木不可胜用,是使民养生丧死无憾也。养生丧死无憾,王道之始也。"(《孟子·梁惠王上》)荀子则认为真正的"圣王之制"要做到"草木荣华滋硕之时，则斧斤不入山林，不夭其生，不绝其长也。鼋鼍鱼鳖鳅鳣孕别之时，罔罟毒药不入泽，不夭其生，不绝其长也……圣王之用也：上察于天，下错于地，塞备天地之间，加施万物之上，微而明，短而长，狭而广，神明博大以至约。"(《荀子·王制》)

这些说法或举措都表现出很强的生态意识，即便是在生产力不发达的状态下，在人地矛盾尚不尖锐的时候，古代的学者和统治者已经认识到尊重自然，尊重自然规律，不妨害动植物的生长，不竭泽而渔，从长远利益出发考虑人与自然的关系。在这个原则上，控制人的欲望，用之有节，取之有度，把能不能节制自己的欲望看成是人与禽兽的分界线。

保护和保持生物多样性也是退耕还林还草文化的核心之一。20世纪下半叶以来，中国在自然保护的实践中做出了很多努力，在此过程中也逐渐认识到，自然界是一个庞大、复杂又有机联系的生态系统，各个物种之间、生物与周围环境之间的关系复杂而又紧密。保护自然界的生物多样性是保证人类长久生存的基础。退耕这一实践本身就蕴含着对生物多样性的承认和强调，承认和强调多种经营、多种形态的作业对国计民生的重要性。同时，多样的生命方式和发展形态之间不是各行其是，而是要取得一个平衡，在此过程中实现和谐的多样化，即"和而不同"。

正因为这种"和而不同"的主流思想，传统的主流的农业文化才得以与非主流的草原文化、森林文化，乃至海洋文化和谐相处。也正是在与其他文化的碰撞、交融，甚至冲突之中，中国文化才能保有一个多民族多文化共同发展的态势，也才能实现对农耕之外的其他生活和生产方式的尊重，甚至借鉴。比如草原文化敬天地，因为蓝天白云和茵茵草地是草原人生存的基本条件，在蒙古先民的世界图景里，自然界是自在的组织，有着自己的演化过程和规律，"天"是这一自组织自演化的动力。永恒的苍天是至高无上的大神，天有感情、有眼、有神力，赋予生命，主宰着一切自然事物和人世的福祸，地则赋予形体，是一切生物的养育者和保护者。除天神、地神之外，他们还赋予许多自然物以神性，如山神、水神、树神、动物神、祖先神……，草木的繁茂、河湖的丰盈、五畜的平安等都有赖这些神灵的保佑。

中华传统的生态智慧既滋养了中华文明，在人与自然的关系、生物多样性，以及环境整体性等方面为当代中国，乃至世界开启了尊重自然、面向未来的智慧之门。《人民日报》刊登的习近平总书记的"绿水青山就是金山银山"一文中援引了《论语·述而》的"子钓而不纲，弋不射宿。"和《吕氏春秋》中所说："竭泽而渔，岂不获得？而明年无鱼；焚薮而田，岂不获得？而明年无兽。"退耕还林还草文化正是对这些优秀的传统生态思想的发展与继承，按照生态学原理和经济学原理，运用现代科学技术成果和现代管理手段，将中华民族的传统智慧与当代环境保护思想相结合，将优秀的生态思想与保护民生相结合，着眼于未来，着眼于全球，将退耕还林还草工程继续深入。

三、可持续发展的和谐文化

研究退耕还林还草文化，是为了还原退耕还林还草中的自然之美和人性之美。退耕还林还草的主要目的之一是减少水土流失，根治水患，保持生态平衡的可持续发展。"退耕"是为了实现土地的合理配置和利用，实际上"耕"字从词源上来讲，本身其实已经蕴含这个意思。"耕"字在先秦典籍中已经出现，如《管子·八观》："行其田野，视其耕芸，计其农事"；《山海经·海内经》："稷之孙曰：叔均，是始作牛耕"等。从造字法来看，左边为"耒"，右边为"井"。"耒"是农业工具，"井"既表音，也代表井田，已经可以看出古人对于田地和耕作的规划。

对大自然，尤其是山林河泽的保护和管理可以追溯到尧舜时期。据记载，早在尧舜时期，就有过一种官职叫"虞"，掌管草木鸟兽。郑玄所注的《毛诗正义·秦风·秦谱》中提道："尧时有伯翳者，实皋陶之子，佐禹治水。水土既平，舜命作虞官，掌上下草木鸟兽，赐姓曰嬴。"这里提到的伯翳就是伯益，他协助大禹治水，贡献很大。后来又有"虞师"一职，同样也是掌管山泽的。到了春秋时期，开始有虞候这一官职，负责掌管山泽。《左传·昭公二十年》有记载道："薮之薪蒸，虞候守之。""薮"是象形字，意思是"水草茂密"，也就是说，虞候就是守卫草野的官员。西汉文学家刘向编著的《逸周书·大聚解》中记载："旦闻禹之禁，春三月，山林不登斧，以成草木之长；三月湎不入网罟，以成鱼鳖之长。且以并农力执，成男女之功。夫然则有生而不失其宜，万物不失其性，人不失七事，天不失其时，以成万财。既成，放此为人。此谓正德。"这段话是周公旦对武王所说，进言治国之道。大意是：我听说过禹曾经有禁令，春天的三个月，不许进山林砍伐，以保护草木，使其生长；夏季三个月，不许入江湖捕鱼，以保护鱼类的生长；并且要将农夫之力聚合起来工作，才能实现男耕女织。如果这样做的话，那么，各种生命就不会失去它的生活方式，万物就不会失去它的本性，人就不会耽误他的职份，上天就不会失掉它的规律，就能成就各种的财富。有了财富后，应当发放给人享受。这才是最端正的德行。这里面虽然是在讲政治，但是反映出明确的保护生态环境，以利民生和社会的态度。从此处可看出，古代帝王和统治阶级已经深刻认识到要想确保国泰民安，就应遵守四时节律，尊重大自然的规律，保护生态环境。这种虞官的制度到了西周时代，职责更加明确，统称虞师。比如山虞是保护上林的虞官，而泽虞就是保护薮泽的虞官。山水薮泽是自然万物生长繁殖的场所，都有相应的虞官进行管理。

古代汉语的"退耕"也写作"退畊"，并不是指退耕还林还草，"把耕地退还给自然"的意思，而是"退而耕"，即辞官退隐而专心务农。不少古代诗文里都提到"退耕"的这个含义，比如：

谢灵运："潜虬媚幽姿，飞鸿响远音。薄霄愧云浮，栖川怍渊沉。进德智所拙，退耕力不任。徇禄反穷海，卧疴对空林。"（《登池上楼》）

王维："伯舅吏淮泗，卓鲁方喟然。悠哉自不竞，退耕东皋田。"（《奉送六舅归陆浑》）

李白："小节岂足言，退耕春陵东。归来无产业，生事如转蓬。"（《赠从兄襄阳少府皓》）

苏轼："报国无成空白首，退耕何处有名田。黄鸡白酒云山约，此计当时已浩然。"（《秋兴三首》）

范仲淹："金门不管隽，白云宜退耕。"（《赠张先生》）

陆游："仕不逢时勇退耕，闭门自号景迂生。"（《先少师宣和初有赠晁公以道诗云奴爱才如萧》）

徐贲："谢事返丘壑，退耕理田园。"（《闲居》）

这些诗文中大都把耕田与仕途、官场相对比，或表达了对田园生活的追求，或表达了对生命意义的思考，躬耕虽然劳苦，但是相比官场，却无"车马喧"的烦扰,能够自由自在地"采菊东篱下,悠然见南山"。对比官场上的钩心斗角,诗人们表现出对大自然的热爱,在自然中诗意栖居既表现了他们自己对田园恬静生活的追求,也代表了一种充满生态智慧的哲学和美学思想。类似的是,中国古代对于"生态"一词的理解也是一种对"美"的指涉,比如:

丹茎成叶,翠荫如黛。佳人采撷,动容生态。(《筝赋》)

目如秋水,脸似桃花,长短适中,举动生态,目中未见其二。(《东周列国志·第17回》)

邻鸡野哭如昨日,物色生态能几时。(杜甫:《晓发公安》)

依依旎旎、蝻蝻娟娟,生态真无比。(刘基:《解语花·咏柳》)

不用陂池不用钱,乘舟采向冶湖边。但须插架妆生态,自去疏枝自拣泉。(范景文:《舟行见荷花折插瓶中·其一》)

这里的"生态"大都意为"显露美好的姿态"或"生动的意态"。中国哲学中的美学思想也可以追溯到春秋时期,比如《老子》第四十一章列举了"大白若辱、大方无隅、大器晚成、大音希声、大象无形"五种现象来说明"道"的无为境界。即最白的好像污浊,最方正的没有棱角,最大的器具非人为造就,最大的音乐没有音声,最大的形象没有形象。这里虽然没有直接言明美,但是"大白""大方""大器""大音""大象"本身就代表了一种极致的理想。古人把美学思想贯穿于哲学道理之中,正如庄子所说:"天地有大美而不言,四时有明法而不议,万物有成理而不说。"(《庄子·外篇·知北游》)那么什么是所谓的"大美"? 怎样思索、怎样考虑才能懂得道呢? 如何居处、行事才符合于道? 采用何种方法才能获得道呢? 怎样思索、怎样考虑才能懂得道呢? 如何居处、行事才符合于道? 采用何种方法才能获得道呢?

中国文化影响最大的道家和儒家传统认为,自然即生命的统一体,人与自然密不可分,所以审美也必然是人与自然直接的"善"与"和",这一点不仅反映在视觉上,也反映在听觉上。例如中国国画常以人物、花鸟、山水作为描摹对象,在画中概括了宇宙和人生最基本的三个方面:人与人的关系、人与自然的关系以及大自然的各种生命与人和谐相处。这三者之合构成了宇宙的整体,相得益彰。王羲之的《兰亭集序》被誉为"天下第一行书",其飘若浮云、矫若惊龙的书法笔势也正应和了兰亭自然美景投射到书法家身上的那种超然洒脱。听觉艺术对人与自然的和谐统一毫不逊色。比如庄子认为音乐之美在于表现人的自然情性，其准则是自然而不造作，合乎自然、合乎人的本性。他将声音分为三种："人籁""地籁""天籁"，天籁是音乐美的最高形式，"听不闻其声，视之不风其形，充满天地，苞裹六极。"

中国古代诗人和文学家所追求的理性的田园生活背后也蕴含着人与自然和谐相处的美感。比如陶渊明的"平畴交远风，良苗亦怀新"，山水草木在陶渊明的诗中不再是一堆死物，而是寄托着诗人对自然的无限向往，"暧暧远人村，依依墟里烟。"试想一下，如果只剩了人工制造的耕地，文人墨客们所寄情的山山水水不再具有多样性，那么美还有什么生命力？

西方的文人对大自然给予人类的精神价值有着同样的信仰。比如美国19世纪散文家亨利·梭罗著名的《瓦尔登湖》中写道，"带有瀑布的河流、草地、湖泊、山丘、悬崖或奇异的岩石、一片森林以及散落的原始树木。这些都是美妙的事物。它们具有很高的使用价值，绝非金钱可以购买到。如果一个城镇的居民明智的话，就会不惜高昂的代价来保护这些事物。因为这些事物给人的教益要远远地超过任何雇佣的教师或牧师或任何现存的规范的教育制度。"美国"国家公园"之父，自然作家约翰·缪尔（John Muir）笔下的自然更兼具一种神性之美。"现在，我们在群山中，而群山亦在我们心中，燃烧的热情注满了我们的毛孔和细胞，使得每一根神经都在颤动。我们的血肉之躯仿佛像玻璃似的透明，感应着周围的美，而且在空气、树木、溪流和岩石的激励下，在光波中，成为它真实而不可分割的一部分。"

今天，我们在建设美丽新中国的过程中所产生的退耕还林还草思想，不能不说其中有对我国传统生态美学的继承。现代中国第一次正式提到退耕还林还草的政府行为应该是1949年4月晋西北行政公署发布的《保护与发展林木林业暂行条例（草案）》，其中规定：已开垦而又荒芜了的林地应该还林。森林附近已开林地，如易于造林，应停止耕种而造林，林中小块农田应停耕还林。到了20世纪70年代，一些地方开始探索退耕还林还草工作，提出的口号是"植树造林，绿化祖国"。到20世纪末，退耕还林还草进入了一个新的历史时期。国家加大了对林业的投入，农民的积极性高涨。退耕还林还草作为一项生态工程，正式列为国家生态环境保护与建设项目，2015年10月，党的十八届五中全会把"生态文明建设"首次写进国家五年规划,确立包括"绿色发展"在内的五大新发展理念,党的十九大报告对生态文明建设进一步强调,将"美丽"二字写入社会主义现代化强国目标,将"坚持人与自然和谐共生"作为新时代坚持和发展中国特色社会主义的十四条基本方略之一,"五位一体"的总体布局更加全面。正如习近平总书记指出的,新时代推进生态文明建设,要坚持人与自然和谐共生,坚持节约优先、保护优先、自然恢复为主的方针,像保护眼睛一样保护生态环境,像对待生命一样对待生态环境,让自然生态美景永驻人间,还自然以宁静、和谐、美丽。人与自然和谐共生是我国生态文明建设的本质要求,这既是生态美学的精神内核,也是生态美学发展的价值旨归。生态美学植根于生态存在论哲学观中,人与自然和谐共生的理念就蕴含在生态美学的内涵之中。

美丽中国是生态文明建设的目标要求,生态文明建设是建设美丽中国的必由之路,而退耕就是与治理环境污染、大气污染等同步配合的战略。退耕还林还草项目正式启动20多年来,沙漠变绿洲、雾霾变蓝天的故事比比皆是。曾到毛乌素沙漠考察的联合国环境专家鲍文惊叹连连:"奇迹!这是世界治沙史上的奇迹!"毛乌素沙地曾经是我国四大沙地之一,总面积4.22万平方千米,如今一片片的樟子松苍翠挺拔,境内860万亩流沙全部得到有效治理,创造了"林进沙退"的绿色奇迹。2020年4月22日,陕西省林业局发布数据,榆林市沙化土地治理率已达93.24%,这意味着毛乌素沙地即将退出陕西版图,标志着陕北地区从"生命禁区"到"塞上绿洲"的逆转。毛乌素沙地的"消亡",生物多样性指数不断提高,生动地阐释了中国日益深入人心的绿色发展理念。这个理念是对自然的尊重,也是对绿水青山的美的追求。

四、合理先进的科学文化

中国的农耕文明很早就开始认识到尊重生态规律的重要性,3000多年前的商代甲骨文中已经出现了"田""圃""囿""畎"等有关土地利用的文字,自春秋时期就懂得用地养地以及土地规划的道理。垦田离不开农业生产技术的提高。进入春秋战国之后,黄河流域已经逐步形成了精耕细作的优良技术传统。如今,凭借传统农业技术的力量,以不到世界总耕地7%的土地养活了世界总人口的1/4。世界上许多曾繁荣一时的文明古国已相继衰落下去,相比之下，我国传统农业科技与文化就更加显得突出。

文献记载和考古材料表明，夏王朝时期已经进入青铜时代。青铜农具的出现，是我国农具材料上的一个重大突破，开始了金属农具代替石质农具的漫长过程。夏商周时期我国精耕细作传统农业出现萌芽期。此时出现了中耕农具——钱和镈，说明人们已经初步掌握了中耕除草技术。《诗经·臣工》记载："命我众人：庤乃钱镈，奄观铚艾。"钱即是后来所谓的铲，而镈则是锄。耕作制度在春秋战国时期发生了很大变化，从西周时期的休闲制度逐步向连种制过渡，大抵春秋时期尚是休闲制与连种制并存，到了战国时期连种制已经占主导地位了，《氾胜之书》记载到汉代北方地区已经出现"禾—麦—豆"两年三熟制。大约在战国、秦汉之际，北方地区已逐渐形成一套以精耕细作为特点的传统旱作农业技术。农作制表现在，轮荒休闲耕作制向土地轮作连种制过渡，在其发展过程中，生产工具和生产技术尽管有很大的改进和提高，但就其主要特征而言，直到清代也没有根本性质的变化。中国传统农业技术的精华在这期间基本形成，对世界农业的发展有过积极的影响。重视、继承和发扬传统农业精耕细作技术，使之与现代农业技术合理地结合，保障农业可持续发展，具有十分重要的意义。

根据司马迁《史记·货殖列传》的记载，汉代的江南地区仍是"地广人稀，饭稻羹鱼，或火耕而水耨"，可见那时的江南地区虽有广袤的土地，却因人口稀少和生产力的不发达而得不到很好的开发。至东晋南北朝时期，北方由于游牧民族的入侵和统治，长期处于动乱之中，南方则相对和平稳定。北人大批南下，不仅给南方带来了大批的劳动力，也带来了许多先进的工具与生产技术，使江南地区的土地开发形成了一个高潮。北方人口陆续不断地大量南迁，对土地的需求量急剧增加，其垦殖的范围自然就要扩大到条件较为艰难的山陵及湖沼地区。为在提高土地利用率的同时，保持土壤肥力、减少对自然环境的破坏，中国发展了精耕细作的传统农业。

先进的耕作方法也是提高粮食生产率的主要原因之一。从传说中的大禹治水开始，以防洪排涝为目的的农田沟洫体系已经逐步建立起来，与此相联系的垄作、条播、中耕除草和耦耕等技术相继出现并得到发展，轮荒耕作制代替了撂荒耕作制。据公元前三世纪成书的《周礼》记载，我国古代在经过不定期撂荒和定期轮荒之后，随着人口的增加，很早已经开始了主连作的土地利用方式。但是从宋代以后，闲田旷土日渐稀少，地少人多的矛盾越来越突出。因而开始向水夺田，与山争地。代田法是西汉最为典型的生产方式，其创始人是赵过，他还创造了播种器具耧车和新式耕地器具耦犁，大幅减轻了农民的耕作负担，提高了农业生产效率。西汉时期的犁轻巧灵活，能轻松回旋周转，调节耕深和耕幅，非常适于在面积细小的地块上深耕细作。人力、物力的全面提高使得产量大幅上升，百姓的生活成本降低，先进农业工具的推广和农业生产技术的进步不无贡献。

水利建设也更加速了农业发展，提高了土地的供养能力。古代最著名的水利工程包括郑国渠、都江堰和灵渠。郑国渠于秦王政元年（公元前246）开始修建，首开引泾灌溉之先河，是中国北方延续两千多年基本无间断的第一渠。《史记·河渠书》记载："渠成，注填淤之水，溉泽卤之地四万余顷，收皆亩一钟，于是关中为沃野，无凶年，秦以富强，卒并诸侯，因命曰'郑国渠'。"后人在郑国渠遗址上先后修建了汉代的白公渠、唐代的三白渠、宋代的丰利渠、元代的王御史渠、明代的广惠渠与通济渠、清代的龙洞渠。13处古渠口和26段古渠、古坝集中反映了不同历史时期的引水、蓄水、灌溉的工程技术演变，是名副其实的中国水利发展史的"天然博物馆"。

我国的古代的农业生产就是按照对天时地利的观察和对其规律研究的基础上发展起来的，在仔细观察和掌握气候寒暖变化的基础上规划粮食作物的播种、管理和收获等活动，并形成一定的周期。农时的制定与天象变化相关，包括日影长短、昼夜盈缩、星辰运行轨迹等。中国自古以来就有月令思想，即把天地人间万物的变化纳入到时节变化的规则中，建立人、自然与社会的和谐统一。《尚书·虞书·尧典》记载尧委派羲氏与和氏专职从事天文工作，推算日月星辰运行的规律，并制定出历法，从而指导人们依照时令节气从事生产活动："乃命羲和，钦若昊天，历象日月星辰，敬授民时。"古代的"月令"涉及农作物生产、管理，以及畜牧、农田水利、森林砍伐等。特别是农作物生产方面，包括农具的按时修治准备，劳力的搭配组织，各个家庭土地的分配，因地制宜种植作物的指导和及时劝种，作物生长情况的观察和管理，及时收获等等，都有明确的时限和操作的指示。我们熟悉的二十四节气更是为农耕提供了时节的参考，以安排作物轮茬。

退耕还林还草视域下的生态农业就是要将农业置于与其他产业之间的关

系网中，把种植业与林、牧、副、渔等产业和文化结合起来通盘考虑，利用传统农业精华和现代科技成果，通过人工设计生态工程，协调发展与环境之间、资源利用与保护之间的矛盾，形成生态上与经济上两个良性循环，经济、生态、社会三大效益的统一。

21世纪以来，中国制造了很多惊艳世界的中国奇迹。大规模的退耕还林还草使在我国乃至世界上都是一项伟大创举，是一项涵盖了农业、畜牧业、渔业、林业、草业等基础行业的工程，涉及经济、政治、生态等事关当下和未来民生的重要领域。今天我们在谈及"文化"一词时，常用到其宽泛的现代意义，比如生态文化、园林文化、校园文化等等，这类意思基本上属于近现代思想的产物。日语借用汉字"文化"来翻译英文单词"culture"，又将此含义在20世纪初逆输入中国。英语中的culture一词最早出现于15世纪中叶的中世纪末期，相比中国的"文治教化"更体现出其实践和具体的一面。它起源于拉丁语中的cultura，其词根是动词colere，原意是耕作土地、饲养家畜、种植庄稼、居住等，所以与之最密切相关的就是"农业"（agriculture），agri来自词根agro，是"田地"的意思，意思是在田地耕作这类活动中，人与自然紧密关联，是人类改造自然以获得适当生存环境的最初尝试。19世纪英国著名人类学家、英国文化人类学的奠基人、牛津大学第一位人类学教授爱德华·泰勒爵士在1871年出版的两卷本《原始文化——神话，哲学，宗教，语言，艺术和风俗发展的研究》一书中对此概念进行修订，提出文化是一个科学研究领域，是全面的人类行为模式的表现，即一个"复杂的整体，包括知识，信念，艺术，法律，道德，风俗以及人类作为社会成员获得的任何其他能力和习惯。"从这个意义上来说，那么文化的生成和发展过程自然离不开自然环境，是"一个全然的物质过程"。在应对全球气候变化和环境危机的今天，西方学术界也对人地关系，或者人与自然的关系进行了反思，采取了一系列与中国的退耕政策相类似的举措。21世纪以来，西方思想和文化界又涌现出一系列诸如"大地伦理""人类世""生态/环境人文学研究"等新概念、新范式和新思想，为实现人地平衡，人与自然和谐相处的退耕及其他生态修复活动背书。在全球化的今天，在人类命运以及各种生命无法孤立发展的今天，退耕还林还草文化无疑也融入这些新思潮的滚滚洪流之中。

第四章 退耕还林还草与经济社会发展

退耕还林还草工程与经济社会发展的关系，实质上是生态文明建设与经济、政治、社会、文化建设五位一体内部各要素之间的关系，或者说生态文明与物质文明、政治文明、社会文明、精神文明五种文明之间的关系。20多年的实践证明，一方面，退耕还林还草工程促进了经济社会的可持续发展；另一方面，经济社会的发展又为退耕还林还草工程注入了强大动力。

退耕还林还草工程最初定位是一项生态建设工程，而良好的生态环境是人类生存与发展的保障，是经济社会得以发展进步的基础，因此自始至终，生态环境改善都是退耕还林还草工程的主要目标，经济发展是工程的重要目标，政治和谐、文化昌盛与社会进步且可持续发展是工程的最终目标和长远目标。

工程实施之初，是从保护和改善生态环境出发，将易造成水土流失的坡耕地有计划、有步骤地退耕还林还草，当退得了耕、还得上林的最初目标实现后，便进入到注重生态系统和自然环境与经济社会和谐发展的阶段，该阶段主要是综合考虑三农问题的解决以及经济的发展如何与生态系统和自然环境的可持续发展相结合，如何与工程建设的持续稳定开展相结合，从而实现经济社会的又好又快发展与生态系统自然环境可持续发展的共同实现。随着新一轮退耕还林还草工程的启动实施，习近平生态文明思想赋予退耕还林还草工程新的任务和内涵，以及新的更高的目标。

第一节 退耕还林还草与生态建设的关系

党的十八大报告首次把"美丽中国"作为生态文明建设的宏伟目标，要建设美丽中国，拥有一个良好的生态环境是最基础的条件。退耕还林还草工程作为我国一项重大生态建设工程，是加快国土绿化进程、加速生态修复的重大战略举措。工程主要在我国生态环境脆弱地区实施，工程建设本着生态优先的原则,通过20年的不懈努力,为这些地区增加了大量林草植被,昔日的黄沙壑土披上了美丽绿装,扭转与遏制了工程区生态恶化的趋势,极大地改善了生态环境,一些地方"山更绿、水更清、天更蓝、空气更清新"正在逐渐变为现实,工程实施为加快美丽中国建设步伐做出了重大贡献。

一、生态建设要求实施退耕还林还草

实施退耕还林还草是国家加强生态建设的重大举措。退耕还林还草不是为了别的,其本意和初心,就是为了在黄河和长江等中上游地区建起一道绿色生态屏障,发挥保持水土,涵养水源的作用,从而防止中下游地区发生洪水灾害。实践证明,通过20多年的退耕还林还草,黄河、长江的水质变清了,河床淤积变少了,减轻了洪水危害的风险。

其他方面的生态建设与退耕还林还草共同构成美丽中国建设的庞大力量。如果说生态建设是一支庞大队伍,那么林业生态建设、农业生态建设、城市生态建设、海洋生态建设等,就属于不同的方面军。由于森林是陆地生态系统主体,所以林业生态建设事关森林生态系统的健康稳定,属于生态建设队伍的主体力量。退耕还林还草,应该属于林业生态建设队伍中的一支铁军,与其他方面军相互配合,遥相呼应,在不同的战场上作战,共同夺取生态文明建设这场持久战的伟大胜利。

(一)长期毁林开荒导致生态环境严重破坏

我国森林资源在远古时代极为丰富,最高时期森林覆盖率可达64%。主要分布于当时年降雨量400毫米等雨量线以东以南地区。随着历史的发展,人口不断增长,森林资源渐趋减少。森林遭破坏的原因,在古代主要是火田火猎、农垦、战争、建筑、薪炭等。到近代,由于许多帝国主义的掠夺和以火药武器为手段的战争,再加上各种工业消耗,如造纸、矿柱、枕木等,使森林资源的减损空前加剧。在夏王朝建立至建国初期的近4000年间,中国森林资源大约由60%的覆盖率缩减为10%左右。新中国成立后,尽管大力开展人工造林,但森林资源却仍然入不敷出,生长量难抵消耗量。

我国各个历史时期,由于人口、政治中心和活动区域的变化,森林资源受破坏的地区也有很大变化。在4000年的历史时期,前2000年,森林破坏的地区大部集中在黄河流域;后2000年,由原先的黄河流域,逐渐向长江流域扩展,再到华南、东北和西南等偏远地区,最后则是遍布全国所有林区。

在中国,森林资源的长期破坏,直接的后果便是洪水的发生,而且其强度和频率与森林破坏的程度有密切关系。当然,并非所有地区的森林破坏都会引起洪水。然而,在同一个流域里,上游地区的森林破坏必然会加剧下游地区洪水发生的频度和强度,这是不容争议的。现以黄河、长江流域为例来分析森林与洪水的关系。

1. 黄河流域的森林变迁与洪水灾害

黄河中游地区是中国文明的发源地。从黄帝时期,农业开始产生,进而成为人类文明的重要标志。随后,大量的森林被开垦为农田,其主要方式是放火毁林。所谓"舜使益掌火,益烈山泽而焚之,禽兽逃匿。"(《孟子·滕文公上》)随着人口的增长,人们不得不开垦更多的耕地以满足对粮食的需要。管子曾论述黄帝、虞舜和夏禹的毁林情况:"黄帝之王,谨逃其爪牙,有虞之王,枯泽童山,夏后之王,烧增薮,焚沛泽,不益民之利。"(《管子·国准》)根据史料推测,毁林较为严重的时期,是自黄帝至夏代的数百年间,其毁林地区遍及当时所有农区,较严重的是今天的陕西、山西、河北、河南、安徽等地。

在帝尧时,我国黄河流域发生了大的洪水。当时,"汤汤洪水方割,荡荡怀山襄陵,浩浩滔天。"(《尚书·尧典》)这次洪水造成极其严重的灾难。它引发了大禹治水。"关于这次洪水的原因可能很多,……但黄河中上游森林的减少或消失是这次洪水泛滥的重要原因。"

从此,随着这一地区森林草原植被遭受破坏程度的日益加深,黄河流域的水土流失日益严重,洪水灾害便不断加剧。黄河原称为"河",到西汉初年才有"黄河"之名。据史念海考证,黄土高原的森林覆盖率在西周时期达53%。经历代的破坏,到新中国成立以后只剩下6.1%。

学术界公认,黄河是洪水灾害最严重的一条河流。"自周定王五年(前602)至1938年花园口扒口南泛的2540年间,决口泛滥的年份达543年,一年之中甚至一场洪水之内决溢多次,所以共计决溢次数多达1590余次,较大的改道26次。"水利学家郑肇经总结道:"黄河为患久矣,四千余年间,决溢变迁不可胜数,而大徙之数有六,入海之委有三。……禹河故道,自帝尧八十载(约前2278)至周定王五年(前602),凡历1677年而无大患。其后善治河者,当推东汉王景,景治河功成,东流之局遂定,此后历800余年,无显著之变迁。……溯自大禹治河成功以来,据《黄河年表》统计,决溢总数达1575次之多"。一般地说,随历史的发展,黄河水患日益加重,见表4-1。但也有曲折。东汉以后至北朝中叶以前黄河长期安流,则与这一时期中游地区土地利用上的转农为牧有直接关系。

表4-1 历史时期黄河中下游水患情况统计

时期	年代长短（年）	泛滥次数	决口次数	改道次数	总次数	平均发生一次的时间（年）
夏商周（约前2070—约前221）	1850	7	0	1	8	231.25
秦汉（约前221—220）	441	6	7	3	16	27.56
魏晋南北朝（220—589）	369	5	0	0	5	73.8
隋唐五代十国（581—960）	379	29	35	2	66	5.74
宋金元（960—1368）	408	145	291	7	443	0.92
明（1368—1644）	276	138	301	15	454	0.61
清（1644—1911）	267	83	383	14	480	0.56
中华民国（1912—1936）	25	9	90	4	103	0.24
总计（约前2070—1936）	2006	422	1107	46	1575	1.27

到晚清时期,黄河泛滥经常发生,在1840—1911年的71年间,黄河共计发生"一般、大、特大"灾情27次,平均2.6年一次。给灾难深重的沿河两岸人民带来极大痛苦。黄河为患源于河道淤塞。黄河成了高架河后,久之改道便不可避免。咸丰五年（1855）,黄河决口改道,河水从北厅兰阳汛铜瓦厢决口漫出,主河道断流,河水折向东北,借道山东境内的大清河东流归至渤海湾入海,结束了700年间黄河下游由淮河入海的历史。此后的20年,河水在中原一个三角形冲积扇中自由漫流,每遇洪水之年便四处决口。直到光绪元年（1875）,清政府开始在黄河南岸筑堤,形成今天的黄河下游河道。

由表4-1可见,隋唐对于森林和黄河洪水都是一个关键时期。此前,全国森林覆盖率高达37%以上,洪水为害的频率也较低,秦汉时期虽较严重,也只是平均27.56年发生一次。而经过隋唐以后,从五代开始,全国森林覆盖率降低到33%以下,此时黄河中游地区的森林覆盖率可能降至20%以下（根据史念海研究资料估计）,黄河水患的周期已缩短到不足1年了。

黄河这一母亲河，由于其屡屡成灾，成为中华民族的心腹之患。根治黄河也便成为无数仁人志士的最大心愿。从春秋时，便有"俟河之清，人寿几何"(《左传·襄公八年》)的咏叹，到清朝康熙皇帝把"河务"作为与漕运、平藩并列的三件大事之一。新中国成立后，三代领导人更是十分关注黄河的综合治理，变水害为水利，已经取得很大成就。但是，根治黄河的任务并未完成，它需要多代人作出艰苦努力。

2. 长江流域森林变迁与洪水灾害

长江，过去一直是清水长流。但是随着这一地区人口的增长，人类的活动对自然植被的破坏越来越严重，于是水土流失和洪水灾害便日益加剧。

到五代十国时期，经济文化的重心从黄河流域转移到长江流域，以淮河、秦岭为界，南方人口开始超过北方。宋代在南方开垦大量农田，并兴修水利工程，农业生产有较大发展。宋徽宗大观年间，全国人口已突破1亿，为中国人口增长的一个高峰期。南宋初年(1126—1145)，出现了继西晋"永嘉之乱"后第二次北人南迁的高潮。尤其是清代，人口的高速增长加大了森林的破坏，在华中地区出现大批的"棚民"，进驻山林，垦种山坡。明清两代，广筑宫殿和园林，也消耗了很多木材。由于中原地区已基本上无林可采，长江流域便成为森林破坏的重点地区。

有学者研究，长江流域森林覆盖率从2世纪末接近70%，到14世纪中天然森林覆盖率不足40%。进入20世纪，人们对长江流域尤其是长江源头的森林资源进行掠夺式采伐，结果森林覆盖率锐减，水土流失剧增。1957年，长江流域森林覆盖率下降至22%，水土流失面积36.38万平方千米，占流域总面积的20.2%。到1986年，森林覆盖率锐减至10%，水土流失面积猛增到73.94万平方千米，增加了一倍。就水土流失的总量而言，长江早已超过了黄河。

泥沙在湖底、河床形成淤积，使蓄洪、泄洪能力大为降低。至清代中后期，太白湖淤塞，在江汉平原上形成了新的大湖——洪湖。古云梦泽不复存在。同时，原本辽阔的洞庭湖，却逐渐淤塞萎缩，原先6000多平方千米水面，缩到后来不足3000平方千米水域。咸丰二年(1852)，中游荆江段在小水年溃决，开成藕池口，8年后复遇大水被冲成藕池河。同样，同治九年(1870)至十二年(1873)，又在荆江形成松滋河。这两条新河与先前的虎渡、调弦两河一并注入洞庭，使泥沙增加3倍以上。湖床的抬高迫使湖水流向低处耕地，使低地弃田还湖。

长期以来长江流域森林破坏、水土流失的后果是，长江洪水一年比一年更严重。大小水灾，唐代平均18年一次，宋元两代6年一次，明清4年一次，民国以后平均2.5年一次，进入1980年代，洪涝灾害明显增多。长江正在或已经成为我国第二条黄河。从根本上治理长江洪水和水土流失，是我国21世纪的一项重大任务。

从历史分析可知，我国西部地区的森林植被破坏，必然会导致中部和东部地区发生洪水灾害，即"西伐东洪"。或者准确地说，在同一个流域里，上中游地区的森林草原植被的破坏，必然造成中下游地区的洪水，而且洪水发生的强度与频度与上中游森林破坏的程度密切相关。

"西伐东洪"是由我国的气候和地理形势决定的。因为中国西部地势高，处于大江大河的中上游地区，森林遭到采伐破坏以后，森林的蓄水力下降，"减洪增枯"的能力降低。遇大雨，则洪峰速至，引起中下游地区的洪水。同时，森林的破坏加剧了水土流失，大雨过后，泥沙随雨水注入河床，并造成淤积，使河床、湖底抬高，河床、湖泊的容积变小，即使水量不很大也会造成决堤危害。黄河下游从清代变成"悬河"就是由淤积形成的。因此，上中游山地有水不能蓄持，中下游河道行洪不畅，必然导致雨季洪水泛滥成灾。

3. 森林破坏与干旱灾害

洪水与干旱是一对"孪生兄弟"。中国森林的大面积消失，除了会造成洪水灾害外，而且会导致气候干旱、黄河断流、沙尘暴肆虐和土地沙漠化。

沙漠扩张的历史事实。4000年前，中国的森林覆盖率达60%，估计当时的沙漠覆盖率不会超过10%。然而随着历史的发展，沙漠逐渐扩张。时至今日，全国荒漠化土地面积262万平方千米，占国土面积的27.3%，而且每年还以2460平方千米的速度扩展。

最先扩大的是我国西北地区的塔克拉玛干沙漠、阿拉善和河西走廊地区的沙漠。据史书记载，公元前2世纪汉武帝时期，塔克拉玛干沙漠南缘的楼兰、且末、精绝、若羌等地是人口兴旺的绿洲。古楼兰城废弃于376年。而东端的米兰古城在8、9世纪仍然很繁盛。河西走廊地区，在汉代还是通往西域诸国的"丝绸之路"，到唐朝已变为沙漠。河西走廊安西东南的锁阳城、敦煌西部南湖附近的寿昌城、高台南部的骆驼城等,均在盛唐以后相继沙漠化。虽然直接的原因表现为民族战争,但更深刻的原因则是气候的干旱。此后罗布泊变干枯,楼兰等西域古国逐渐消亡。

今天的毛乌素沙漠地区,早在战国时期曾是一片"卧马草地",并有相当数量的森林分布。在十六国时期,还是赫连勃勃的夏国都城统万城的所在地,当时不会没有树木和草原。统万城从修建至毁废历时581年(413—994)。毛乌素沙地环境的形成与演变,是在唐代及其以后的事情。唐代诗人许棠曾写道,"茫茫沙漠广,渐远赫连城"(《全唐诗》卷603)。宋代夏州城已"深在沙漠"(《续资治通鉴长编》卷35)。今天的科尔沁沙地地区,在辽代早期和辽代之前还有树木和草原,是辽国的国都,此后逐渐沙漠化。金代沙漠化已有发生。元明清时期,由于政治中心的南移,沙漠化有所抑制。清代中期以后,农垦和毁林渐重,沙漠化加剧。近一百多年来,科尔沁逐渐成为沙漠化地区。

北京及广大华北地区,近年来春季连续发生沙尘暴和持续高温干旱少雨天气。20世纪90年代以来,黄河出现历史上少有的断流。目前,我国是世界上土地沙化危害最为严重的国家之一,沙漠、戈壁及沙化土地面积有168.9万平方千米,占国土总面积的17.6%,范围涉及全国29个省(自治区、直辖市)的841个县(旗),大部分集中在我国"三北"地区的13个省(自治区、直辖市)。全国荒漠化土地面积262万平方千米,占国土面积的27.3%。全国沙漠化面积呈逐年扩大的趋势。在20世纪50年代到70年代沙化面积每年只扩大1560平方千米;80年代平均每年扩大2100平方千米;90年代发展到每年扩大2460平方千米,相当于每年损失一个中等县的土地面积。而且沙漠化危害的范围不断扩大,以沙尘暴为例,据统计20世纪50年代至世纪末造成重大损失的有70多次,其中50年代发生5次;60年代发生8次;70年代发生13次;80年代发生19次;90年代发生23次。以上历史事实证明,中国森林不断减少,沙漠逐渐扩大。

气候变干的历史事实。据史料分析和研究,中国历史时期的气候是由温暖、湿润,向寒冷、干旱逐渐过渡的。这从殷商时期黄河流域能捕到大象、汉武帝时期河南淇县能生长毛竹就可推测出来。据竺可桢研究,从仰韶文化到殷墟时期,我国境内大部分地区的年平均温度比现在高出2摄氏度左右,冬季1月的平均温度比现在高出3~5摄氏度。而且在殷、周、汉、唐时代,温度高于现代。降水量也明显高于现在，许多植被带有程度不等地向北和向西推展的现象，如汉唐时期梅树生长遍布于黄河流域。自汉唐以来，鄂尔多斯高原上的许多湖泊沼泽逐步干涸消失。如高原南部鄂托克前旗城川草滩本为古湖，西汉至北魏为奢延泽，西魏至唐为长泽，清代又为通哈拉克泊，至近代则分缩为沙那淖尔等一群小湖。又如灵武县的鸳鸯湖，明清时还十分宽阔，以后湖面缩小。而榆林县的刀兔、金鸡滩，神木县的大保当，靖边县的海则滩等，古代都是湖泊，据考察大多是唐宋以后枯竭的。再者，气候变化对历史上农牧过渡带会产生影响，甚至会触发社会动荡，这可从北魏平城迁都、元朝中叶岭北地区移民等实例看出来。由此说明，一方面，气候决定森林；另一方面，森林也会影响气候。中国历史时期气候的变化，尤其是干旱半干旱地区的沙漠化，其原因固然与青藏高原的隆起、太阳的活动有关，但由于人为的活动所导致的我国(当然还有周边国家)森林的大规模减少恐怕也是一个十分重要的因素。

(二)建设生态环境良好国家

从世界范围内，中国政府第一个全面系统地提出生态文明建设的国家战略，绝非偶然，而是受到深刻的现实矛盾、优秀的历史传承和广泛的国际背景综合影响的结果。

人口、资源、环境与经济社会发展的现实矛盾，是生态文明诞生的根源。中国是世界上人口最多的发展中国家，生态环境问题十分突出，对生态文明建设的需求十分迫切。改革开放30多年来，国家在经济、政治、文化等各领域都取得了举世瞩目的成就。随着经济的快速发展，城市化、工业化进程不断加快，人类活动对自然生态系统的压力也越来越大。尽管在环境保护和生态建设方面也取得很大进步，但是生态形势极其严峻，长期形成的"高投入、高消耗、高排放和低效率"为特征的粗放型经济增长方式在短期内难以转变，生态恶化已经成为制约经济可持续发展、影响社会安定、危害公众健康的一个重要因素，成为威胁中华民族生存与发展的重大根本性问题。具体表现在森林数量不足、分布不均、结构不合理，土地沙漠化和水土流失的范围在扩大，水旱灾害在加剧，生物多样性锐减等，致使生态总体趋于恶化；城乡之间的大气、水和土壤污染仍在加深，环境污染尚未得到有效遏制。这些生态环境问题对国家的生态安全和人民的身体健康构成严重威胁，满足不了人民追求全面持续发展的需要。例如，1998年长江和嫩江流域的特大洪灾，2005年12月松花江水污染事件，2007年5月江苏无锡太湖蓝藻事件等，都给我们留下许多发人深思的警示和启示。

生态问题发生的原因应是多方面的，固然与我国自然生态脆弱，加之长期遭受历史破坏有关，但更与当代社会人口过快增长、科技和管理的不发达、经济增长方式的粗放型、缺少重视生态建设的政策和机制等有关。根本上与文化有关，与人们的价值观有关。如何在发展经济的同时搞好生态和文化建设，实现经济社会的可持续发展，成为我国必须要破解的重大课题。

生态文明的诞生是中国共产党理论创新的重大成果。在新时期新阶段，我们党和国家顺应时代要求，吸收古今中外人类文明成果，大胆地与时俱进地进行理论创新，提出科学发展观和"建设生态文明"的战略部署，为生态文化建设指明了方向。2007年，党的十七大首次提出"建设生态文明"的重要战略任务，要求到2020年把我国建成生态环境良好的国家。这标志着生态文明在中国大地上正式诞生了。

2012年11月召开的党的十八大对建设生态文明作出全面部署，形成了中国特色社会主义事业"五位一体"的总体布局，并首次将建设生态文明作为执政纲领写入党章，树立了人类建设生态文明的里程碑，开辟了中华民族永续发展的新征程。党中央对生态文明建设高度重视，其认识之深刻、要求之具体是前所未有的。

2013年11月，党的十八届三中全会首次确立了生态文明制度体系，决定实行最严格的源头保护制度、损害赔偿制度、责任追究制度，完善环境治理和生态修复制度，用制度保护生态环境。这为加快生态制度文化改革和建设指明了方向。

2017年10月，习近平总书记在党的十九大报告中，要求加快生态文明体制改革，建设美丽中国。强调人与自然是生命共同体，人类必须尊重自然、顺应自然、保护自然。加大生态系统保护力度，完善天然林保护制度，扩大退耕还林还草。严格保护耕地，扩大轮作休耕试点，健全耕地草原森林河流湖泊休养生息制度，建立市场化、多元化生态补偿机制。

(三)走以生态建设为主的林业发展道路

中国的林业发展理论也走过类似的发展历程。在农业文明时期，农本思想占主导地位,林业思想是农本思想的一部分。从20世纪初开始,我国逐渐向工业文明过渡,直到20世纪80年代,发展林业的主要任务是生产木材,为工农业生产服务。虽然在此期间,受国外林学思想的影响,先驱者们也提出过一些强调森林生态作用的设想,但并没有成为全社会林业发展的主导思想。

20世纪80年代,由于经济无限制的发展,导致全球生态环境恶化,引起各国的关注。联合国成立了环境与发展委员会,由挪威首相G. H. 布伦特兰夫人主持。1987年,他们撰写的《我们共同的未来》报告,全面阐述了可持续发展的概念、定义、标准和对策。它将可持续发展定义为"既满足当代人的需求又不危及后代人满足其需求的发展"。这一概念被1992年联合国环境与发展大会所接受。可持续发展不仅涉及环境问题,而且包括了多个层次的内容,同时具有三大原则:社会公平原则,包括代内公平与代际公平;可持续原则;共同性原则。目前,可持续发展理论已为国际社会所普遍接受,成为指导人类未来发展的共同理论。

同时,森林的生态效益在国内受到空前重视。20世纪80年代初,在学术界以黄秉维和汪振儒为代表,开展了一场关于森林作用问题的大辩论,促进了社会对森林功能的科学认识。此后,全面发挥森林的生态、经济和社会效益的理论越来越多。1992年,雍文涛提出并系统论证了"林业分工论",主张按森林的用途和生产目的,把林业划分为商品林业、公益林业和兼容性林业三大类,其核心问题是通过专业化分工协作提高林业经营的效率。20世纪末至21世纪初,国家陆续试点和启动了天然林保护、退耕还林还草等六大林业重点工程,我国林业呈现出跨越式发展的新局面。

跨入新世纪,我国已进入全面建设小康社会、加快推进社会主义现代化的新的发展阶段。实施可持续发展战略,走生产发展、生活富裕和生态良好的文明发展道路是我国的基本国策。在这个进程中,林业肩负着比以往任何时候都繁重的建设任务。《中国可持续发展林业战略研究》提出"三生态"的林业发展理念。我国林业面临着前所未有的严峻挑战和发展机遇,林业已成为经济和社会可持续发展的重要基础。我国林业正面临着社会主导需求、消费层次、资源配置方式的深刻变化,落后的林业生产力与社会对林业日益增长的多种需求,特别是生态需求的矛盾,已经构成了现阶段乃至今后相当长一段时期内林业发展的主要矛盾。进入 21 世纪，中国林业由木材生产为主向生态建设为主转变是顺应时代要求的必然选择。"三生态"林业战略思想正是综观国际国内形势并经过创新性思考而提出的。新的 21 世纪上半叶，中国林业发展的总体战略思想是：确立以生态建设为主的林业可持续发展道路；建立以森林植被为主体的国土生态安全体系；建设山川秀美的生态文明社会。核心是：生态建设，生态安全，生态文明。这三者之间是相互关联、相辅相成的关系。生态建设是生态安全的基础，生态安全是生态文明的保障，生态文明是生态建设所追求的最终目标。

2003 年 6 月 25 日，中共中央、国务院发出了《关于加快林业发展的决定》，吸收林业战略研究成果，确立了新世纪加快林业发展的指导思想和基本方针。明确提出："在贯彻可持续发展战略中，要赋予林业以重要地位；在生态建设中，要赋予林业以首要地位；在西部大开发中，要赋予林业以基础地位。"在"三生态"战略思想的指导下，新时期的我国林业发展和生态建设迎来了前所未有的大好发展时期。

二、退耕还林还草极大推动生态建设

退耕还林还草是生态建设的新的重要内容。林业是生态建设的主体。在以往，林业生态建设主要是在农耕地之外的荒山荒地、林地上开展植树造林，森林经营利用活动，随着科技进步和经济社会发展水平的提高，加之受洪水影响，到 1999 年粮食生产出现富余，于是正式提出退耕还林还草作为一项新的生态建设工程。

如果将退耕还林还草这项人类实践活动，放在中华文明发展的角度来审视，那么它是一项涉及农耕文明与生态文明的关键性工程。农耕文明的基础是耕地，生态文明的基础之一是森林。因此退耕还林还草，实际上就是实现农耕文明向生态文明的转变，它是一个桥梁。我国通过退耕还林还草，扩大森林面积和森林覆盖率，也就是不断提高生态文明建设水平。

(一) 显著增加植被覆盖度，提高涵养水源能力

退耕还林还草工程 20 年的实践分为 1999 年起实施的前一轮退耕还林和 2014 年起实施的新一轮退耕还林还草。自 1999 年开始，前一轮退耕还林工程历时 15 年，共实施退耕地还林还草 1.39 亿亩、宜林荒山荒地造林 2.62 亿

亩、封山育林 0.46 亿亩，造林总面积 4.47 亿亩；新一轮退耕还林还草工程于 2014 年开始，截至 2019 年，22 个工程省区和新疆生产建设兵团共实施退耕还林还草 6783.8 万亩（其中还林 6150.6 万亩、还草 533.2 万亩、宜林荒山荒地造林 100 万亩）。20 年来，退耕还林还草完成造林面积占同期全国林业重点生态工程造林总面积的 40.5%，工程区生态修复明显加快，短时期内林草植被大幅度增加，森林覆盖率平均提高 4 个多百分点，一些地区提高了十几个甚至几十个百分点。因为森林生态系统特有的水文生态效应，而使森林具有拦蓄降水、涵养土壤水分、补充地下水、调节河川流量和净化水质的功能。据监测，全国 25 个工程省区和新疆生产建设兵团退耕还林每年涵养水源 385.23 亿立方米、保肥 2650.28 万吨。

"我家住在黄土高坡，大风从坡上刮过……"一首在 20 世纪 80 年代唱响中国大江南北的陕北民歌，让黄沙满天、土地贫瘠成为人们对于陕北的第一印象。确实，二十世纪八九十年代的陕北，生态条件恶劣，"晴天一身灰，雨天一脚泥"。当地农民为增加收入，只能尽量多开垦新地、多放牧，结果却是广种薄收，而且羊的四只蹄子和一张嘴就像四把铲子和一张犁，对山上的草地和幼树具有极强的杀伤力，植被遭到了严重破坏，于是便出现了"越穷越垦，越垦越穷，越牧越荒，越荒越牧"的恶性循环。"山是和尚头，沟是千丘丘，三年两头旱，十种九不收"，"开一片片荒地脱一层层皮，下一场场大雨流一回回泥，累死累活饿肚皮，苦日子何时是个尽"这一首首信天游真实地唱出了当时陕北的生态面貌。

为了扭转这种局面，1998 年，吴起县作出"封山退耕、植树种草、舍饲养羊、林牧主导、强农富民"的逆向开发战略决策，一次性淘汰散牧土种山羊 23.8 万只，首开全国封山禁牧的先河；次年，又一次性退耕 25 度以上坡耕地 155.5 万亩，成为全国退耕还林第一县。1999 年，延安市在全国率先开始大规模退耕还林，成为中国退耕还林第一市。

经过 20 年的发展，截至 2019 年，延安全市共完成退耕还林面积 1077.5 万亩（其中吴起县共完成退耕还林面积 206.67 万亩），占全市国土总面积的 19.4%，占全国退耕面积的 2.1%、陕西省的 26.7%。延安市的森林覆盖率由 33.5% 增加到 48.07%，植被覆盖率由 46% 提高到 81.3%，分别较退耕前提高了 15 个百分点和 35 个百分点，将陕西省的绿色版图向北推移 400 千米。

森林覆盖率的增加，提高了土壤涵养水源的能力，同时可以调节坡面径流，削减河川汛期径流量。2013年7月，延安遭受百年不遇的持续多轮强降雨袭击，总降水量为往年同期降水量的5倍，但是由于退耕还林还草工程的实施，山上植被大为改善，尽管大暴雨一连下了三昼夜，洪水泛滥，但灾害轻微，未造成大的人员伤亡。2020年8月3日至5日，延安市累计降水量达到113毫米(延安市多年平均降水量约为550毫米)，属于较强降水天气过程，延安市自然资源局、延安市气象局联合发布地质灾害黄色预警，但是本书调研组一行于8月5日晚间到达延安，通过6日、7日两天的调研，未发现地质灾害现象，当地人民的生活也未受到强降雨天气影响。百姓们都明白这是由于退耕还林增强了延安承受自然灾害的能力，实现了水不下山、泥不出沟。曾有亲人被洪水冲走的一位老人感慨："亏了山上有树，水不下山。现在，村里人再也不用跑洪水了。"

如今的延安，春日山桃山杏盛放，落红成阵；夏日青山吐翠，碧草成芳；秋日层林尽染，硕果累累。"荒山秃岭都不见，疑似置身在江南。只缘退耕还林好，一路青山到延安"。

"对照过去我认不出了你，母亲延安换新衣"。20年退耕还林还草，20年绿色崛起，20年城乡巨变，让贺敬之《回延安》的美好诗句变成了现实。

(二) 明显遏制水土流失和石漠化

我国退耕还林还草工程建设任务主要落实在水土流失较重的西部地区和一些生态环境相对脆弱的石漠化地区。土地沙化和石漠化被比喻为"地球的癌症"，反映了其治理的艰巨性。在以往的粗放经营模式下，由于毁林开荒导致大片森林变为耕地，地面固定植被数量减少，在长期耕作下，土层逐渐变薄且松散，地表很容易受到流水侵蚀，导致水土流失加剧、土壤肥力降低，出现沙漠化等情况。

退耕还林还草工程是从保护和改善生态环境出发，将易造成水土流失和土地沙化的耕地，有计划、有步骤地停止继续耕种，本着因地制宜、适地适树的原则，造林种草、恢复林草植被。在退耕还林还草工程开展后，地表覆盖度不断增加，地面因拥有绿色植被的保护，减轻了降水对表土的冲蚀和溅蚀以及风力侵蚀，减少了土壤侵蚀量，对土壤起到固定作用。同时，因植被根系被固定，侵蚀效应变弱。由于植被可对有机物进行吸收，土壤富营养量降低，减少水土流失。在该工程开展之下，我国土壤质量得到改良，水土流失明显减少，石漠化得到明显遏制，工程区人们的生存环境得到极大改善，对我国生态建设起到了不可忽视的作用。

20世纪末期的延安水土流失严重，"下一场大雨剥一层皮，发一回山水满沟泥"，滚滚延河水呈现出"一碗水半碗沙"的浑浊不清；20世纪末，延安水土流失面积高达2.88万平方千米，每年流入黄河泥沙2.6亿吨，约占入黄泥沙总量的1/6；1997年年底，延安市吴起县水土流失面积占全县土地总面积的97.4%，是黄河中上游地区水土流失最严重的县之一。今天的延安，退耕还林工程区每年涵养水源6.0亿立方米，固土1044.1万吨，年入黄河泥沙由治理前的2.6亿吨降为0.3亿吨，降幅达88%，水土流失总面积减少6716.2平方千米，降低了23%，延安的水变清了。同时资料显示，黄河由浊变清，水土流失锐减，壶口瀑布每年有两个月竟然呈现出"清流飞瀑"的景观。

山西之长在于煤，山西之短在于水，煤与水都同林有着密不可分的关系。山西是资源型经济省份，有着得天独厚的煤炭资源，为全国经济社会发展作出了巨大贡献。然而，随着煤炭长时间、大规模、超强度的开采，加之干旱少雨的气候特征，全省的生态环境长期处于积重难返的境地，山西人民的母亲河——汾河曾一度断流。

山西省坚持把生态建设作为重大政治任务来抓，积极落实国家政策，于世纪之交，开启了生态文明建设新征程。在汾河源头及其两侧、湖库周围等生态地位重要区域，水土流失严重的陡坡耕地及严重沙化耕地，实施退耕还林还草，恢复植被。20年，退耕还林还草2730.3万亩，惠及农户153万户547万人……在历史的长河中，这些数字或许微不足道，但对于祖祖辈辈靠天吃饭的农民而言，却是一段共同见证和参与的岁月。

位于晋西北黄土高原的忻州市静乐县，因区位特殊，其生态建设对汾河流域的生态环境影响较大，静乐县结合新一轮退耕还林还草工程，在汾河流经的山系、沟壑，通过整沟治理提高生态承载力，保护汾河生态安全，在风神山累计集中连片退耕还林还草5.9万亩，工程区林草覆盖率达92%；黄金山区域造林10030亩。目前，全县水土流失面积由退耕还林还草工程实施之初的135万亩减少到52万亩。

山西省静乐县鹅城镇王端庄村新一轮退耕还林还草工程

闻喜县隶属运城市,境内丘陵、塬地、山地占全县国土总面积的近80%。县域内3688个磨盘岭星罗棋布、2600条沟壑纵横交错,退耕还林还草工程实施之初,全县林地面积仅15万余亩,森林覆盖率不足10%,水土流失严重。如今,全县以退耕还林还草为重点营造生态林17万亩,森林覆盖率增加了近10个百分点,有效遏制了水土流失,改善了生态环境。

从昔日"十山九秃头,洪水遍地流",到今天"绿树村边合,青山郭外斜",退耕还林还草工程通过一退一还,搭起了三晋大地的生态骨架,显著地改善了山西省生态脆弱区、重要水源地等重要区位的生态状况,破解了一些地区"生态不美好,环境不留人,儿孙不回家,老大徒伤悲"的困局,打开了广大农民对未来的想象空间,宣示了三晋儿女建设生态文明的壮志雄心。

广西退耕还林主要集中在珠江上游、红水河两岸及石漠化地区等水土流失最严重、生态地位重要、涉及群众生产生活、且恢复森林难度较大的坡耕地实施,截至2019年年底,广西累计完成退耕还林建设任务1536.7万亩,其中退耕地还林402万亩、配套荒山荒地人工造林975.7万亩、封山育林159万亩,增加森林面积1500万亩,森林覆盖率提高了4.3个百分点,有效遏制了水土流失。据工程效益监测结果,坡耕地退耕还林后泥沙流失量比未退耕前减少48.4%,全区每年减少泥沙流失2500万吨。2018年年底,全国岩溶地区第三次石漠化监测结果发布,与2011年第二次石漠化监测结果相比,广西石漠化土地净减少 589.5 万亩,减少率为 20.4%,净减面积超过 1/5,治理成效继续稳居全国第一。

2017 年 12 月,南宁市宾阳县八仙岩国家石漠公园和环江国家石漠公园成为广西首批国家石漠公园,公园内群山连绵,秀峰突兀,岩洞幽深,钟乳奇异,紧邻的清水河畔灵泉汩汩,山水相互映衬。奇山、怪石、幽洞、秀水、灵泉配上碧绿林木、绚丽花草、生态田园,更有灵动的猕猴、多姿的白鹭,构成一幅"绿峰环野立、秀水绕山流"的自然山水画。

曾经的石山纷纷披上"绿衣",清脆悦耳的鸟语回荡山间。石漠化这一顽固的"地球癌症",遭遇了广西林业人顽强而高明的"回春妙手"。开拓创新、脚踏实地的壮乡林业人,把卫星地图中广西片区一处处灰黑斑块,年复一年地逐步变成绿色亮点。

广西壮族自治区崇左市黑水河两岸实施退耕还林和封山育林后,山清水秀生态美

贵州是世界上岩溶地貌发育最典型的地区之一,岩溶出露面积占全省总面积的 61.92%,是全国石漠化面积最大、类型最多、程度最深、危害最重的省份,其中位于贵州省西北部乌蒙山区的毕节市石漠化面积最大,占全省的 19.79%。

毕节市的农作物以马铃薯、玉米为主,过去毕节农民为了填饱肚子"开荒开到边,种地种到天",但是由于海拔较高,气温较低,且石漠化严重,树木不易生长,土地因缺少林草植被的保护而越种越薄,尽管几百万农民年年洒下辛勤的汗水,还是无法基本的温饱需求,毕节陷入了"越穷越垦,越垦越穷"的怪圈。毕节市是贵州省贫困人口最多、贫困发生率最高的地区。

第四章　退耕还林还草与经济社会发展

2000年以来，毕节市众多乡村在国家退耕还林政策扶持鼓励下掀起了退耕还林高潮，凡是25度以上的坡耕地全部退出耕种，用政府补助资金大力植树造林。退耕农户每亩地可以享受到国家300斤粮食补助，毕节人民植绿护绿激情高涨，掀起了毕节的一次绿色革命。

退耕还林还草工程的实施，特别是陡坡耕地退耕还林，对改善毕节的生态环境起到了极其重要的促进作用，工程区水土流失和石漠化危害明显减轻，在很大程度上减少了水土流失，提高了退耕还林区域内森林涵养水源、保持水土的能力，土壤侵蚀模数、土壤流失量明显减少，洪涝等自然灾害的危害程度逐年下降，大大改善了当地的生态环境。

同时，毕节市借助退耕还林还草工程的实施，开展"山、水、田、林、路"石漠化综合治理，创造出了"山上植树造林戴帽子，山腰栽植物、坡改梯横耕聚拢系带子，坡地种草和绿肥铺毯子，山下搞乡镇企业、庭院经济、多种经营抓票子，大田大坝改造中低产田土、兴修水利、推广农业科技种谷子"的"五子登科"治理模式，治理成效耀然凸显，并在省内外得以广泛推广。

20年间，毕节人民精心呵护每一棵树，使乌蒙高原"山顶戴上绿帽子、山腰系上果带子"，全市森林生态环境发生了天翻地覆的变化，昔日荒山秃岭变成了绿水青山，森林覆盖率增速长年超过全省平均增长率，成为全国林业生态建设示范区。而今，一个美丽、富裕的新毕节正在云贵高原崛起。

贵州省毕节市织金县马场镇退耕还林（樱桃）

(三)大幅降低风沙危害

我国荒漠化形势十分严峻。根据1998年国家林业局防治荒漠化办公室材料,我国是世界上荒漠化严重的国家之一。我国的荒漠化土地面积约占国土面积的27.4%,近4亿人口受到荒漠化的影响。土地的沙化给大风起沙制造了物质源泉,因此我国北方地区沙尘暴发生越来越频繁,且强度大,范围广。1998年4月15—21日,自西向东发生了一场席卷我国干旱、半干旱和半湿润地区的强沙尘暴,途经新疆、甘肃、宁夏、陕西、内蒙古、河北和山西西部。4月16日,飘浮在高空的尘土在京津和长江下游以北地区沉降,形成大面积浮尘天气,其中北京、济南等地因浮尘与降雨云系相遇,于是"泥雨"从天而降;宁夏银川因连续下沙子,飞机停飞,人们连呼吸都觉得困难。20世纪末,我国沙化土地面积每年扩展3436平方千米,如今沙化土地面积逐年减少,实现了沙化逆转,其中退耕还林还草工程发挥了重要作用。特别是京津风沙源区,通过长期的退耕还林还草工程实施,有效地减少了沙化面积、减轻了风沙危害,取得了良好效果。

内蒙古自治区位于祖国北部边疆,全区呈狭长形,东西直线距离2400千米,南北跨度1700千米,横跨东北、华北、西北三大区,毗邻八省,是我国北方面积最大、种类最全的生态功能区。内蒙古的生态状况,不仅关系到自治区各族群众的生存发展,也关系东北、华北、西北乃至全国的生态安全。

天苍苍,野茫茫,风吹草低见牛羊,这里有着我国目前保存最完好的草原——呼伦贝尔草原。同时,还分布着巴丹吉林沙漠、腾格里沙漠、科尔沁沙地、毛乌素沙地等一块块黄色"顽疾",占全国荒漠化和沙化土地总面积的1/5。

为了改变风沙干旱严重、生态环境脆弱的局面,内蒙古自治区自2000年开始试点实施退耕还林还草工程,2002年全面实施。截至2018年年底,内蒙古自治区累计完成退耕还林工程任务4507.33万亩,退耕区的地表径流量减少20%以上,泥沙量减少24%以上,地表结皮增加,制止了沙质耕地的进一步沙化,取得了荒漠化和沙化土地面积持续双缩减的骄人成绩,生态状况呈现"整体遏制,局部好转"的崭新局面,走出了一条令世人瞩目的具有内蒙古特色的治沙之路。

据阿拉善盟林业局监测和调查结果显示,经过多年生态建设,在腾格里沙漠东南缘形成了长250千米、宽3~10千米的阻沙带,沙丘高度平均降低了5~6米,实现了风沙从"一年刮两次,一次刮半年"到"刮风不再起沙"的转变,有效地阻挡了沙漠前移。在科尔沁沙地西缘,新修的图哈穿沙公路伸向沙漠腹地,两旁的黄柳、柠条长成1米多高,相互簇拥,一望无际,形成了"绿带锁黄龙"的壮丽景观。在内蒙古的沙区,一条条生态防护林带在沙海中不断延伸,就像是一条条绿色长廊,成为阻挡沙漠蔓延的分水岭,将沙漠从一个整体分成若干区域。肆虐的黄沙被拴在原地,昔日沙进人退的地方出现了人工绿洲。

数字的巨变定格了历史片段,背后却是内蒙古人力斗"沙魔"的不懈努力。占全国总人口不足1.8%的内蒙古人,完成人工造林面积超过全国人工造林总面积的10%,治理风沙危害土地面积超过全国风沙危害土地总面积的10%。巍峨的绿色长城,不仅是北疆的丰碑,更是内蒙古各族人民抵御风沙、搏击干旱的历史见证。从沙进人退到沙退人进,在内蒙古地图上,黄色中的绿色由一点点、一丝丝,逐渐变成一块块、一片片。

内蒙古自治区鄂尔多斯市鄂托克前旗干旱硬梁区沙化耕地还林还草

地处祖国西北内陆、三面环沙的宁夏回族自治区是我国受风沙侵蚀最为严重的地区之一,同时又处在世界气候干旱带上,蒸发量是降雨量的10倍,由于恶劣的自然环境形成了毛乌素、腾格里、乌兰布和三大沙漠及其向中原地带和京津地区风沙侵袭的通道,威胁着区域生态安全。

盐池县地处宁夏中部干旱带，位于毛乌素沙漠南缘，是宁夏回族自治区风沙危害最严重的贫困地区，常年干旱少雨、风大沙多，年平均降雨量220毫米，蒸发量却高达2100毫米，生态环境十分脆弱。

盐池县是宁夏唯一的牧区县，全县有天然草场面积835.4万亩，滩羊产业也成为盐池县农民脱贫富民的主导产业。回溯往昔，1978年，盐池县被国家畜牧总局列为畜牧业现代化综合试验基地县，1979年，羊只饲养量达54万只。此后盐池县持续推广"三高一快"养羊措施，使全县各项畜牧业生产指标均有所提高。然而，过度放牧带来草原生态环境极度恶化，风沙灾害日益严重，让这里成为鼎鼎大名的"沙城"。老乡随口哼唱的顺口溜"一年一场风、从春刮到冬，风吹沙子跑、抬脚不见踪，沙子漫地跑、沙丘比房高"，就是二十世纪七八十年代该地区生存环境最真实的描述。据了解，20世纪80年代初，全县75%的人口和耕地都处在沙区，群众深受风沙侵害苦不堪言。

改变发生在2000年。这一年，退耕还林还草在盐池县拉开序幕，通过封山育林、封山禁牧等措施，盐池县从南到北形成了水源涵养林、水土保持林、护路林、防风固沙林、农田防护林等几道屏障，使沙漠化土地得到治理，不仅大幅度地降低了风沙灾害造成的庄稼倒伏等带来的损失，而且促进了农业的增产增收；许多沙漠化地区植被得以有效恢复，大面积因羊畜啃食生长艰难的林地得以休养生息，封育区内林草茂盛，生物多样性增加，生态环境得以改善。如今来到盐池，当地人总爱用过去和现在来作对比："现在的盐池，沙尘暴几乎绝迹，山美水美草原美！"

借助退耕还林还草工程，宁夏回族自治区率先在全国实现了沙漠化逆转，连续20年沙化、荒漠化土地"双缩减"，沙洲变绿，治理速度大于沙化速度，实现了由"沙进人退"到"绿进沙退"的历史性转变。昔日每年平均60天的沙尘天如今已变成了"稀罕物"，"一年一场风，从春刮到冬"的景象也一去不复返，取而代之的是天蓝地绿、环境优美的"塞上江南"新画卷。旧日的"沙漠县城"——盐池县不仅摘掉了贫困的帽子，还接连捧回"全国防沙治沙先进集体""全国绿化先进县"等重要荣誉。这些可喜的变化，昭示着退耕还林还草的贡献。

(四)保护和恢复生物多样性

森林生态系统蕴藏着丰富的生物资源，它为生物提供生存和繁衍生息的

宁夏回族自治区彭阳县麻辣湾流域退耕还林还草前后对比

场所，对生物的物种有保育功能。20世纪由于人口激增、乱砍滥伐等原因，导致大量野生动物失去生存空间，数量骤减；同时由于生态环境的破坏，很多植物失去了适宜生长的环境，导致很多地区植物种类降低。在退耕还林还草政策实施后，随着森林绿地数量的不断增加，野生动物的生存空间加大，各种动物有了良好的生长、发育和繁衍场所，现有各类植物得到了更好的保护，为动植物种类、种群进一步扩大奠定了基础。由此可见，该项工程的实施对生物多样性起到极大保护作用，对生态建设具有积极影响。

陕西省在退耕还林还草工程实施后，随着森林植被的快速增加，全省生物多样性得到有效保护和恢复，野生动物种群数量增加，大熊猫、朱鹮等珍稀动物种群扩大。一些地方已经消失多年的狼、狐狸、鹰等飞禽走兽重新出现；野鸳鸯、环颈雉等候鸟回归了；原麝、黑鹳、金钱豹等珍稀物种近年又重现山林之间。据子午岭自然保护区的负责人介绍："现在延安已经发现8种国家一级保护野生动物，有金钱豹、林麝、丹顶鹤、褐马鸡、金雕、大鸨、黑鹳，还有白鹳。"

湖北省实施退耕还林还草工程后，退耕还林地的植物物种数明显增多，随着林木的生长和郁闭度增加，退耕还林地草灌层物种组成发生变化，耐荫性植物逐渐代替喜光植物，如灌木优势种火棘、悬钩子、野蔷薇、黄荆条、马桑等已逐渐恢复。

第二节 退耕还林还草与经济发展的关系

经济发展是人类社会发展的前提与基础，是社会生活水平提高的保障和物质基础，是生活质量提高的源泉，同时也是构建社会主义现代化和谐社会的首要任务。退耕还林还草工程在注重增加林草植被、确保生态优先、改善生态的前提下，同时注重与产业结构调整、后续产业发展、促进农业增效与农民增收相结合。退耕还林还草工程改变了我国农村传统的单一农业生产方式，拓宽了农民的增收渠道，农民不再依靠种地来维持生活。国家的政策补贴解决了农民的温饱需求，同时，后续产业增加了经营性收入，林地流转增加了财产性收入，外出务工增加了工资性收入，农民收入更加稳定多样，退耕还林还草工程已成为我国最大的生态建设工程和强农、惠农、富农工程。

一、促进农民经济收入实现多元化

人均经济收入是反映地区经济富强和人民生活水平的关键性指标。在退耕还林还草工程实施过程中，农民所获利益包括长期收益和短期收益。短期收益是指农户参与工程国家给予的现金粮食补贴等；长期收益包括退耕还林还草工程实施后地方经济发展，农民通过从事林业、牧业等其他产业和外出劳务所带来的经济效益。

(一) 直接受益于补助政策

农民群众是退耕还林还草工程的建设者,也是最直接的受益者。为了提高农民退耕还林还草的积极性,解决因退耕而造成的粮食供应减少和生活困难,以及造林所需苗木费用的问题,国家实行了退耕还林还草补助政策,并在《国务院关于进一步做好退耕还林还草试点工作的若干意见》《国务院关于进一步完善退耕还林政策措施的若干意见》《退耕还林条例》以及《国务院关于完善退耕还林政策的通知》中做出明确规定。

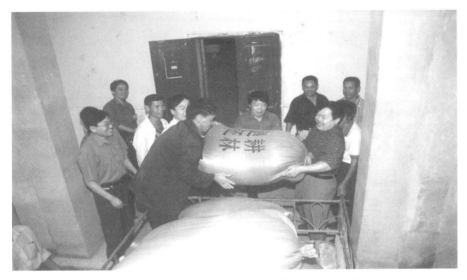

湖南省衡阳县退耕农户在领取退耕还林补助粮食

由于国家采取长期的钱粮补助政策,退耕还林还草注重解决农民的长远生计,农户受益面宽,受益时间长。如宁南山区由于气候干旱,夏粮连年歉收,素有"全国贫困之冠"的称号,但由于实施了退耕还林还草工程,广大退耕农户享受到国家退耕还林还草政策补助而生计无忧。因此,退耕还林还草工程被宁夏人民誉为"民心工程""扶贫工程""德政工程"和"维稳工程"。

退耕还林还草工程实施之前,由于粮食价格比较低,农民卖粮食困难,而且经常遇到各种各样的自然灾害,造成颗粒无收的情况,农民辛苦一年,还要倒贴资金。退耕还林还草工程实施后,农民们开始意识到退耕还林还草的收益远远高于单纯种粮食的收益。这表明,在保证国家粮食生产安全的前提条件下,对于一个农民个体来说,在生态环境脆弱、水土流失和土地沙漠化等自然灾害频发的地区实施退耕还林还草的收益远远高于农民种粮带来的收益，即退耕还林还草是该土地资源在其生产用途中能够获得的最高收入。

全国 4100 万农户参与实施退耕还林还草工程，1.58 亿农民直接受益，经济收入明显增加，截至 2019 年，退耕农户户均累计获得国家补助资金 9000 多元。据统计，退耕还林还草补助占退耕农民人均纯收入的比重接近 10%，西部省区的比重更高一些，有 401 个县退耕还林还草补助占退耕农民人均纯收入的比重高于 20%。

(二) 提升粮食生产能力

退耕还林还草工程改变了农民传统的广种薄收的耕种习惯，有计划地将原本不适宜种植粮食的耕地转化为林地，使得其用，宜林则林，宜农则农，扩大森林面积，从根本上保持水土、改善生态环境，提高现有土地的生产力，对提高粮食单产，实现增产增收具有积极的促进作用。另外，退耕还林还草工程使耕地逐渐呈现出集中化特征，有助于开展规模型、联合型农业生产，从而使当前农业生产方式得以改善，从以往的粗放型生产模式向集约型农业生产方式发展，集中财力、物力加强农田基本水利建设，实现集约化经营，这种现代型的生产方式极大地提升了粮食生产能力。

退耕还林还草工程实施以来，安徽省走"压缩面积、提高单产、提高品质、稳定总产"的路子，在退耕地区通过农田基本建设，建设高产稳产农田和依靠科学技术等综合措施，提高土地的产出率，精种少量的土地，弥补退耕还林还草造成的粮食缺口。因此粮食种植面积虽在结构调整中有所减少，而粮食产量却变化不明显，仍旧维持在供大于求的局面。

内蒙古通过退耕还林还草工程的实施，推进了农牧民生产经营方式的转变，大力实施了精种、精养、高产、高效战略，全区粮食产量稳步提高。1999 年全区粮食总产量为 1428.5 万吨，实施退耕还林还草工程后，在耕地面积减少、连年持续干旱的情况下，粮食产量每年都稳定在 1750 万吨左右。

退耕还林还草工程实施以来，为了促进生态建设与经济建设和谐发展，解决退耕还林还草与粮食种植争夺土地的矛盾，延安市安塞区结合本地区实际情况，通过实践摸索，把退耕还林还草与延河流域治理、农业综合开发、治沟造地、农田水利建设等重点项目相结合，坚持以贫困村为主，按照"三不修"（远山高山不修、陡坡地不修、植被良好的地块不修）的原则，采取人机结合、以机为主的工作措施和项目补助与区、镇、街道筹资配套的方法，围绕村庄大力兴建高标准农田。截至2019年年底，全区农民人均农田达到2.2亩。在具体做法上，一是围绕项目建设农田，结合生态环境建设、延河流域治理、农业综合开发、填沟造田等重点项目工程建设，集中资金投入，在项目区实行常年治理，兴建高标准农田；二是围绕扶贫异地搬迁修农田，把农田基本建设与扶贫开发紧密结合，对异地搬迁的村庄在农田建设上给予政策倾斜，着力改善贫困村的生产条件；三是围绕产业开发修农田，把农田建设与农村主导的产业开发有机结合，围绕产业修农田，建好农田兴产业。通过坚持不懈地建设，极大地改善了农业生产的基础条件，过去以坡地为主的农田格局被打破，大量新建高产稳产的坝地、梯田地代替了低产低效坡地，虽然粮食种植面积在缩小，但是提高了单产效益，耕地质量、粮食单产量却在逐年提升，粮食品质也在不断提高，有效巩固了退耕还林还草工程持续健康发展。

(三) 增加退耕农户打工收入

由于退耕还林还草使得农户原有的耕种任务得到减轻，所以退耕还林还草工程解放了部分农村的劳动力，相应地使农户在外打工的时间延长，使得农户进行非农生产经营的时间延长，打工收入增加，有调查显示，务工收入占到退耕农户家庭总收入的一半以上。退耕还林还草工程建设与农户打工收入的关系体现在数量和质量两个方面。

第一，数量方面。退耕还林还草工程使得退耕户农户需要耕种的土地面积减少，土地面积的减少意味着农户需要在土地上耕种等劳动量减少，每年所需的劳动量的下降使得农业劳作的时间减少，而且由于农业生产的季节性，劳动量的下降也使得打工时间更加连续。由于有国家的补贴，农民单位时间内的农业收入与退耕还林还草之前保持不变，而单位时间中的非农收入由于打工时间的延长而增加。可见参加退耕还林还草后，如农户对自己的生产经营方式进行及时调整，则退耕户每年的打工收入乃至非农收入会有所增加，从而使得退耕户相对于非退耕户而言，收入增长幅度较大，收入的增幅体现出了退耕户因退耕还林还草项目从土地劳作中解放出来的劳动力价值。

第二，质量方面。如前所述，打工时间不但从数量上增加，而且由于退耕户受农业劳作季节性的影响减少使得打工时间更加连续。连续的劳动时间以及增加的劳动时间，对于打工收入的增加具有重要的正向影响，主要体现在两个方面，首先使得农户以及相关用人单位的交易费用下降，农户和相关企业的搜寻成本得到降低，双方不需要重复的花费时间和成本在市场上进行搜寻，打工时间的连续性使得双方可以建立长期的契约关系，双方的交易成本都得到下降，有利于双方生产经营效率的提高。其次，时间的数量和质量的增强使得农户的学习效率增强，从而提高农户的人力资本和生产效率。时间的质量和时长的改善，使得农户和用人单位之间形成长期的稳定契约关系，这使得农户在长期的稳定的生产环境和过程中，技术得到累积，农户在该行业的熟练程度提高，从而提高了自身的劳动生产率，农户掌握了熟练技术，使得用人单位一定程度上降低了平均成本。因此，退耕还林还草工程使得农户打工的时间数量得到延长，质量由此改善，农民工的生产效率得到大幅度提升。

陕西省延安市吴起县街道办南沟村54岁的村民闫志宏，之前是地地道道的陕北庄稼汉，家里种着几十亩耕地，分散在不同的山头，山路又难走，每到秋收季节，山上打好的粮食要靠人工和驴一袋袋往山下背。为了种田，他和妻子每天早晨摸黑到地里干活，晚上再摸黑回来，中午就带点干粮在山上对付着吃，一天下来累弯了腰，但是地里的收成扣除5口人（家中有2个女儿1个儿子）的口粮后便所剩无多。到了冬天，庄稼收完了，为了生火做饭还要上山找柴火，但是那时山上光秃秃的，找柴火也不容易。"真的是一年到头都在山上，在土里刨食儿吃。"回忆起当年的场景，老闫的神情有些暗淡，声音也变得低沉而有些混沌。

刚开始搞封山禁牧、退耕还林的时候，闫志宏是心存顾虑的。其实心里没底的农民不在少数，很多人根本不相信有人可以改变他们祖祖辈辈延续下来的习惯，在他们看来，封山禁牧、退耕还林简直是胡闹，可能两三年就搞不下去了。甚至出现有些农民表面在造林，实际却故意把树苗倒着栽，等树苗枯死后便拿回家当柴烧。

说起退耕还林还草工程实施之初的艰辛，荣获全国植树造林先进个人的闫志宏深有体会。闫志宏担任吴起县街道办南沟村党支部书记二十多年，回忆起当时的情景，他说："退耕还林确实难！以前都在山上放羊，现在要改成圈养，还要把25度以上的坡地全部退出来植树造林，很多农民想不通。当时村里有位70多岁的老人跟我说，他活了这么久，只见过农民每年给国家交粮纳税，从没听过国家每年给老百姓发粮的。现在退那么多地，以后没有粮食，树能吃吗?"当年才34岁的闫志雄,被老人这么一说,心里也曾经感到不踏实。

当年吴起县推行封山禁牧、退耕还林是举全县之力,包括县委书记、县长也常常在村里跟农民开会。"那会儿,每天晚上给大家开会讲政策,白天带着皮尺去量地。到1999年年底,国家给农民兑现了退耕还林补贴款,每亩退耕地可以领到200斤粮食补贴,这比他们之前种三年的粮食还多,还给了种苗费,农民的积极性一下子就被调动起来了!大家伙儿都觉得退耕还林好,不用那么累,还有那么多粮食吃。"闫志宏激动地说。

退耕还林后,山上的农活少了,村民们纷纷开始学习泥瓦匠、木工活、装修等手艺进城务工,家庭收入提高的同时,也开阔了眼界。"山上一对羊,回来老婆娃娃热炕头,好出门不如赖在家。这是以前吴起农民普遍的心态。"闫志宏说,退耕还林后,家家户户开始适应打工,到2015年村里百分之七八十的人都在外面打工,闫志宏也是其中之一。

闫志宏介绍吴起县南沟村退耕还林历程及成效

经过近20年的努力,南沟村共实施退耕还林面积29127.8亩,通过综合治理,流域内林草覆盖率达到92%,满目绿色是南沟村的底色,也是南沟村最大的资源。认识到这一优势,2018年3月,南沟村以农村集体产权制度改革为契机,注册了文化旅游发展公司,将村子开发成生态度假村,开始发展乡村旅游。同年12月28日,吴起县南沟生态度假村旅游景区被评为国家AAA级景区。现在已经建成了窑洞民宿、水上乐园、休闲廊亭等休闲项目。

随着村里旅游业的兴起,外出务工的村民纷纷返回,在景区从事售票、保洁、保安等工作。闫志宏也放弃了城里的工作,回到村里,在景区里从事保安工作,说起现在的工作,老闫充满了幸福感,他说上班的同时,还可以将自家种的玉米、山上采的杏子等农产品拿到景区来卖,每年的经济收入显著提高;在冬天景区进入淡季时,老闫利用景区旺季时的收入带着老伴儿去了海南旅游,老两口来到"天涯海角",望着祖国南海的椰林沙滩,感慨多亏了国家的退耕还林还草政策,改变了他们祖祖辈辈的生存模式,才让他们有机会可以走出南沟村、走出陕北,领略祖国南海的大好风光。

(四)发挥后续产业资源优势

退耕还林还草工程的实施,有效带动了地方产业结构的合理调整,逐步淘汰了一些落后的生产方式,改变了部分群众的日常生活和消费习惯,依托于退耕还林还草工程的特色种植业、养殖业、林产品加工业、乡村旅游业等产业逐渐兴起,促进了农林牧各业的健康协调发展,一些生态恶劣、经济贫困的地区逐步走上了"粮下川、林上山、羊进圈"的良性发展道路,实现了耕地减少、粮食增产、农业增效,农民就业增收门路进一步拓宽扩大,为促进地方经济发展和农民增收致富增添了新的活力。同时依托退耕还林还草工程、基于因地制宜原则发展起来的特色经济林,发展形成了一批地方特色浓郁的地理标识产品,在增加林农经济收入的同时,也为助力地方经济可持续发展打下了坚实基础。

四川省地域辽阔,自然条件复杂多样。在退耕还林还草工程建设中,四川省不断加强绿色富民产业发展力度,坚持因地制宜、分类指导、分区施策原则,通过政策、资金、项目扶持,指导各地加强生态建设与产业发展相结合,合理调整土地利用和种植结构,因地制宜发展木本油料林、特色经果林等,大力推进退耕还林还草后续产业发展。盆中丘陵区重点发展以核桃、花椒、米枣、油茶等为主的特色经济林;盆地山区重点发展以核桃、茶、油橄榄、厚朴等为主的特殊经济林;川西南山地重点发展以核桃、花椒为主的特殊干果林,以芒果、石榴等为主的特色水果林;川西高山区重点发展以核桃、花椒等为主的特殊干果林,以樱桃、苹果等为主的特色水果林。据调查,四川省经济类树种亩均收入 1200~2000 元,核桃、花椒等盛产期亩均收入达 3000 元以上,芒果盛产期亩均收入 6000 元以上。

四川省金阳县青花椒产业让退耕农户的腰包鼓了起来

在退耕还林还草工程实施的过程中,陕西省延安市基于山地苹果具有的恢复植被、保持水土和发展经济、增加收入双重功能,利用苹果最佳优生区的地理优势,按照发展一项产业、富裕一方百姓的思路,大力发展山地苹果产业,全市苹果栽植面积由 1999 年的 142.7 万亩发展到 2019 年的 393 万亩。同时,延安市与中国农科院、西北农林科技大学等科研院校合作攻关,推广普及现代苹果标准化生产技术,实施苹果"后整理",通过大规模建设气调库、智能选果线、果品深加工,延长了产业链、增加了附加值,苹果产值由 2018 年的 128.7 亿元增加到 2019 年的 140.3 亿元,果业收入占农民经营性收入的 50% 以上。13 个县(市、区)全部为陕西省优质苹果基地县,实现了基地县全覆盖,成果陕西第一,全国仅有,既增加了植被覆盖度,又显著增加了农民收入。

经过多年的退耕还林还草工程建设,宁夏回族自治区将工程建设与特色林业产业建设相结合,实行林草结合、林果结合、林药结合,积极发展枸杞、苹果、红枣、仁用杏、木本油料等特色经济林。"宁夏枸杞""灵武长枣""同心圆枣""彭阳红梅杏"等产品被认定为国家地理标志保护产品,在传承传统文化、壮大特色产业、推进精准扶贫等方面发挥了重要作用。

"灵武长枣"喜获丰收

二、有利于农村结构调整

退耕还林还草工程是土地用途的改变,必然带来生产要素的流动,生产要素的流动必然带来产业结构的变化,因此,退耕还林还草工程和农村产业结构具有互动的关系。依据生产要素的禀赋理论,宜林则林,宜农则农,所以退耕还林还草工程可以实现调整农村产业结构,提高退耕区的经济效益,促使地方经济发展。国家通过退耕还林还草工程利用充裕的粮食储备以粮代赈,以粮换林,为我国经济结构的调整提供了支持和机遇。国家无偿地向退耕户提供粮食、现金和种苗费补助,这些补偿政策普遍得到退耕户的拥护,农民普遍认为由国家获得的补偿要比自己种地划算。再加上前些年粮食价格一直低迷,木材价格持续居高不下,由于比较利益的驱使,农民积极主动地进行产业结构调整,退耕还林还草工程实施以来,林业的比重在逐年上升,土地资源得到以合理的配置。

我国实施退耕还林还草工程之前,许多山区、沙区农民广种薄收,农业产业结构单一。退耕还林还草工程将水土流失、风沙危害严重的劣质耕地停止耕种，恢复林草植被，优化了土地利用结构，促进了农业结构调整，使农民从繁重低效的劳作中解放出来，农村生产方式由小农经济向市场经济转变，生产结构由以粮为主向多种经营转变，粮食生产由广种薄收向精耕细作转变，畜牧业生产由散养向舍饲圈养转变，传统农业逐步向现代农业转型，不仅促进了农业生产要素转移集中和木本粮油、干鲜果品、畜牧业发展，保障和提高了农业综合生产能力，而且使许多地区跳出了"越穷越垦、越垦越穷"的恶性循环，大力培育绿色产业，农村面貌焕然一新。部分农民通过发展特色种植业、养殖业、林副产品加工业、乡村旅游业等，既有效利用了农村资源，增加了收入，还创造了大量的就业机会，部分农户退耕还林还草后完全脱离农业生产，转移到城镇从事第二、第三产业，成为产业工人或新型服务业人员，不但改变了生活和就业环境，也推动了当地的工业化和城镇化发展。

退耕还林还草工程实施之前，农村散养的大牲畜较多，且主要是本地品种，全部依赖放牧；退耕和禁牧后，农民开始大力发展畜牧业，以发展奶牛、羊、猪等品种的养殖业为主，并且推行"双改"政策，即改饲养方式和改饲养品种，同时地方政府无偿为舍饲养殖户进行技术指导和服务，加快了畜牧业的产业化进程。笔者于2020年8月到延安市安塞区进行实地调研时发现，由于湖羊具有繁殖速度快、产肉量高、适合圈养等优势，能有效缓解放养山羊对当地生态林木毁灭性破坏的困局。据当地养殖户介绍"一只母湖羊平均每年能生产三只小羊，喂到出栏的时候，一只羊能卖到1000块钱左右，去掉养殖成本700多块钱，能落下300多块钱。"因此，安塞区近年来通过发展壮大以湖羊为重点的羊子产业，形成"湖羊进、山羊退，肉羊产业深加工"的畜牧产业新格局，实现了乡村振兴和生态修复的双赢。

三、助力农村脱贫攻坚

退耕还林还草工程通过多元化发展，形成了众多富有地方特色的绿色基地，从而带动了绿色富民产业的发展，延长了产业链，有力地促进了退耕还林还草各省份工程区经济的又好又快发展，同时退耕还林还草工程的实施促进了大量资金和先进技术流向工程区，推进了我国众多省份的社会主义新农村建设，为退耕户增强自我发展能力、脱贫致富提供了难得的发展机遇，并为精准扶贫做出了巨大贡献。

  退耕还林还草工程区大多是贫困地区和民族地区，工程的扶贫作用日益显现，成为实现国家脱贫攻坚战略的有效抓手。2016—2019 年，全国共安排集中连片特殊困难地区和国家扶贫开发工作重点县退耕还林还草任务 3923 万亩，占 4 年总任务的 75.6%。2020 年，各工程省区在贫困地区实施新一轮退耕还林还草 797.59 万亩，工程直接投入补助资金 87.58 亿元，惠及贫困户 136.4 万户 477 万人。实施新一轮退耕还林还草以来，累计向贫困地区（含三区三州）安排新一轮退耕还林还草任务 5852.65 万亩，占全国总任务的 78.6%；812 个贫困县实施了退耕还林还草，占全国贫困县总数的 97.6%。贫困户因新一轮退耕还林还草解放劳动力产生的劳务收入累计 38.84 亿元，退耕还经济林收入共计 4.90 亿元，林下养殖、种植菌类等其他收入累计 2.59 亿元，户均累计增收 9000 多元。

  云南省对少数民族地区实行退耕还林还草全覆盖，安排到贫困地区和少数民族地区的任务占全省总任务量的 95.6%，贡山县独龙乡人均退耕还林还草 1.75 亩，2018 年农民人均可支配收入达 6122 元，是退耕前的 12 倍，整乡整民族实现脱贫，习近平总书记专门致信祝贺。

  "荒山秃岭不长草，人穷粮少吃不饱"，说的是退耕还林还草前的贵州省毕节市大方县穿岩村。当时，穿岩村人均粮食产量不到 190 千克，有"有女不嫁穿岩村"的说法。可如今再走进穿岩村，昔日的荒山秃岭早已变成茫茫林海。

  种树的人，富起来了。上一轮退耕还林的柳杉、华山松等都已成材，平均树高 25 米，每亩可产木材约 20 立方米。按市场均价 600 元/立方米计算，穿岩村 1.28 万亩林地，仅木材价值就有 1.54 亿元。"全村 1528 户，户均 8 亩林，相当于每家都在山上的'绿色银行'里存了 10 万元。"穿岩村党支部书记王永军说。

  陕西省延安市安塞区高桥镇南沟村是一个名副其实的贫困村，村集体一年到头没有一分钱的收入，完全是一个空壳村。2014 年，随着新一轮退耕还林、封山禁牧政策的实施，促使农民改变了长期以来以粮食种植、野外放牧为主的粗放式发展方式，开始大力发展以林果业、养殖业、棚栽业为主的高效产业，完成植树造林和林分改造 1.2 万亩，新建 1060 亩矮化密植苹果示范园，40亩樱桃园，将南沟村建成了塞北牧场。

生态环境变好后，乡村的发展空间不断被拉大，农业采摘、乡村旅游业快速兴起，吸引了一些企业、个体投资商主动、资源返乡投资建设，大力发展现代产业。南沟村围绕棚栽、草畜、林果三大主导产业开发，全面实施"绿色产业富民"战略，农村产业化水平显著提高。全村人均可支配收入由2014年末的4653元增加到2019年末的15850元，贫困人口人均可支配收入由2014年年末的2375元增加到2019年年末的13146元，南沟村集体由过去的经济空壳村发展成为集体经济2019年产值达到257.4万元，纯收入达到28.6万元，实现了从无到有、由弱到强的实质性转变。南沟村由偏僻落后的贫困村嬗变成为全国扶贫经验交流示范基地，建立了企业、村集体、群众受益链接机制，走出了脱贫攻坚的"南沟路径"，实现了农民富、农业强、农村美。

四、经济增长为退耕还林还草提供物质基础

在农民经济收入实现多元化稳步提高、农村地区整体脱贫之后，为了适应社会经济发展新形势，提高退耕还林还草综合效益，各地退耕工程区政府和主管部门创新模式机制，鼓励和引导社会资本参与工程建设和运营管理，创新和优化投资环境、改善基础设施等发展条件，积极引导企业与退耕农户联合协作，培育新型经营主体，扶持一批龙头企业和生产大户，建立了"合作社+基地+农户""公司+基地+农户"等退耕还林还草模式。"公司+基地+农户"的农业产业化运作模式，降低了农民参与市场的风险，提高了农民收入和龙头企业原材料供应的稳定性，整合和壮大了地方经济参与市场的能力，增加了农业生产的附加值，延长了产业链条，吸纳了部分剩余劳动力，大大推动了区域经济的发展。同时保证了广大工程实施区在实现退得了耕、还得上林的退耕还林还草生态目标、且有力地促进地方经济发展之后，能够持续发挥工程优势，保持经济增长势头，保证广大退耕农户继续实现稳定增收，已经脱贫的地区不再返贫。

云南省临沧市临翔区具有丰饶的茶树资源和优越的生态环境，享有"天下茶尊，红茶之都"的美誉。立足于自身特色，着眼于未来的茶产业市场预期，并结合新一轮退耕还林还草工作的需要，临翔区积极谋划，实施20000亩标准化有机茶种植示范基地、茶产品生产加工中心及休闲体验旅游观光区的开

发建设，建成"临沧市临翔区农村产业融合发展示范园"。按照每位农户管理5亩茶园、茶园亩产鲜叶300千克进行测算，每个农户年保底收入30000元，每个家庭如果有3个劳动力，仅茶叶一项便可实现家庭年收入9万元。示范园项目建设，将促进临翔茶产业转型升级，打造临翔产业旗舰品牌，使得临翔区退耕还林还草工程的经济效益得到最大限度的发挥。

勐库戎氏企业位于临翔退耕还林项目区的茶叶种植基地

四川以退耕还林还草工程建设为契机，鼓励社会非公主体参与工程建设，通过租赁承包、联合经营、股份经营等方式，实现林地资源的集约化利用，并在全省范围内推广"企业+基地+农户""企业+基地+合作社""企业+农户+合作社"的现代林业经营模式，建成多个以速生工业原料林、木本油料作物、珍稀苗木种植及林下种养等为主的规模化产业基地，孵化出一批具有一定社会影响力的林产业龙头企业和品牌，通过其辐射效应，提高林农的参与度，影响并带动社会造林的积极性，促进工程建设成果的巩固。

贵州在退耕还林还草工程实施过程中，抓龙头培育，加快产业化进程。按照《中共贵州省委省人民政府关于大力推进农业产业化经营的意见》，各地选择对退耕农户辐射面大、带动力强的龙头企业和专业合作社，从财政、税收、信贷、金融、科技、外贸、交通、用水用地等方面进行扶持，大力推行"公司+基地+农户""专业合作组织+基地+农户"等模式，实行区域化布局、专业化生产、标准化管理、集约化经营和社会化服务，全面加快林业产业化进程。全省与退耕还林有关生产加工企业1246家，其中国家或省级龙头企业81家，企业年产值64.56亿元，充分带动了全省的就业。普定县曾是石漠化非常严重的地区，退耕还林前，在石旮旯里栽种玉米的产量和收入都很低，每亩年收入不足200元，难以解决当地农民吃饭问题，但通过退耕还林栽种冰脆李后，经济效益比传统栽种玉米翻了几十倍，每亩年收入可达2000元至6000元，大幅度增收不仅有效解决了农民吃饭问题，也提高了农民生活质量；都匀市实施退耕还林工程以前茶农种茶收入不足100万元，通过实施退耕还茶，退耕还茶户均增收2.08万元。茶产业的发展，实现了农民增收，加快了脱贫致富步伐；遵义县2000年通过实施退耕还林，营造自然景观林，依托退耕还林已建成3个森林公园和1个4A级旅游景区，在三渡镇云门囤4A级旅游景区，仅门票一项收入年均就达千万元以上；纳雍县一些退耕农户依托退耕还林发展农家乐逐步兴起，不仅使自身的经济状况得到较大改善，而且通过带动示范作用，也使周边和地方经济得到了较好发展：沙包乡安乐村一退耕农户依托退耕还林栽植的布朗李发展农家乐，目前经果林和农家乐经营年收入过百万元。

第三节　退耕还林还草与社会进步的关系

社会进步是每一个时代所追求的目标。人类社会是不断向前发展的，退耕还林还草工程的实施应该促进社会更快地向前发展。社会的进步可以体现在各个方面，既有物质方面的也有精神方面的，既可以是经济领域的也可以是政治领域的，既表现在生产力方面也表现在生产关系和上层建筑方面。退耕还林还草工程在促进退耕地区经济发展的同时，改善农户生产生活水平、提高人口素质、促进了退耕地区的社会进步和社会安定、调整并优化农户社会地位，为退耕区村庄和居民生活带来了积极的影响，社会效益显著。

一、提高农户生产生活水平

生活质量既是社会进步的结果又是社会进步的动力。生活质量反映了居民对物质生活和精神生活的需求满足程度。生活质量的提高既是社会进步所不断追求的一个目标，又是社会稳定的保障。由于生活质量的提高建立在经济效益提高的基础之上，所以它不仅能够反映一个国家或地方的经济发展水平，也能反映当地的基础设施建设及生态保护状况。退耕还林还草工程的实施效果，最终要反映到人民生活的改善上，农民生活水平的提高成为衡量退耕还林还草工程效果的重要尺度。

首先，退耕还林还草工程的实施，提高了森林覆盖率，生态环境建设明显改善，我国西部和北方地区风沙危害明显减轻，农村环境面貌改观，绿色多了、沙尘少了。另外，退耕还林还草工程对涵养水源、净化水质、防止水土流失和构筑山区绿色生态屏障、绿化美化农村等方面都发挥了重要作用，农村生活环境得到了极大的改善。

其次，退耕还林还草工程的实施，使得农村人均居住面积和居住条件不断改善，大部分为砖瓦房屋或砖混结构，有些富裕农户甚至盖起了两层小楼建筑。农户饮用水的安全有了保障，退耕农户基本上都能吃上安全、卫生的放心水；在通电方面，工程实施区内的所有村庄即便是在交通不便的地方，都用上了电，且农村人均生活用电量在逐年增加；在使用燃料方面，工程区内的大部分村庄已经开始使用燃气等新燃料。

随着工程实施区内农村经济的发展，交通、通信条件也得到了极大改善，为退耕户广开致富门路奠定了基础。因此，退耕还林还草工程对于社会主义新农村建设发挥了巨大的作用。

陕西省延安市安塞区高桥镇南沟村是一个典型的拐沟村，全村有7个村民小组，337户1002人，其中贫困群众45户126人，2013年贫困发生率为12.6%，全村无主导产业，村民都是靠天吃饭，祖祖辈辈面朝黄土背朝天，就在村里的一亩三分地上种植传统农作物，产量低、收入少，那时的南沟村是一个名副其实的贫困村、落后村，交通靠走，通讯靠吼，只有一条三米宽的通村土路，而且村里没有通信讯号，村民有急事连个电话都不能接通。

2014年，随着新一轮退耕还林还草、封山禁牧政策的实施，促使农民改变了长期以来以粮食种植、野外放牧为主的粗放式发展方式，将南沟村建成了塞北牧场。在生态环境变好、农民脱贫致富的同时，南沟村坚持基础提升与公共服务相结合，持续加强基础设施建设投入力度，不断提升村级公共服务能力和水平，推动脱贫攻坚从注重减贫速度向更加注重脱贫质量转变。

五年来，南沟村先后硬化生产生活道路46千米，建大口井8口，机井7口，蓄水池9座，蓄水坝7座，安装更换变压器15台，安全用电、用水均达到100%；建成污水集中处理站1座，新建垃圾屋4座，生活垃圾实现户分类、村收集、镇转运集中处理。村民收入稳步增加，人居环境持续改善，村民过上了幸福的小康生活。

退耕还林还草工程的实施，增加了农民收入，带动了农民消费水平的提高。工程实施以来，各类物质产品和生活用品在原来基础上不断更新、不断丰富，工程区内各村都有就近的小商品店或小超市，农民不需要外出就可以买到生活必需品，农村地区社会消费品零售总额逐年增加。

同时，许多家庭各类家电齐全，电冰箱、洗衣机、热水器、手机、电脑等消费品逐渐走入寻常农家。家庭耐用消费品的拥有量是衡量生活水平的一个重要标志。随着退耕户收入的快速增长，同时受益于"家电下乡""汽车下乡"等一系列消费政策，退耕户家庭耐用消费品的拥有量也不断增加。

退耕后农民的饮食结构发生了重大变化，食物消费量每年也在不断增加，由过去想着吃饱到现在想着吃好。说明退耕还林还草工程的实施，广大农民得到了实惠，农民生活水平确实有了提高。

退耕还林还草工程减少了耕地上的劳动投入，使得从事种植业的人数明显减少，部分农民从土地上解放了出来，农民有更多的闲暇时间用来改善文化生活，工程实施以来，农民投入文化教育娱乐等方面的费用持续增加，进而提高了精神层面的生活质量。

二、提高人口素质

人口素质是社会各子系统发展成果的集中体现，反映人口的文化素质、科技素质和身体素质等方面内容。人口素质的提高，是社会进步的要求，也是社会进步的一个重要标志，现代社会的发展越来越依靠国民素质的提高。在我国，提高广大农民素质也是实现社会主义精神文明建设必不可少的一个环节。

（一）提高农民生态观念

由于我国农村地区文化经济社会相对落后，农户对生态系统和自然环境保护的观念并未完全建立起来。退耕还林还草工程把一部分陡坡耕地和粮食产量而不稳的耕地转化为林地，减少了农民对农业用地的依赖程度，改变了农户土地的使用结构，从而使得农户的生产结构发生了变化，农户的生产经营方式也随之发生了改变，农户对农业用地不再完全依赖，农户的收入结构发生变化，收入的数量和质量有了很大的提升，农户通过信息交流和沟通，这些改变都促使农民重新思考和认识生存与环境的协调问题，这是一场由制度引发的农民生态观念的变革。随着退耕还林还草工程实施的深入和持续推进，该工程的生态效应也渐渐有了显著提升，在感受到周围生态变好的同时，农民对待生态的态度都在逐步发生变化，当地农民对待退耕还林还草工程的态度也由开始的抵制心理逐渐转变为现在的积极参与。目前，我国农民普遍缺乏生态意识，主要原因是农村生态宣传教育普及覆盖面不广，退耕还林还草工程实施区在宣传教育农民生态方面做了大量工作。在实地调研中，农户普遍反映在退耕还林还草工程的实施中，政府会以广播、宣传栏和宣传讲座等形式对生态知识进行宣传，增强了农民的生态意识，农民在感受周围生态变化的同时，也提高了农民参与退耕还林还草的积极性。

退耕农户思想观念也开始转变，从"要我保护"向"我要保护""要我造林"向"我要造林"转变，民众爱林、护林的生态意识提高，生态建设和环境保护已成为全社会的共识，为建设新型农村和建设生态文明打下了坚实的基础。

在陕西、云南和江西三省的实地调研中发现，参与退耕还林还草工程的几乎全部村民都清楚知道退耕还林还草工程的主要目标是保护生态环境，而且大部分农户都知道《森林法》《退耕还林条例》及相关补助政策等。

（二）提高农民科技文化素质

我国退耕还林还草工程的实施提高了农民的平均受教育年限，自2006年起，全国各个省市先后开始推行12年义务教育，被誉为"全国退耕还林第一县"的陕西省吴起县就是率先试行12年义务教育的地区。吴起县在试行12年义务教育期间，将高中教育纳入免费范畴，并且专门为12年义务教育制定了助学金和优秀学生奖学金制度，鼓励广大学子积极接受高中阶段教育。

同时，退耕还林还草工程的实施，提高了当地农民学习科技知识的积极性。退耕还林还草工程需要因地制宜的引进一些林木品种及其相应的种植技术，农民有必要掌握一些基本的农业种植经验和先进的种植技术。广大农民在学历层次不能增加的情况下，对植树造林等科学技术知识的渴求程度极大提高。再加上产业化经营的美好前景，必将有力地带动农民学习农业科技和市场运作规律的热情，为培养"高素质、懂技术、会经营"的新型农村人力资本奠定了坚实的主观基础。

各级地方政府在提高农民素质上也做了大量工作，由国家林业和草原局、地方林草管理部门和各地农林院校的专家教授组成各类培训团队，为县、乡领导、基层林业技术人员、村干部和退耕农户开设培训班，培训的内容有国家"以粮代赈、退耕还林还草政策"、营林技术、育种技术、森林经营、森林保护等，内容涉及广，农民在相关培训中学习到植树造林等科学技术知识，多数农民反映希望自己可以学习到比较实用且易于实践的科技知识，农民文化科技素质明显提高，这反映了因退耕还林还草带来的培训有利于农民学习能力的提高和学习习惯的培养。

在2014年起实施新一轮退耕还林还草工程时，百色市右江区因地制宜，在百色水利枢纽、水库周边和保护区等生态区位重要的地区，选择贫困问题严重且对发展芒果热情较高的村屯发展芒果经济林。其中，四塘镇的鲁平村和永乐镇的石平村，分别有3400亩、2100亩新种芒果地块符合新一轮退耕还林还草政策。新种芒果地块符合新一轮退耕还林还草补助政策，第一年就分别获得补助资金272万多元和168万多元，直接促进了芒果产业大发展。

右江区芒果产业的规模化发展，离不开政府和科研院所为村民提供的技术支持。当地政府定期为村民开展技术培训，讲授何时需要打药、何时需要除草、如何修剪等等技术问题，同时指导不同地区选择不同的芒果品种，将成熟期错开，这样可以延长采收期。村民们在参加技术培训时，还会加入"百色芒果"微信群，遇到什么难题，只要在群里喊一声，就会有专家出来解答。如果遭遇果树病虫害，还可以拍几张照片传到群里，一时间解决方案的信息便一条接一条地传过来了。现代化的信息交流手段，让农民的种植效益得到大幅提升。同时，村民们已经告别用担子挑着芒果到集市上去卖的传统销售方式，纷纷拿起手机，做起了微商，同时快递员也可以到田间地头来收货，物流十分方便。目前，芒果产业已成为当地农民增收的支柱产业。

广西壮族自治区百色市右江区石坪村退耕还林项目区芒果种植基地

三、提高退耕农户社会地位

(一)农民社会地位提高

退耕还林还草工程的实施,使农民成为最直接的工程参与主体和受益主体,首先,由于退耕户从退耕还林还草项目中可以获得稳定的国家补贴,现有的发放制度可确保农户拿到退耕补贴,所以,农民可以安心地参与到退耕还林还草的实施中,退耕还林还草真正成为顺应民意的林业重点工程。在工程实施中,农民可以亲自参与到退耕地的面积丈量以及确认,参与整地、管护、植树等工作以及参与检查和监督工作,这在一定程度上增强了农民社会活动参与意识及参与的积极性,农民参与社会活动和集体活动也开始增多。实地调研中发现,基层干部及农民普遍反映退耕还林还草工程的出台让农民真正得到了实惠。其次,农民通过解放的劳动力和时间,在增加非农收入的同时,也学习到了多元化的技能和文化素质,这在长时间以后会带动农民的整体意识和素质水平,从而从质的方面使自身的社会地位得到提升。

(二)提高农村妇女社会地位

妇女社会地位是衡量一个国家文明进步程度的重要标尺。男女平等是现代文明社会的共识,但是在我国农村的部分地区,妇女的地位仍然不能与男人达到平等。退耕还林还草工程的实施对农村妇女在家庭中地位的提高起到了一定的促进作用。

退耕还林还草工程使农民部分耕地转化为林业用地,耕地面积减少,家庭农业用工量减少,从事耕作的劳动时间也在减少,农村妇女的劳动强度有所下降,使得妇女从过去的繁重的农业劳动中解放出来,也拥有较之前更多的闲暇时间,有更多的时间培育下一代或提高自身素质,同时能把精力投入到非农产业上,从而使妇女劳动收入在家庭总收入中的比重上升,妇女在家庭中的地位明显提高,开始参与决策家庭日常生活中的一些事务,社会认可度也得以提高。因此,可以说退耕还林还草工程的实施,有利于农村妇女的家庭地位和社会地位的提升。

(三)改变农村就业结构

退耕还林还草工程是一场土地利用方式的变革,由种粮到种树,土地的利用性质发生了变化,必然带来生产要素的流动和劳动力投向的变化。由于耕地面积的减少,使一部分劳动力从农业中解放出来,林产工业、森林旅游等第二、第三行业的发展也吸纳了不少的农村剩余劳动力,劳动力内部发生了生产力的转移,第一产业就业人数减少,第二产业尤其是第三产业劳动力就业人数大幅度上升。

大部分地区实现退耕还林还草以后,外出打工人数急剧增加,农村青壮年劳动力不足,一方面如果以外出打工人数来计算农村就业率,那么农村就业人数大幅度上升。此外林业生产与农业生产相比男女老少皆宜,也可以充分利用农村剩余劳动力,促进劳动力的合理分配。

农村剩余劳动力向非农业产业的转移,一方面需要劳动力自身素质的提高,更有赖于劳动力风险承担能力的增强。退耕还林还草工程补偿的发放和落实,在一定程度上为农民提供了部分基本生活保障,提高了农民在城市谋取职业过程中抵抗风险的能力。一般来讲,在二元经济结构中,城市的期望收入高于农村,但城市就业的风险相对较大,收入总体的方差偏高。农民走向城市的初期,往往需要提供一定的安全边际。退耕补偿等的发放,适时地满足了农民的保险需求,促进了农业劳动力的合理流动,也有利于缓解城市的"民工荒"现象。

四、促进社会和谐稳定发展

社会稳定是社会有序运行和健康发展的体现,反映社会秩序、社会治安、社会行为和社会利益关系调整等方面内容。任何一个项目或政策的实施都会或多或少对社会稳定带来一定的影响,有的是正向的,有的则是逆向的,退耕还林还草工程的实施更多的是正向的影响。

(一)干群关系和谐

退耕还林还草工程的实施,政府与农民关系更加紧密。退耕还林还草工程的实施加强了基层干部与群众之间的联系,基层干部广泛宣传国家退耕还林还草工程政策和县、乡级的相关配套政策,基层林业技术人员深入村组、农户,进行全面的林业实用技术宣传,群众在积极参与工程的同时也更加相信政府。随着退耕还林还草各项政策给农民带来好处的增多与退耕前漠视或抵制的态度相比,有了明显的改变;乡镇干部下到农村得到村民的普遍欢迎,与退耕前存在着鲜明的对比;村级干部普遍得到农民的认可,威信很高。退耕还林还草工程的实施,提升了政府形象。

退耕还林还草工程实施过程中公示制度健全,检查验收严格,分配公平合理,政策能及时兑现,农民对政府的信任程度增加。在政策执行过程中,采用的是公开透明、退耕补助标准化的方式,在政策兑现工作中张榜公布钱粮补助、实行钱粮补助"一卡通",按照规定给予农民补助,满足农民退耕后的生活需求。同时设立举报电话、举报箱,主动接受社会和群众监督,这些举措确保了政策兑现公平、公正、公开,得到了广大民众的认可和热情支持,保障了退耕农户利益,使一些地方干群矛盾开始缓解并逐步消除,密切了党群干群关系,有效地促进了地方的和谐稳定。

同时,退耕还林还草工程实施后,农村游手好闲的人少了,农闲时间贪玩的人少了,农村邻里关系得到改善,各类刑事案件发生率降低,农村社会治安持续好转,增加了社会的稳定性。

退耕还林还草工程是一场艰苦卓绝的绿色革命,涌现出一大批精通业务、敬业献身的林业工作者,如重庆市酉阳县林业局退耕办主任黄学军、甘肃省金塔县退耕还林专干张霞、贵州省赤水市基层退耕还林先进人物黄仕平等。

扎根恩施山区30年的郑洪，长期致力于退耕还林工作，为恩施州的退耕还林事业倾注了大量心血，在本职岗位上扎实地完成了各项工作。

2000年春，湖北省恩施土家族苗族自治州咸丰县被确定为全国退耕还林试点县，面对参与热情不高、对退耕补助政策心存疑虑的老百姓，郑洪与咸丰县林业局工作人员不分昼夜，抢抓时间，走村串户，用脚丈量了大半个咸丰县，通过院坝会、田间会与退耕农户交心谈心，讲解退耕还林政策，动员广大农户积极参与退耕还林建设。通过艰苦努力，咸丰县的退耕还林试点示范工作取得了成功经验，确定了"一个模式，两个严格，三个确保，七个结合"的工作思路，确保了退耕还林"退得下、还得上、能致富、不反弹"的效果，为全州乃至全省的退耕还林还草工作提供了可资借鉴的宝贵经验。

新一轮退耕还林还草实施后，郑洪在积累第一轮退耕还林还草经验的基础上，在全州积极倡导将有实力的公司吸引到退耕还林还草建设中来，施行"企业+林业专业合作社+农民"的模式，引导退耕农户发展茶叶、梨、柚子种植等产业，规避果贱伤农的风险。如今，恩施知名度较高的水果、油茶企业都是在这一基础上发展起来的。

(二)促进民族团结与和谐发展

退耕还林还草工程在内蒙古、广西、西藏、云南、宁夏、新疆等民族地区和边疆地区安排了退耕还林还草任务达1.2亿亩，占全国总任务的四分之一，惠及我国几乎所有的少数民族，为维护民族团结和边疆稳定提供了有力的支撑，为维护当地的社会和谐发挥了更加积极的重要作用。

云南省怒江傈僳族自治州贡山独龙族怒族自治县独龙江乡是独龙族主要聚居地，曾是深度贫困地区。经过数轮扶贫开发，特别是独龙江乡整乡推进、独龙族整族帮扶三年行动及两年巩固提升之后，独龙江乡于2018年年底实现所有贫困人口脱贫、贫困村出列，独龙族实现整族脱贫。独龙江乡脱贫攻坚的成就，是在党的坚强领导下，边疆少数民族"一步跨千年"的生动写照。在脱贫过程中，独龙江乡严格贯彻落实《独龙江保护管理条例》，严格执行退耕还林还草、封山禁牧政策，建立"五大员"(生态护林员、环境保洁员、河道管理员、地质灾害监测员、巡边护边员)聘用制度，有效保护生态环境。目前，全乡有313名生态护林员，每名护林员年人均工资达10000元。

云南省临沧市双江拉祜族佤族布朗族傣族自治县，是中国唯一由拉祜族、佤族、布朗族、傣族4个主体民族联合组成的多民族自治县。双江县是北回归线上的绿色明珠，气候属于典型的南亚热带暖湿季风气候。从2014年开始，该县重点发展经济林产业，根据地域地质、气候条件，因地制宜地将核桃、澳洲坚果、冬桃、茶叶等经济林果作为全县退耕还林还草的主要种植树种，走生态效益与经济效益双赢的可持续发展路子。

曾经背靠青山的勐勐镇南宋村，村前村后的林地全部种植玉米、甘蔗等农作物，收益较低，农民长期生活在温饱线下。几年来，县林业和草原局多次到南宋村做群众思想工作，为群众算清生态效益账和增产增收账，发动全村农户在村前村后的坡耕地上，替换传统种植的玉米、甘蔗改为栽种近万余亩澳洲坚果。目前，澳洲坚果产业已成为该村农户增收的重要来源，全村收入万元以上的农户达40余户。

经济收入增加，生活富足之后，结合新农村建设，各族村民在当地政府的帮助下，纷纷修路、建房，改善交通和住宿条件，建起一个个各具民族特色的幸福村寨。南宋村新寨村民小组是一个佤族村寨，如今佤山大变样，新寨换新颜，一座座整洁舒适的新居分布在道路两侧，且退耕还林还草将村民们从以往繁重的农业劳动中解放出来，晚饭过后，老人围坐在屋檐下，悠闲的饮茶、聊天，能歌善舞的佤族阿哥阿妹则跟随音乐跳起欢快的舞蹈，每个人的脸上都洋溢着对于退耕还林还草带来的新生活的满足感。

近年来，双江自治县通过促进文旅融合，大力发展乡村旅游业，先后打造景亢、冰岛、那京、那洛、大营盘等一批乡村旅游示范点，带动乡村旅游直接从业人员1000余人，接待乡村旅游者10.5万余人次。同时，打造了一批有影响力的旅游景区，吸引众多游客前往。这些村寨可以让游客体验民风民俗，品尝少数民族特色小吃，选购少数民族手工制品。

双江县在乡村旅游中充分展示拉祜族"七十二路"打歌、佤族鸡枞陀螺、布朗族纺织技艺、布朗族蜂桶鼓舞、傣族传统手工技艺等国家级（省级）非物质文化遗产；并且由村寨的少数民族群众组成文艺宣传队，为游客表演少数民族歌舞。退耕还林还草政策的实施使少数民族进入了大众的视线，提升了民族自信，加速了各民族之间的文化交流，促进了各民族之间的团结。可见，退耕还林还草工程为民族稳定和社会和谐做出了巨大贡献。

第四节 退耕还林还草与文化兴盛的关系

退耕还林还草将促进构筑国家生态安全基础,为国家和民族的可持续发展提供重要保障。同时,森林和草原生态系统又具有重要的文化服务功能,能够直接增进人们的健康和丰富精神文化生活。反之,中华文化的繁荣兴盛,又会提升人们的科学认知、道德境界和审美品位,使人们更深刻地认识到人与自然共生共荣的关系,认识到退耕还林还草这项历史性举措的生态文明价值,更加热爱自然、热爱祖国、热爱党和人民、热爱新时代美好生活。从而更加珍惜和利用好退耕还林还草这一来之不易、辛勤培育的生态文明成果。

一、退耕还林还草是文明发展的产物

退耕还林还草工程是当代中国文明发展史上的一件波澜壮阔的大事,是文明发展到一定程度的产物。可以说,退耕还林还草是中国文明发展史上的重要里程碑,给我国农村千百年来垦荒种地的生产方式带来沧海桑田的嬗变。从人类的发展历程看,人类文明的发展大致经历了原始文明、农业文明和工业文明三个阶段。目前,人类文明正处于从工业文明向生态文明过渡的阶段。如果说以工业生产为核心的文明是工业文明,那么,生态文明就是以生态产业为主要特征的文明形态。生态文明的核心是人与自然和谐相处,其中森林发挥着无可替代的重要作用,因为森林是人类文明的摇篮,森林是陆地生态系统的主体,森林推动人类文明进步的基石。不同文明形态中,人类对待森林的态度是不同的。退耕还林还草在不同文明形态中的解读也不一样。

(一)退耕还林还草是对原始文明的追忆

原始文明依赖森林。在人类产生、发展、文明的漫漫历史长河中,人类与森林有着血肉难分的关系:人类的祖先由森林动物的一员,逐渐演化成今天的人,从森林中走出来,并依靠森林得以生存。早期人类所获得的食物、衣物、栖息地等,均与森林息息相关。事实上,远古先民的衣、食、住、行种种需要,多数仰仗于森林的无私贡献。人类使用火以后,情况发生了变化,火可以用于照明、取暖、烧熟食物、驱除野兽,火使人类喝上开水、吃上熟肉和其他煮熟的食品,结束了茹毛饮血的时代。熊熊的林火给远祖们带来了丰盛的食物和欢乐。

回归自然作为一种世界潮流文化，是寻根的向往，也是对人类童年期森林生活的追忆。退耕还林还草，把耕地还给自然，既是生态建设的需要，也是当代回归文化的一部分。

(二) 退耕还林还草是对农耕文明的反思

农业文明毁林开垦。大约在1万年以前，人类开始有意识地从事于谷物栽培。他们开辟农田，驯化可食用的植物，标志着人类史上一个崭新的文明时代的开始。有了农耕，人类的食物才在很大程度上得到了保障，才使人类逐步结束了漂泊不定的游猎生活，建立了一座座的村庄。所以，农耕的出现是人类文明的显著进步，是人类史上划时代的事件。然而农耕的出现，却使人类与森林环境之间产生了新的变化，出现了新的矛盾关系。在"杖耕火种""刀耕火种"过程中，人类是以不断破坏森林而获得谷物的。"神农氏教民稼穑"之传说是人类利用森林产物作为耕种工具有力的证明之一。

农耕的出现是人类文明的极大进步，是人类史上划时代的事件。然而农耕的出现，却使人类与自然环境之间再次产生了新的变化。中国是个传统的农业社会，以"开荒种地、男耕女织"为主要特征的农业文明延续了几千年。在农业文明不断发展的同时，我国森林面积不断减少。全国森林覆盖率从历史上的60%左右，一直下降到新中国成立初期的8.6%。"小山耕到顶，大山耕到腰"，"大字报田""石质化地"比比皆是，许多地方陷入了"越穷越垦，越垦越穷"的恶性循环。陕北信天游中"开一片片荒地脱一层层皮，下一场场大雨流一回回泥，累死累活饿肚皮"的歌词就是当时的写照。由于森林日益减少，水土流失和风沙危害日益加重，水灾、旱灾、沙灾等自然灾害日益频繁，不仅给人们生命财产造成巨大损失，而且严重制约着经济社会可持续发展。因此说，退耕还林还草对农耕文明的反思。

(三) 退耕还林还草是工业文明的还债

工业文明需要大量砍伐森林。森林对工业发展起着多方面的作用，它不仅供给工业以燃料、原料，还提供和保护了许多工业部门必不可少的洁净的自然环境。工业发展初期，各行各业的基本燃料是木材或木炭。作为原料，木材则广泛应用于建筑业、兵器制造业、造纸业、造船业、采掘业、交通运输业、家具制造业、人造板、人造丝和木材化学工业之中。工业的发展对木材的需求造成了森林资源的严重消耗。而发展工业需要建设厂房、仓库、商店、住宅、城市、学校、公路、铁路等等，这些都引起了人类占有林地的新需求，从而对林地造成了新的威胁。所以工业文明同样是以牺牲森林作为代价而发展起来的，这在工业发展初期表现得尤其明显。

工业文明提高了砍伐森林的能力。如果说人类文明伊始的熊熊烈火是人猿揖别的最终标志，那么有目的地开发利用森林，则是人类从不发达社会进入发达社会的前奏曲。原始社会，人类缺少砍伐工具，很难砍伐森林。农业文明中铜器和铁器的广泛使用，有了砍伐森林的工具斧头，但砍伐效率很低。工业文明广泛使用机器，人类征服自然改造自的能力大幅提升，可以使用油锯、电锯采伐森林，一个人采伐森林量比使用斧头采伐量提高近100倍。加上道路运输条件的改善，人类采伐森林的能力空前提高。

退耕还林还草是对工业文明的偿债。进入现代工业发展阶段以来，不发达国家和发展中国家的经济发展对森林的开发利用仍然有较强的依赖性，这也是温带森林、热带雨林正在以惊人的速度消失的重要原因。发达国家仍然在木材及其产品上有极强的需求。近代工业发展的几百年的历史，曾造成许多地区的森林过伐，更新欠账，资源枯竭。综观世界，大规模开发利用森林是工业化初期的重要组成部分。我国"一五"期间，森林工业利润缴库达23.7亿元，占全国工业企业利润缴库额10.5%，在全国10个主要工业部门中占第4位。总之，工业文明砍伐了太多的森林，退耕还林还草可以说是对工业文明的欠债。

（四）退耕还林还草是生态文明的践行者

无数惨痛教训，使人类开始认识到，人与自然的关系不应是单纯的索取，人类自身的生存和发展也必须注意合理地利用资源、保护生态，这就是生态文明。生态文明就是按照以人为本的发展观、不侵害后代人生存发展权的道德观、人与自然平等和谐相处的价值观，在推动物质文明、精神文明、政治文明建设的同时，实现人与自然和谐发展。生态文明将成为人类社会发展的主题，21世纪将是生态文明的世纪。作为世界上最大的生态建设工程，退耕还林还草为应对全球气候变化、解决全球生态问题作出了巨大贡献，成为中国高度重视生态建设、认真履行国际公约的标志性工程。

中央林业工作会议上指出的林业的"四大地位"："一是在贯彻可持续发

展战略中林业具有重要地位；二是在生态建设中林业具有首要地位；三是在西部大开发中林业具有基础地位；四在应对气候变化中林业具有特殊地位"。林业的"四大使命"："一是实现科学发展，必须把发展林业作为重大举措；二是建设生态文明，必须把发展林业作为首要任务；三是应对气候变化，必须把发展林业作为战略选择；四是解决'三农'问题，必须把发展林业作为重要途径"。可见，在生态建设中，林业具有首要地位，在生态文明建设中，发展林业作为首要任务。

从主要矛盾看，退耕还林还草抓住了中国生态建设的"牛鼻子"。坡耕地引起的水土流失，仍然是我国最突出的生态问题。我国水土流失面积达295万平方千米，占国土面积的30.7%，年均土壤侵蚀总量达50亿吨，其中占全国水土流失总面积6.7%的坡耕地，产生的水土流失量占全国水土流失总量的28%，在部分坡耕地比较集中的地区，其水土流失量甚至占该地区水土流失总量的50%以上，三峡库区高达73%。严重的水土流失，造成地力严重衰退、耕地质量下降、江河淤积、河床抬高、库容萎缩，严重威胁着人民生产生活和生命财产安全，制约了我国经济社会可持续发展。

从政策投资看，退耕还林还草是中国林业建设的重中之重。截止到2019年，国家林业建设总投资达10000亿元，其中退耕还林还草占5120亿元，退耕还林还草投入占林业总投总的一半以上，是不是重中之重一目了然。林业是中国生态建设的主战场，造林绿化与计划生育都是国策，其他部门如农业生态保护、环境自然保护、水利水土保持等项目投资都不是很大。

总之，在生态文明建设中，发展林业作为首要任务；在林业发展中，退耕还林还草是重中之重；逻辑地说，退耕还林还草是生态文明建设的重中之重，是生态文明建设的践行者。

二、退耕还林还草促进文化繁荣兴盛

实践已经证明，退耕还林还草所增加的不仅仅是绿色和产业，还有乡村传统文化的复兴、美丽田野的诗情画意，价值和行为选择的自觉自信，以及所激发出的人们对美好生活的歌赞、拥抱、理想和希望。

(一)退耕还林还草是人类价值观的变革

在整个文明的进程中，人类将自己的价值等级强加给大地的自然格局——耕地、牧场和森林是按照一种逐步降低的等级来评定的。长期以来，正是这样一种价值观，才导致森林被牧场和一成不变的耕作系统所取代。

如果我们试图理解一样看似独立存在的东西，那么我们将会发现，其实，独立的东西并不存在，一切事物都是有联系的。土地的利用方式决定着森林等自然生态系统的存亡。

种植业的发展和农牧区的扩大，必然导致森林和荒野的不断减少。如果说战争、掠夺建设对森林所造成的破坏还仅是指林木的话，那么，开垦对于森林的破坏就是毁灭性的了。因为，开垦不但毁掉了林木，更主要的是毁掉了林地。对于森林来说，失去了林地，就意味着失去一切。

过去农耕文明时代是过度地向大自然索取，祖祖辈辈毁林开荒，以粮为纲，导致水土流失；认为林地没有多少价值，是荒地。结果是陷入"越穷越垦，越垦越穷"的怪圈，即发展的不可持续性。农业用地的开垦范围不断扩展，大量森林被采伐、破坏，森林的涵养水源、保护土壤等功能下降。

进入工业文明以后，人类坚持以自己的利益为核心，为了追求更高的经济利益，不认同森林本身的价值属性，不顾森林整体的稳定和谐，甚至不为子孙后代所考虑，大肆破坏森林生态环境，才导致了现在严重的生态危机。

现在不同了，森林是生态系统主体，有调节服务、供给服务、文化服务、支撑服务。即我们常说的森林具有生态价值、经济价值、社会文化价值。在这样的价值观指导下，我们开展退耕还林还草，使绿山青山成为金山银山，经济社会实现可持续发展。

时代差异是影响森林文化价值的重要因素，因为时代决定着人的需求与生活方式。原始时代，森林连成一片，人长期生活在森林之中，为了生存的需要而采集食物或狩猎。农耕时代，人离开森林，主要从事农业耕作活动，在一定时间也到森林中从事采伐、采集活动；少数达官、仕人开展"游山"活动、建设园林。这个时代森林变少了，人们在森林中生活的时间也变少了。工业文明时代，人们建造工厂，建设城市，采伐森林。人工造的林子多为用材林、经济林，树种单一，森林美学价值较低。这个时代人们在森林中生活的时间更少了，加之工业污染，由此产生一系列影响人类健康的突出问题。渐渐地，人类迈入生态文明时代，科技发达、信息便捷、生产高效，人们对生活质量、森林游乐和森林康养产生更多的需求，于是花更多的时间选择走进森林，以享受森林的文化服务价值。

现在人们认识到，森林也是具有价值的。森林本身具有系统价值，而森林内部包含的植物、动物等同样具有工具价值和内在价值。作为森林环境道德规范，一方面，要求人们充分认识森林的价值，增强森林意识。以前，森林价值仅被简单地定义其工具价值，如经济价值，但是除了作为生产性资源进行开发外，森林同样具有其内在价值，如森林的保存物种价值、休闲娱乐价值、生态价值等。因此，当代人类亟须改变传统价值观念，充分地认识森林价值，才会对其保护产生道德上的认同感，才能在实践中真正认识到合理利用森林资源的重要性，才能真正促进有利于森林建设的相关政策、法律法规的实施。另一方面，在认识到森林价值之后，针对于森林生态系统的建设，应该进行多价值管理，转变森林管理方式，依据森林的不同价值，利用不同的方法、规则进行实际管理。这与美国吉福德·平肖提出的森林"科学管理、明智利用"的伦理原则有些相似，但是生态整体主义坚持的是非人类中心主义，最终要维护的是整个森林生态系统的完整、稳定和美丽。

（二）退耕还林还草推动生态文明建设

党的十九大报告将生态文明建设提升到前所未有的战略高度，提出了一系列新思想、新要求和新部署。坚决打好污染防治攻坚战，加快补齐生态环境保护短板，建设美丽中国，是我们的责任和使命。

贯彻落实党的十九大关于生态文明建设的决策部署，最为根本的是把习近平总书记生态文明建设重要战略思想，融会贯通到生态环境保护工作的各个方面、领域、环节，指导推动全方位、全地域、全过程生态环境保护建设。大力推进生态文化建设，是重要内容和措施。

退耕还林还草，让我们不仅重新审视了人与自然的关系，而且重新审视了生态与文明的关系。人是自然之子，处理好人与自然的关系，是人类文明进步的永恒课题。一部人类文明的发展史，就是一部人与自然的关系史。生态文明是人类文明发展的新阶段，贯穿于经济建设、政治建设、文化建设、社会建设全过程和各方面。退耕还林还草是生态修复的重要工程，修复生态就是修复文明复兴之基。

今天，我们要实现中华民族的伟大复兴，首先就要恢复良好的生态环境，走生态文明、绿色发展的道路。生态优先原则是退耕还林还草的第一要义。

退耕还林还草还是人与自然关系的重大调整，是思想观念和行为的重大转变，即由过去改造自然、征服自然转变为顺应自然、尊重自然和保护自然。20年来，退耕还林还草不仅"退"出更多绿，"还"来更多富，而且用事实告诉世界：中华民族不但勇于与自然抗争，而且善于与自然和谐共处。20年的实践证明，党中央、国务院关于退耕还林还草的战略决策，是一项具有远见卓识的英明决策，是统筹人与自然和谐发展的卓越实践，已成为人类重建生态系统、建设生态文明、推动可持续发展的成功典范。

让历史告诉未来：绿水青山就是金山银山。"先有生态兴，才有文明兴"的理念将指引中国生态文明建设走向未来。

(三)退耕还林还草蕴含中国传统智慧

在史前时期，中国人将具有"兴云布雨"功能的龙奉为神物加以崇拜。在传说为黄帝时代的作品《弹歌》中，"断竹，续竹。飞土，逐肉"。描绘了森林狩猎的情景。从夏代开始形成社木崇拜的习俗，所谓"夏后氏以松，殷人以柏，周人以栗"。先秦时期，受五行和天人关系思想影响，诸子们提出了仁者乐山、森林以时禁发等主张。在秦汉至隋唐时期，随着森林资源的大量消耗，思想家们提出了人工种植竹木、桑果以满足百姓物质生活需求的建议；同时，森林的宜居功能受到重视，森林哲学和森林美学思想得到发展。在宋至明清时期，林业政绩考核的思想和制度得以建立，深化了对森林佐食、入药、园林、护田、防水灾等功能的认知。近代时期，在遭逢水旱灾害以及内忧外患的严峻形势下，学者们放眼看世界，提出发展林业教育、振兴林政、大规模造林的主张。中华人民共和国成立之后，林业思想从以木材生产为主逐步转向以生态建设为主，提出发挥森林的多种功能，城市林业、森林美学等思想和理论蓬勃兴起。

我国虽然是一个发展中国家，但是已经能够意识到退耕还林还草的重要性，在对该方面工作进行推广、落实的过程中，正持续性的扩大规模。

20年来，从东到西、从北到南，退耕还林还草改善生态的例子比比皆是。比如，退耕还林还草将浑善达克沙地南缘的内蒙古多伦县变成青草绿树的美丽画卷，为扭转风沙紧逼北京城的被动局面作出巨大贡献；退耕还林还草修复了南水北调中线源头——丹江口水库两岸的森林植被，确保一江清水送北京；退耕还林还草为三峡大坝工程库首的湖北省秭归县增加了大片植被，水土流失面积和土壤侵蚀模数大幅下降，为三峡库区建起一道强大的生态屏障；退耕还林还草还为西南部裸露的石漠化地区披上了绿衣裳……可以说，在中华民族伟大复兴的历史关头，退耕还林还草大大拓展了民族生存发展的生态空间。

更为重要的是，通过退耕还林还草，把生态承受力脆弱、不适宜耕种的土地退出来，植树和种草，从源头防治水土流失、减少自然灾害、固碳增汇，也推进了集中连片特困地区脱贫致富，助推实现全面建成小康社会目标。

20年来，通过退耕还林还草，调整了农村产业结构，培育了生态经济型的后续产业，大大促进了林业产业的发展，让退耕户尝到了"生态饭"的甜头。新疆若羌的大枣、甘肃庄浪的苹果、云南临沧的坚果、四川平昌的花椒……许多小果实因此变成了大产业。一些地方的森林旅游、森林康养、森林休闲借助退耕还林还草的东风，如雨后春笋般冒了出来。

以2016年为例，据国家统计局对全国退耕还林（草）农户的监测，时年退耕农户人均可支配收入1万元，比同期全国农村居民收入增速高近3个百分点，其中经营净收入、转移净收入增速分别高约4个百分点和6个百分点；退耕农户人均可支配收入与全国农村居民人均可支配收入之比，2016年比2013年提高了5个百分点。退耕还林还草给千千万万农民带来了看得见、摸得着的实惠。

退耕伊始，人们担心退耕会导致粮食减少，进而威胁到粮食安全。近年来，全国粮食持续增产，退耕还林还草工程区粮食产量不减反增、贡献巨大。实践证明，退耕还林还草促进了林茂粮丰，为确保中国人的饭碗牢牢端在自己的手里发挥了积极的作用。

20年的实践，退耕还林还草给我们留下了诸多启示。由种粮到植树种草，退耕还林还草优化了土地利用结构。树上山，粮下川，羊进圈。因地制宜，宜粮则粮、宜林则林、宜草则草，既符合自然法则，也符合经济规律。生态环境是人类的生存空间，如果牺牲生态换经济发展，最终是连生存空间也保不住，这就是违背自然法则所导致的恶果。退耕还林还草实现了土地资源的优化配置，通过"退"和"还"的方式，将人类欠下的生态账，给自然补回去。这也是"舍得之道"这一古老中国智慧的巧妙运用。

(四)退耕还林还草催生多彩文化活动

退耕还林还草 20 年来取得了重大成绩。面对新形势,为更好地推进今后一个时期退耕还林还草高质量发展,为建设生态文明和美丽中国做出新的更大贡献,国家林业和草原局开展"退耕还林还草高质量发展大讨论"网络征文活动。本次活动围绕新时代退耕还林还草高质量发展的时代背景、基本内涵与目的意义,推动退耕还林还草高质量发展的基本思路、发展方向与阶段目标、重点任务、政策措施,以及阻碍退耕还林还草高质量发展的制约因素与破解办法等展开讨论。广大征文作者紧密结合本省退耕还林还草历史与现实、经验与问题、成绩与发展前景等方面积极建言献策,提出了不少推动新时期退耕还林还草高质量发展的真知灼见,为今后进一步做好退耕还林还草工作统一了思想,凝聚了共识,达到了预期目的。

为进一步扩大新时期退耕还林还草的社会影响力,巩固退耕还林还草建设成果,有序推进退耕还林还草高质量发展,全面助力生态文明和美丽中国建设,国家林草局退耕办组织开展"退耕还林还草标识"(Logo)评选活动。此次系列活动紧扣"绿水青山就是金山银山"的生态文明理念,坚持以习近平生态文明思想为指导,明确参赛者不受年龄、职业、地域、国籍等限制,通过全社会的集思广益、群策群力,全面加强退耕还林还草工作的影响力、凝聚力,为全国退耕还林工作的巩固发展营造良好的文化氛围。

用发展的眼光看,我国将更加需要发挥森林的文化价值,建设文化价值高的森林,可持续性地发展人文林业。提高森林的文化价值,就是要通过调整优化森林结构和添加服务设施,包括充实文化内涵,满足人们对森林的审美、历史、科学、教育、身心健康、游憩等文化需求。只有生态、经济、文化等综合价值高的森林,才会受到人们的喜爱,才会得到有效保护,低价值的森林往往由于满足不了社会文明进步的需求而被淘汰。所以,以前我们苦于没有林子,增加森林是主要任务;如今我们森林多起来了,全国森林覆盖率已达 21.63%,如何用好森林、发挥社会文化效益就成为今后的重大课题。

(五)退耕还林还草彰显老区革命传统精神

在战争年代,赣闽粤原中央苏区、陕甘宁革命老区、大别山革命老区、川陕革命老区、左右江革命老区等重点革命老区养育了中国共产党及其领导的人民军队,提供了坚持长期斗争所需要的人力物力和财力,为壮大革命力量,取得最后胜利,付出了巨大牺牲,作出了极大贡献。革命老区是新中国的摇篮,是新中国社会主义大厦的牢固基石;老区是充满荣誉的,老区的革命传统和历史经验是非常宝贵的精神财富。

老区多处于多省交界地带的山区,交通不便,经济社会发展相对落后,生态敏感脆弱。退耕还林还草工程在安排建设任务时,优先考虑革命老区,结合老区的立地条件以及发展现状,确保应退尽退。如今,以延安为代表的一批革命老区已经通过退耕还林还草工程的实施,生态和经济得到了良性发展。因此,退耕还林还草工程对加快革命老区振兴发展、深入传承红色基因起到了显著的促进作用。

在新时代,为弘扬革命老区精神,继承和发扬东川区的光荣革命传统,在金沙江畔的树桔村,这个对红军战略转移取得胜利具有重要意义的渡口,东川区修建了树桔红军渡长征纪念馆,以雕塑、照片、模型等形式,形象地展示了当地船工和群众帮助红军战士渡过金沙江天险的过程。东川人民用红军长征胜利的生动历史和英雄壮举,在广大干部群众中深入开展长征精神、革命传统、革命理想和信念的宣传教育,宣传红军在中国共产党领导下艰苦卓绝的光辉历程,宣传红军长征在党史和国史上的重要地位,大力弘扬伟大的红军长征精神、民族精神、时代精神,传承好红色基金。遵照习近平总书记"每一代人有每一代人的长征路,每一代人都要走好自己的长征路"的要求,曾有"天南铜都"之称的东川区,面对资源枯竭、生态破坏严重、自然条件恶劣、城乡贫困面大等难题,为了重现东川丰富的植被资源,为人们创建良好的生存及生产环境,促进生态、经济和社会的协调发展,东川区于2000年开始实施退耕还林还草工程,本着因地制宜、适地适树、农户自愿的原则,截至2019年共实施退耕还林还草36.16万亩。

拖布卡源于彝语,意为"森林环绕的村庄",位于昆明市东川区最北部。截至2020年,拖布卡镇共实施退耕还林还草工程项目36806.7亩,涉及拖布卡镇18个村民委员会。拖布卡镇于2018年国家新一轮退耕还林还草中引进企业和本地大户承包农户土地种植经济林果的模式。其中树桔村2018年国家新一轮退耕还林还草种植芒果经济林713.2亩,带动农户374户,每亩土地租金400元;每亩土地农户还能领取退耕还林还草管护补贴2000元;新店房村2018年国家新一轮退耕还林还草种植石榴经济林400余亩、脐橙经济林

700余亩，每亩土地租金150~800元（根据坡度及土壤肥沃度而定）；每亩土地农户还能领取退耕还林还草管护补贴2000元；每年带动当地农户115人务工，务工收入平均每年29200元/人。这种大户承包的方式让农户既收取了土地租金，同时又能享受国家退耕还林还草补贴资金，还解决了部分不能外出农户就近就地就业务工的问题，大幅提高了退耕还林还草土地的经济效益。

云南省昆明市东川区拖布卡镇退耕还林项目区柑橘种植基地

红军长征时期的东川人，顶着枪林弹雨帮助红军战士渡过长征路上的金沙江；新时代的东川人，走上了"在修复生态中发展经济、在发展经济中修复生态"的良性循环路子，走出了一条富绿双增的绿色发展新路子，走好了新时代自己的长征之路！

正如延安人民用延安精神指导退耕还林还草建设。20年来，延安人民扎根圣地，用新时代的"延安精神"吹响了建设美丽延安的新号角，书写了退耕还林还草生态建设的新篇章，夺取了绿色发展新胜利，在红色大地上催生出绿色、经济的退耕还林还草新文化。

此外，还有贵州省黎平县、四川省北川县、湖南省桑植县，等等，这一个个拥有着红色革命历史、绿色生态保护、金色发展希望的革命老区正向世人展示着勃勃生机，并将继续成为祖国大地一个个令人尊敬和骄傲的名字……

(六)退耕还林还草塑造新时代的艰苦创业精神

退耕还林还草工程是一场艰苦卓绝的绿色革命,锻造出了一大批精通业务、敬业献身的林业工作者,培育了陕西省延安市吴起县、广西壮族自治区百色市平果县、四川省泸州市纳溪区等一大批先进典型;铸就了艰苦奋斗、无私奉献,锲而不舍、久久为功的"退耕还林还草精神",丰富和发展了生态文化,成为新时代持续建设美丽中国的强大精神动力和对外展示我国生态文明成就的重要窗口。

扎根恩施山区 30 年的郑洪,长期致力于退耕还林还草工作,为恩施州的退耕还林还草事业倾注了大量心血,在本职岗位上扎实地完成了各项工作。

2000 年春,湖北省恩施土家族苗族自治州咸丰县被确定为全国退耕还林试点县,面对参与热情不高、对退耕补助政策心存疑虑的老百姓,郑洪与咸丰县林业局工作人员不分昼夜,抢抓时间,走村串户,用脚丈量了大半个咸丰县,通过院坝会、田间会与退耕农户交心谈心,讲解退耕还林政策,动员广大农户积极参与退耕还林建设。通过艰苦努力,咸丰县的退耕还林试点示范工作取得了成功,确定了"一个模式,两个严格,三个确保,七个结合"的工作思路,确保了退耕还林"退得下、还得上、能致富、不反弹"的效果,为全州乃至全省的退耕还林还草工作提供了可资借鉴的宝贵经验。

近年来,吴起县林业局在巩固退耕还林成果的同时,针对退耕还林还草具有政策性强、涉及面广、技术要求高、工作复杂等特点,要求每位广大干部职工,尤其是奋斗在一线的退耕还林还草工作者,不断提高自己的政治理论水平和业务知识水平,不断提高自己的实际工作能力;要本着对党、对人民、对历史负责的态度,对自己高标准、严要求,做一名合格的退耕还林还草工作者。

三、文化繁荣兴盛滋养退耕还林还草成果

文化是民族的血脉和精神家园。中华文化从原始文化、农耕文化的漫长历史中走来,经历近代和现代工业文化的发展,又正面临生态文化的兴起。

(一)中国传统农耕文化

强调农为邦本、民以食为天,在历史时期有它的合理性;同时如果不考

虑实际地理条件，一味地夸大、走极端，则会造成对自然生态系统的大破坏。

传统文化有两重性：一是农耕文化，开垦农田，有对自然破坏的一面；二是农耕文化中，也有培育林木、保护生态、天人合一的一面。关键是一个度的问题。

现在，生产力、科技条件与古代和近代相比，大为不同了。对待传统文化，仍然要一分为二，取其精华、去其糟粕。

中国有着厚重天人观的文化底蕴，蕴含着丰富的人与自然相处之道。"天人合一"是中国天人关系总的特征与价值追求，奠定了中国生态文明建设的基调。荀子"明于天人之分""不与天争职"，启示人与自然有区别的统一。"述而不作"思想不是要求人们在自然面前不作为，而是不妄为，要理性认识与改造自然，实现真正的人与自然的解放。

我国古代所倡导的"民胞物与""爱有差等"伦理思想；以及佛家认为万物是佛性的统一、众生平等、万物皆有生存的权利，都可作为我们构建新时期生态伦理学理论的重要思想资料。生态文化要使人们树立尊重自然的新伦理观。一方面，自然生态系统是人工经济——社会生态系统的基础。自然生态系统具有价值，不仅体现在对人有用，也体现在对它自身的发展有用。另一方面，纯粹的第一自然的生态系统并不能完全满足人的需要，人必须在尊重自然规律和经济规律的基础上建设第二自然，以满足自身的需要，同时又不对自然界构成危害。

作为中国传统文化的消极影响在荒漠化上大体表现为，还有相当数量的农民，尤其是荒漠化地区的农牧民，仍然将垦殖作为谋生的唯一出路，在政界则表现为诸侯争霸的封建思想残余和自然经济遗留下来的小生产意识；在知识分子和学术界，中国知识分子的价值观和思维方式上仍存在着一些传统落后的观念，缺乏创新精神。

在中国传统文化中，关于人与自然关系方面的内容，有人类发展的优秀的基因，需要我们传承和弘扬。如天人合一、道法自然、森林以时禁发、禁止滥杀等思想就是重要代表。

我们对于传统文化，需要结合时代的要求，创造性转化、创新性发展。全盘否定的历史虚无主义和全盘肯定的复古主义，都是不可取的，也是行不通的。

(二) 生态优劣关系文明兴衰

近年来，随着经济不断发展和进步，我国能源短缺、环境污染等问题日益严峻。在此背景下，习近平总书记多次在重要讲话中强调建立"资源节约型，环境友好型"社会的重要性，进一步明确了生态文化建设的重要意义，把生态文化建设与经济建设、政治建设有效融合在一起。

2018年5月，习近平总书记在全国生态环境保护大会讲话中指出，生态兴则文明兴，生态衰则文明衰。生态文明建设是关系中华民族永续发展的根本大计。中华民族向来尊重自然、热爱自然，绵延5000多年的中华文明孕育着丰富的生态文化。退耕还林还草作为重建西部良好生态的核心措施和重中之重，关乎中华文明的兴衰。

北宋司马光《资治通鉴》称"天下称富庶者无如陇右"。"陇右"是由陕甘界山的陇山而来，古人以西为右，故称陇山以西为陇右。"是时（唐朝天宝年间，公元742年至756年）中国强盛，自安远门西尽唐境凡万二千里，间阎相望，桑麻翳野，天下称，富庶者无如陇右"。《汉书》（卷28下）记载：秦汉以来，包括北地、安定、天水、陇西、武都、金城、武威、张掖、酒泉、敦煌即河陇地区在内的"秦地天下三分之一，而众不过什三，然量其富居什六"。《史记》（卷129）称"西有羌中之利，北有戎翟之畜，畜牧为天下饶"。陇右或称河陇，地处黄土高原西部，界于青藏、内蒙古、黄土三大高原接合部，包括甘肃大部的这一区域，曾经是历史上中西文化与商贸交流的通道——丝绸之路的必经之地，是汉唐时期人们生活最富有的地方。而到了千年之后的清同治年间（1863年至1875年），封疆大吏左宗棠多次奏报清廷："甘肃贫瘠著名""物产非饶""筹粮饷之难，甲于天下"。仅仅过了一千多年，因何从"富甲"到"苦甲"？

梳理一千多年的甘肃经济社会发展史，人们会自觉把目光投向生态变迁，聚焦陆地生态系统的主体——森林。据专家学者反复研究论证，认为秦汉时期甘肃森林覆盖率有30%，后经秦汉、唐宋、金至清初、清代及民国，共计四次大的森林破坏，到中华人民共和国成立之前，森林覆盖率仅有6%。综合各个时期森林遭破坏的主要原因是开垦，诱因是人口增长之后对耕地的需求，关键是"天下无不可屯之田，亦无不可耕之地"的思想。受这种农耕思想的支配，耕垦面积越来越大，森林的破坏也愈演愈烈。

随着"山腰陡壁皆农家"及"山田区""云上田",以致"山为求薪形渐廋""老树无有尽作柴",当年"涧飞湍瑟瑟,松风急苍苍""古树荫浓""乔木敝茵""榆柳郁葱""竹木野卉俱佳""林泉幽闲"等森林景观不复存在,代之而来的是陇东泾河变"泥河""山顶秃兮时濯濯""林竭山童,风蔽日喧",河西"下游湖泊逐渐干涸,绿洲日益缩小,流沙步步紧逼",而陇中更是"求一木不得见"……因此,甘肃更加深刻地认识到"生态衰则文明衰"。

中华人民共和国成立以来,甘肃不断探索寻找走出"越垦越穷,越穷越垦"贫困怪圈的路径。特别是改革开放以来,1983年,中部(即前文所称的陇中)18个干旱贫困县以"三年停止破坏,五年解决温饱"为生态建设目标,种草种树、改灶供煤、建设基本农田、发展多种经营,多措并举,如期使该地区广大农村群众摆脱了燃料、肥料、饲料"三料"俱缺的困境,基本实现了停止铲草皮、停止烧山灰、停止乱砍树、停止滥垦荒、停止扩大放牧的"三年停止破坏"的目标,为"五年解决温饱"奠定了一定基础。1985年,甘肃根据中共中央1号文件精神,提出在政策上采取退耕补粮、补钱的办法,当年及次年在甘肃定西、天水、庆阳、陇南等9个市州,共计退耕还林还草211.7万亩。虽然计划随后五年在全省实施491万亩未能实现,但是这种大胆超常的生态建设举措,已发出了退耕还林还草的先声。

1999年,国家决定在甘肃等三省试点退耕还林工程后,甘肃各级党委、政府高度重视,全社会动员,全力以赴实施退耕还林工程建设。20年来持续推动,圆满完成了各项任务。其中,前一轮完成退耕还林2845.3万亩,包括退耕地还林1003.3万亩,荒山造林1605.5万亩,封山育林236.5万亩,惠及全省14个市(州)、85个县(市、区)、166.9万农户、728.5万农村人口。

新一轮(2014年至今)退耕还林还草工程启动实施以来,甘肃省委、省政府更加重视,明确要求相关部门科学谋划、统筹安排,将工程实施与全省秦巴山区、六盘山区和藏区三大贫困带的扶贫开发、移民搬迁、特色林果产业建设融合发展,与全省脱贫攻坚协同推进。坚持"严格范围和稳步推进相统一、改善生态和改善民生相统一、农民自愿和政府引导相统一、工程建设数量与质量相统一"的四大原则,将按照河西走廊、中部沿黄河、甘南高原、南部秦巴山地、陇东陇中黄土高原五大区域统筹部署。工程实施六年来,全省已完成退耕还林还草657.8万亩,惠及14个市(州)80个县(市、区)的72.14

万农户。

20年退耕还林还草，让甘肃农村"脱胎换骨"，农民生活条件也发生根本变化，新兴农村、秀美陇原呈现一派蓬勃发展的美丽画卷。退耕还林还草让陇南市彻底改变了过去生态失衡、水土流失严重、溪流河水"一碗河水半碗泥"的生态困境，映入眼帘的是："梦里水乡"凤凰谷、"水墨诗画"花桥村、草河坝、鹿仁、店子、田河……目前，一批各具特色的美丽乡村如繁花般竞相绽放。

（三）退耕还林还草文化支撑作用日趋显著

农民文化素质是反映农民素质的主要内容，在很大程度上决定了农民科技素质和经营管理素质，在农村经济发展中起着重要作用。农民文化素质，通常指其所具有的知识文化水平，反映农民接受文化教育的程度。从群体来看，文化素质状况可用平均接受文化教育年限来衡量，也可用不同文化层次人口占总人口的比例来表示。一个地区农民平均接受文化教育年限越高，或者高级文化层次农民所占比重越大，说明该地区农民文化素质越高。现阶段我国农民文化素质具有水平低、提高缓慢和地区间发展不平衡等特点。

林农文化素质与林业发展息息相关，总的趋势是随着林农文化素质的提高，林业土地生产率、劳动生产率、经济效益和林农收入也逐步提高。究其原因，是由于林农文化素质对技术选择的作用影响着林农生产和经营管理水平。

文化是文明的基础，文明进步离不开文化支撑。退耕还林还草文化，是生态文明的重要内涵。纵观生态环境保护发展历史不难发现，生态环境保护的启迪，源于文化的觉醒；生态环境保护的推动，得益于文化的自觉；生态环境保护的成果，在文化融入中提升。

推动形成绿色发展方式和生活方式，持续改善生态环境质量，是一项系统工程，需要不断提升综合实力。生态"软实力"是生态保护综合实力的重要构成，相对于行政、法治等"硬措施"，"软实力"具有较强的导向力、吸引力和效仿力。生态文化是"软实力"的核心内容，是生态环境保护不可或缺的强大推动力。

（四）生态文化提升退耕还林还草的多种效益

生态文化产业、事业，如森林康养、森林旅游、自然生态教育、森林审美等，可以综合发挥退耕还林还草成果的价值，促进当地百姓就业、增收，也促进社会公众的身心健康、民族文化交融、人的全面发展……

现代林业是以生态、产业、文化为支柱的林业，其中森林文化是三大支柱中最具潜能的支柱。没有文化支撑的林业产业，是缺乏后劲的产业。当人们把森林文化敬畏和崇尚自然的理念、师法自然的理念以及低碳、节能、循环、共生、和谐的理念充分融入到林业产业当中，林业产业的发展才有了坚实的文化支撑和智力保障。

森林文化自身也是蓬勃发展的一个新兴产业。森林文化与创意产业结合起来，就衍生出各式各样的森林文化产业，如森林休闲旅游业、花文化产业、竹文化产业、茶文化产业、绿色食品产业等。森林文化产业已成为现代林业的一大支柱产业，其产值增长速度已远远超过其他林业产业。森林文化研究必须及时为森林文化产业的发展提供理论引领和文化支撑。要充分挖掘森林文化内涵，为森林文化产业的发展注入新的活力，实现森林文化产业主题和内容的生态转向，延长产业链，提高森林文化产品和服务的档次与品位，更好地服务社会和民生。

第五章 退耕还林还草与生态文化

退耕还林还草工程是为合理利用土地资源、增加林草植被、再造秀美山川、维护国家生态安全，实现人与自然和谐共进而实施的林业重点生态工程。研究和构建退耕还林还草文化，应置于生态文化的范式和视角之下展开。可以说，退耕还林还草就是人们主动修复由于旧模式的不适应而造成的生态退化问题，创造新的退耕还林还草文化，使人与生态和谐共进、实现可持续发展的文化现象。

第一节 生态文化范式下的退耕还林还草

一、生态文化的内涵和体系

生态文化是生态文明时代的主流文化，它是从大自然整体出发，把经济文化和伦理相结合的产物。人类创建新的生态文明之需要，源于工业文明造成的日益加深的全球性生态危机。美国学者大卫·奥尔认为，人类对自然的行为之所以产生日益严重的生态危机，在于人们缺乏对人类与自然生态系统全面关系的认识，包括自然科学的知识，尤其是人文科学的知识，因此，他在1992年就提出了"生态教养"的概念，主张要进行新的生态教育，培养每一个社会成员必需的生态教养，以便引导人类顺利过渡到人与自然和谐共存的后现代社会。

当下，生态文化教养对于生态文明意识的觉醒和经济发展方式的转变有着长远、深层次的影响，一方面，生态文化教养关乎人与自然关系的见识、态度和体验，比如，我们如何获得生态知识教养、生态伦理教养和生态审美教养，培育真正的"现代化"；另一方面是关于人类生活实践、商业实践的生态行为教养，也就是人们常说的如何做到生态友好。从这个意义上讲，退耕还林还草工程、绿色发展、生态文明建设需要生态文化作为基因和伦理基础。

我国著名生态哲学家余谋昌教授在其《文化新世纪——生态文化的理论阐释》一书中，对生态文化的内涵做出论述："生态文化，首先是价值观的改变。从反自然的文化，人统治自然的文化，转向尊重自然，与自然和谐发展的文化。"从这个价值观层面的意义上讲，退耕还林还草生态工程充分反映了人类在应对人口、资源、环境等日益尖锐的问题过程中，为适应自己的生存环境，通过改变自己的价值观来适应新的生态环境、从而实现人与环境可持续发展的一种新的生态文化价值观。

生态文化有广义与狭义之分。广义的生态文化是指人与自然和谐相处过程中产生的一切物质成果和精神成果。广义的生态文化是一个体系，其结构包括三个层次，大致划分为生态物质文化（主要包括以生态价值观为指导产生的物质产品、技术和实践活动）、生态制度文化（主要包括以生态价值观为指导的经济制度、政治制度、法律制度、教育制度、社会制度等）和生态精神文化（指以生态价值观为指导的社会意识和社会观念，如绿色发展理念，以及包括生态哲学、生态伦理、生态教育、生态宗教和生态美学等在内的学科领域）。狭义的生态文化则特指人与自然和谐相处过程中所产生的精神成果，仅指生态精神文化，不包括物质和制度层面的东西。

从属性上划分，广义生态文化可大致分为自然生态文化和社会生态文化。前者包括森林文化、湿地文化、荒漠与绿洲文化、草原文化、江河湖泊文化、海洋生态文化等。后者则包括城市生态文化、乡村生态文化、民族生态文化、宗教生态文化、社会生态文化和人文生态文化等。

从社会发展进程上划分，生态文化有传统与现代之分。在"生态文化"这一概念没有出现的前现代社会，人类在与自然相处过程中也创造出了一些饱含生态理念的文化成果，称为传统生态文化。其中，中国传统生态文化博大精深，诸如"天人合一""道法自然"等生态文化理念对当今生态文明建设也有重大借鉴意义。

生态文化体系以生态价值观为指导，由生态物质文化、生态制度文化、生态精神文化所构成，涉及政治、经济、文化、社会、生态文明各领域。在生态文化体系建设中，生态精神文化建设居于核心地位，生态制度文化为生态精神文化和生态制度文化建设提供保障，生态物质文化是生态精神文化和生态制度文化建设的外在表现形式，直接反映了其建设成效。

二、生态文化是退耕还林还草文化遵循的范式

浙江传媒学院的宣裕方教授认为，生态文化是人与生态环境一体的认识，生态观内化成为主体的思维习惯，并在行为中得到体现，以形成一定的生态文化的社会氛围。从这个行为范式层面的意义上讲，中国传统文化中"天人合一"生态观为退耕还林还草文化提供了生活方式和精神价值的统一范式。

退耕还林还草工程对于生态文明建设和生态文化体系构建的根本遵循，充分体现在党的十八大后习近平总书记提出的人与自然构成"生命共同体"的思想中。他指出："山水林田湖草是一个生命共同体，人的命脉在田，田的命脉在水，水的命脉在山，山的命脉在土，土的命脉在林和草。"中国哲学主张"天地之性人为贵""人为天地之心"；人的贵就在于能够体会和服从天地生生之德，把天地生养万物的职能作为自己的职责，"延天佑人"、参赞化育，这是天人合一作为生态理念的积极意义。

习近平总书记在 2018 年全国生态环境保护大会上指出，中华民族向来尊重自然、热爱自然，绵延 5000 多年的中华文明孕育着丰富的生态文化。生态兴则文明兴，生态衰则文明衰，要加快构建生态文明体系，加快建立健全以生态价值观念为准则的生态文化体系，以产业生态化和生态产业化为主体的生态经济体系，以改善生态环境质量为核心的目标责任体系，以治理体系和治理能力现代化为保障的生态文明制度体系，以生态系统良性循环和环境风险有效防控为重点的生态安全体系。要通过加快构建生态文明体系，确保到 2035 年，生态环境质量实现根本好转，美丽中国目标基本实现。到 21 世纪中叶，物质文明、政治文明、精神文明、社会文明、生态文明全面提升，绿色发展方式和生活方式全面形成，人与自然和谐共生，生态环境领域国家治理体系和治理能力现代化全面实现，建成美丽中国。习近平总书记强调，"中国将按照尊重自然、顺应自然、保护自然的理念，贯彻节约资源和保护环境的基本国策，更加自觉地推动绿色发展、循环发展、低碳发展"，把生态文明建设融入经济、政治、文化、社会建设的各方面和全过程。

上述一系列国家大政方针为退耕还林还草文化构建提供了强有力的制度保障。大规模退耕还林还草经过 20 年的实践探索，总结形成了一套行之有效的政策法规和管理体系，大力推行目标、任务、资金、责任"四到省"，并将

退耕农户作为工程建设的基本单元和主体,成为国家重点生态工程实施管理的特色和亮点,也为形成退耕还林还草的制度文化奠定了坚实的基础。

2020年6月30日,国家林业和草原局发布《中国退耕还林还草二十年(1999—2019)》白皮书。退耕还林还草工程自1999年实施以来,中央财政累计投入5174亿元,在25个省(自治区、直辖市)和新疆生产建设兵团的287个地市、2435个县(市、区)实施退耕还林还草5.15亿亩,工程区森林覆盖率平均提高4个多百分点,完成造林面积占同期全国林业重点生态工程造林总面积的40.5%,其成林面积占全球增绿面积的比重在4%以上。按照2016年现价评估,全国退耕还林当年产生的生态效益总价值量为1.38万亿元,显著改善了生态环境,是我国生态文明建设史上的标志性工程,其丰富的实践和创新成为习近平总书记"两山"理念的生动写照。

退耕还林还草20年,改变的不只是山水。退耕还林还草显著增强了全民生态意识,工程区"产业兴旺、生态宜居、乡风文明、治理有效、生活富裕"的社会主义新农村格局初步形成,同时为退耕还林还草文化体系中的物质文化建设提供了丰富的元素。

现阶段,退耕还林还草工程已成为我国政府高度重视生态建设、积极履行国际公约的标志和标杆,为世界增绿、增加森林碳汇、应对气候变化、参与全球生态治理做出了巨大贡献。

据联合国粮农组织(FAO)2020年7月21日发布的2020年《全球森林资源评估》报告,目前全球森林面积共609亿亩,占到陆地总面积的近31%。据估计,自1990年以来,全球共有63亿亩森林遭到毁坏,即树木遭到砍伐、林地被转而用于农业或基础设施。2015—2020年,全球每年的森林砍伐量约为1.5亿亩,与2010—2015年的每年1.8亿亩,以及1990—2000年的每年2.4亿亩相比呈持续下降之势。2010—2020年,非洲每年的森林净损失量最大,为5850万亩,其次为南美洲的3900万亩。而同一时期亚洲森林的年均净增长量最大,其中增长主要发生在东亚地区,中国报告的年均净增长量达2650万亩。

2010—2020年,全球森林年均净损失面积最大的十个国家为:巴西、刚果民主共和国、印度尼西亚、安哥拉、坦桑尼亚、巴拉圭、缅甸、柬埔寨、玻利维亚和莫桑比克。而同一时期森林面积年均净增加最多的前十个国家则为：中国、澳大利亚、印度、智利、越南、土耳其、美国、法国、意大利和罗马尼亚。

联合国粮食及农业组织表示，森林为全球数百万人提供食品和生计，为地球上6万多种不同树木、80%的两栖类、75%的鸟类和65%的哺乳动物提供了家园，同时还在减少碳排放、应对气候变化方面发挥着重要的作用。在森林对于人类生存的普惠价值创造中，我国退耕还林还草生态工程的巨大贡献不言而喻。

习近平总书记提出"人类命运共同体"思想，这不仅是外交思想，更是文化思想。如今的中国是世界的中国，整个世界是关联的，你中有我，我中有你。在融合的趋势中，我们需重视把握三个方面：第一，珍惜自己的传统和自己的文化；第二，不能夸大自己的文化；第三，不能夸大自身文化和其他文化的差异性，反之，要更重视人的共同性，这才能成为一个命运共同体。在人类命运共同体中，人类、人性、文化、愿景、目标、希望基本是共同的，差异是次要的。这不仅指中国与世界的互鉴互融，也指文化与经济、政治、科技、社会诸方面的融合。在这个意义上，生态文化是人类不断学习、交流、创新、进步的文化，退耕还林还草文化也需建构在此范式之上。

三、退耕还林还草文化是生态文化的亮点

生态文化是人类从古到今认识和探索自然界的高级形式体现，人类出生到死亡这个过程中要与自然界的万事发生和处理好关系，人类在实践的活动中认知人与自然中的环境中的关系，处理好这种关系我们才能长期和谐地生存和发展，生态文化就在这个环境的初步发展与完善，从而从大自然整体出发，把经济文化和伦理结合的产物。生态文化就是从人统治自然的文化过渡到人与自然和谐的文化。这是人的价值观念根本的转变，这种转变解决了人类中心主义价值取向过渡到人与自然和谐发展的价值取向。

生态文化重要的特点在于用生态学的基本观点去观察现实事物，解释现实社会，处理现实问题，运用科学的态度去认识生态学的研究途径和基本观点，建立科学的生态思维理论。通过认识和实践，形成经济学和生态学相结合的生态化理论。生态化理论的形成，使人们在现实生活中逐步增加生态保护的色彩。

总之，生态文化是人与自然和谐相处、协同发展的文化；是探讨和解决人与自然之间复杂关系的文化；是基于生态系统、尊重生态规律的文化；是以实现生态系统的多重价值来满足人的多重需求为目的的文化。它渗透于物质文化、制度文化和精神文化之中，体现着人与自然和谐相处的生态价值观。生态文化的核心思想是人与自然和谐，生态文化建设的主要任务是科学认识、积极倡导和大力推动实现人与自然和谐。

退耕还林还草文化是当前生态文化的重中之重。20年来，从东到西、从北到南，退耕还林还草改善生态的例子比比皆是。比如，退耕还林还草将浑善达克沙地南缘的内蒙古多伦县变成青草绿树的美丽画卷，为扭转风沙紧逼北京城的被动局面做出巨大贡献；退耕还林还草修复了南水北调中线源头丹江口水库两岸的森林植被，确保一江清水送北京；退耕还林还草为三峡大坝工程库首的湖北省秭归县增加了大片植被，水土流失面积和土壤侵蚀模数大幅下降，为三峡库区建起一道强大的生态屏障；退耕还林还草还为西南部裸露的石漠化地区披上了绿衣裳。可以说，在中华民族伟大复兴的历史关头，退耕还林还草大大拓展了民族生存发展的生态空间。

四、退耕还林还草文化和生态文化在弘扬传统文化中实现统一

华夏五千年，孕育了博大精深的生态文化，凝缩为中华民族世代传承的生态智慧和文化瑰宝，是中华文化的重要组成部分。中国生态文化传统是在悠久的农业文明中延续了数千年之久的伟大传统，它留下的关于人与自然和谐相处的丰富经验和深刻智慧，为人类建设生态文明提供了宝贵的思想源泉。2017年初，中共中央办公厅、国务院办公厅印发《关于实施中华优秀传统文化传承发展工程的意见》指出，文化是民族的血脉，是人民的精神家园。文化自信是更基本、更深层、更持久的力量。弘扬中华文化、展现中华文化独特魅力、增进世界对中华文化的了解和认同，是我们的责任和使命。

历史学家许倬云先生所著《现代文明的成坏》一书的一段话这样表述："中国不能够自满于今天获得的财富，更不能自满于中国在全球经济格局上的地位。中国应该更往高处看：所有人类，包括中国人，都将合组一个大家共有的人类社会。在世界共有的文化之中，中国几千年来累积的许多智慧，应当有其不可忽视的价值。经过创造性的转移，人类文化之中的东方部分，庶

几能矫正和弥补西方现代文明的缺失,彼此融合为一,变成全世界的未来文明。"退耕还林还草文化构建的责任和使命就是在生态修复工程与中华优秀传统文化传承发展工程的融合创新过程中,把中华文化中的自然美与人文美、生态关怀与人文关怀发掘出来,把生态文化融入退耕还林还草这一中华民族历史上最伟大的大地工程。

新中国原林垦部第一任部长梁希先生在1953年书写诗文:"无山不绿,有水皆清,四时花香,万壑鸟鸣,替河山装成锦绣,把国土绘成丹青,新中国的林人,同时也是新中国的艺人。"时至今日,这依然是退耕还林还草文化建设的愿景目标和价值追求。

第二节 退耕还林还草与森林文化

森林是人类文明的摇篮,也是孕育文化的源头之一。当"人猿揖别",古猿在地面上直立行走之际,人类便开始走出茫茫林海,走下高山峻岭,走过江河溪流,开启生存之旅。从最初的采集狩猎、构木为巢、钻燧取火,到后来的桃李桑梓、车船舟楫、亭台楼阁,人类依然离不开森林,后者为人类提供着源源不断的衣食住行便利,也形塑这最早的文化和文明。

一、森林文化的内涵

中华民族栖息繁衍在"筚路蓝缕,以启山林"的北半球东亚大陆,原始神话中炎黄部落最早的生存环境分别是昆仑山和陕西岐山。

著名历史学家阎崇年在《森林帝国》写道,"我由此得到一点启发:不妨从森林文化的视角,探索满洲、清朝发展的历史与演进,进而解答'赫图阿拉之问'。""于是,放开眼界、放远视野:在亚洲的东北部,有一片广袤的土地,穿流着多条江河,分布着连绵山峦,生长着茂密森林,可谓森林莽莽,遮天蔽日,地域辽阔,江河奔流。"

纵观人类文明的历史,不同时期人们对森林的认识和态度,反映了不同的文化特征。森林与人类本身的生存和发展,森林与诗歌、曲艺、绘画、音乐等文化现象紧密联系。森林文化的内涵十分丰富,从文化的结构体系来看,既包括最外层的物质文化,如建筑、园林、器物、工具、美食、服饰等,还包括文化的中间层次，即制度文化和行为文化两个方面。

　　森林文化，国内有的学者把它定义为人对森林的认识与审美关系，反映人与森林关系中的文化现象，其内容包括技术领域的和艺术领域的两个部分，比如，造林技术、培育技术、森林法规、森林的利用习惯等，也包括人对森林的情感、感性的具体作品，如诗歌、绘画、建筑、音乐等。

　　森林的文化价值是森林价值的重要组成。关于森林文化的概念，郑小贤教授在1999年认为是"以森林为背景，以人类与森林和谐共存为指导思想和研究对象的文化体系"并指出森林文化是"传统文化的有机组成部分"；2000年，经过进一步研究后，他提出："森林文化是指人对森林（自然）的敬畏、崇拜与认识，是建立在对森林各种恩惠表示感谢的朴素感情基础上的反映人与森林关系中的文化现象。"并且区分为技术领域的森林文化和艺术领域的森林文化。在概念上前者反映了人类对森林的需求，后者反映了人类对森林的认识。在研究人类—森林—需求—认识对森林文化的影响中，发现森林技术是在人类对森林需求利益驱动下产生和成熟的，而森林艺术则源于人类对森林的认识。

　　根据上述分析，森林文化是指人类在社会实践中，对森林及其环境的需求和认识以及相互关系的总和。森林文化也如其他文化现象一样是精神和物质的相互联系，具有社会特征、经济特征、系统特征。具有时间与空间的差异、特定的表现形式和自身发展的规律。

二、人类文明发展与森林兴衰变迁

　　千百年来，随着文明的进步，森林也在发生着兴衰的变化。从古代原始文明的起源，到现在经济文化政治飞速发展，人们不断地利用着森林，利用其资源，利用其价值，来实现文明的进步。生活水平的提高，文明进步与森林的兴衰有着紧密的联系。

　　当人类文明刚刚起源，人类还生活在原始社会，居住在大森林之中，人们的衣食住行都来自于大自然的给予，从茹毛饮血的时代，人们依赖于大自然得到食物，求得最基本的生活需求，不仅仅食物，当时，原始人类的衣服，工具，栖息地等原材料，都来自于大森林的给予，大森林赐予了原始人类的一切，没有了大森林，人们将会失去生活的条件，没有了大森林，人类将会失去生存的空间，没有了大森林，也就没有了生存的权利。原始社会文明时期，人类与大自然建立了一种完全依赖的关系，与森林建立了一种骨肉相连的联系。

随着人类生产力的提高，人们学会种植庄稼来弥补生活上大森林无法给予的需求。但是在这样的一个农业社会时期，生产力越高，需求也就越高，人们受到空间的限制，开始毁林开荒，扩大种植面积，森林开始经历着人类的破坏，承受着人类的摧残，经受着痛苦，人类的文明发展建立在毁林获取资源的时代，随着人们人口数量的不断增加，人们种植农作物的面积的也不断地增加着，森林已经没有原始社会的兴旺，但是受到生产力水平的限制，人们对于大森林的破会程度也受到一定的限制。不过，虽然人们可以通过种植庄稼来获得必需品，但是人类还不能彻底走出大森林的庇护，一些必要的需求还是离不开大森林。人类文明还不能离开森林，也受到森林的限制。

当今社会，人们注意到森林与生态环境的息息相关，破坏森林，必将导致生态环境的破坏，也必将导致人类文明的发展受到限制，所以各个国家开始重视森林植被的重要性，开始从破坏森林到大力发展森林，来创造人类健康的生存环境。

在现代以森林为主题的"自然与文化遗产地""国家公园""森林公园""自然保护区"等人类生态文化现象的出现，反映了人类对森林的认识有了一个新的飞跃，同时反映了与之相联系的文化特征，即城市的发展。工业的发展导致绿地与森林的减少；环境与科学技术发展对人类心理产生的文化效应，那就是：导致人们对森林与绿地地向往和渴望。人们开始认识到森林对人类生存必不可少的价值所在。

三、退耕还林还草与森林文化的辩证关系

（一）退耕还林还草文化是森林文化的新形态

退耕还林还草文化是把耕地还给森林的文化，是把人造还给自然的文化，是森林文化在 21 世纪的一种新形态。

退耕还林还草工程的实施，加快了国土绿化进程，工程区森林覆盖率平均提高了 4 个多百分点，对我国新增绿量和地球变得更绿作出了重大贡献。贵州省实施新一轮退耕还林还草对近年来全省森林覆盖率每年提高 1 个百分

点发挥了重要作用,扭转了治理区生态恶化的趋势。

湘西土家族苗族自治州位于湖南省西北部,地处湘鄂渝黔四省市交界处、武陵山区中心腹地。由于乱砍滥伐、毁林开荒种地等原因,这里一度到处都是光秃秃的坡耕地,遍布濯濯童山。

祖籍湖南长沙的朱镕基总理,抗日战争期间曾就读于湘西山区洞口国立八中,并且在那里认识了劳安,两人后来结为贤伉俪,携手风雨人生数十年。2001年4月,时任总理朱镕基视察湘西,故地重游感慨万千,即兴写了一首七言律诗《重访湘西有感并怀洞庭湖区》,全诗如下:

> 湘西一梦六十年,故地依稀别有天。
> 吉首学中多俊彦,张家界顶有神仙。
> 熙熙新市人兴旺,濯濯童山意快然。
> 浩浩汤汤何日现,葱茏不见梦难圆。

从2000年开始,退耕还林在湘西各县市全面铺开,湘西成为湖南省退耕还林还草工程的主战场。2000—2018年,湘西州共完成退耕还林任务420.2万亩,其中退耕地造林202.45万亩,宜林荒山荒地造林192万亩,封山育林25.75万亩;全州林地面积达到1741.63万亩,比退耕还林前增加13.31%。如今的湘西州,森林覆盖率70.24%,满目青翠、遍山葱茏。在退耕还林还草工程推动下,湘西州划定重点生态公益林面积718.5万亩、天然林保护面积290万亩;建成各级自然保护区、森林公园、湿地公园、地质公园48个和各类林场667个,面积583万亩,其中国家级自然保护区、森林公园、湿地公园、地质公园总数达到15个。2018年10月15日,在深圳市举行的全国森林城市建设座谈会上,湘西州被授予"国家森林城市"的牌匾,成为全国30个少数民族自治州中第一个获此殊荣的地区。

湘西的凤凰县从2001年开始实施退耕还林工程,20年间森林覆盖率从工程实施前的39.5%提升到了58.2%,全县生态环境得到有效改善,实现了生态效益、社会效益、经济效益"三赢"的局面。

退耕还林还草工程的实施,改变了凤凰县长期以来广种薄收的传统耕种习惯,有效地调整了不合理的土地利用结构,同时解放了大量农村剩余劳动力，更多的劳动力投入到第二、三产业建设中，助推农村产业结构优化升级。通过实施退耕还林，建立了林果等产业基地1.0万亩，以柑橘、核桃、柚类、油茶等成为当地特色支柱产业和农村经济发展、农民增收致富的新增长点，促进了农民增收。农民逐渐减弱对土地的依赖性，工资性收入大幅提升，农户家庭纯收入稳步得到提升，生活质量得到了巨大改善。工程的实施还推动了"林家乐""农家乐"等生态旅游业发展，以人与自然和谐共生共荣为主体的生态文化、森林文化随之兴起，干群关系进一步得以改善。

湖南省凤凰县南长城退耕还林前后对比

(二)退耕还林还草丰富了森林旅游文化

退耕还林还草文化旅游,是指通过旅游实现感知、了解、体察退耕还林还草具体内容、目的、成效等行为过程。中国是旅游大国,随着人们生活水平的提高,节日远游、周末近游已成为人们生活的常态。

退耕还林还草在文化旅游上大有可为,退耕还林还草营造的特色产业树种,为当地春花秋果的观光采摘体验提供了良好场所,如观赏的桃花节、李花节、杏花节等,体验的杨梅采摘、蓝莓采摘、苹果采摘、橘子采摘等,深受群众特别是儿童喜爱。例如,北京市平谷是大桃之乡,每年春天举办桃花节,观赏露蟠、京红、京玉、庆丰、碧霞蟠桃等主栽品种不同的桃花,进入桃林犹如走进天上蟠桃园让游客真正感受人间仙境,给观光者带来极大兴趣。秋天举办各种采摘节,金秋,正是瓜果飘香,各式各样水果收获的季节,而秋天的北京又是一年中最美的时节,是全家出游的好时候,到平谷采摘大久保,是许久的期望。

退耕还林还草文化旅游还有更多的形式。延安市依托"三黄两圣"(黄河文化、黄土文化、黄帝文化——中华民族圣地、红色文化——中国革命圣地),以生态旅游引领退耕还林还草文化建设,取得了良好效果。其中,吴起县建设了退耕还林森林公园和退耕还林展览馆,均是全国首创。特别是退耕还林展览馆自2009年9月建成以来,已累计接待国内外参观人数3.8万人,成为普及退耕还林还草文化的"生动课堂"。吴起县南沟村以农村集体产权制度改革为契机,在2018年注册了文化旅游发展公司,同年12月吴起县南沟生态度假村旅游景区被评为国家AAA级景区。通过发展生态旅游,退耕农户找到了致富新门路。云南省临沧市依托茶文化和少数民族文化,结合退耕还林还草,正在打造集茶叶种植、加工、茶文化旅游和少数民族文化体验于一体的一、二、三产业融合示范园。

第三节 退耕还林还草与草原文化

"敕勒川,阴山下。天似穹庐,笼盖四野。天苍苍,野茫茫,风吹草低见牛羊。"提起大草原,人们会不由自主地吟唱这首北齐人留下的《敕勒歌》。草原文化包含天人合一的理念,源头就是放牧、游牧。"牧"赋予草原民族与生俱来的坚毅、进取、豁达的民族性格。在长期与自然融合的过程中，游牧民族形成了朴素的自然伦理观，敬畏自然，爱护自然，珍爱动物，等等。

一、草原文化：一根草和一滴水

天津电视台拍过一部纪录片叫《一根草和一滴水》，片中的主人公是四川若尔盖的牧民扎琼巴让。巴让说他很喜欢这个片名，因为它把草原与周遭的生态系统表现得很透彻，巴让说："黄河不是天上掉下来的，黄河是草原上流出来的，黄河的一滴水和青藏高原的一根草有关系，一根草和牛羊有关系，牛羊和牧人有关系，牧人和文化有关系，文化和信仰有关系。知足是藏文化里的一种态度，高原上环境特殊，如果没有知足，青藏高原是养不起的栖息在那里的人们的，人类是很难生存的，所以，一滴水的成本非常大。"

一根草和一滴水，是草原文化生生不息的源泉。

草原文化是人类社会的重要文化形态之一。在历史发展进程中，草原文化虽历经多次变迁和兴衰沉浮，但其内在的脉络始终没有中断，这使其成为人类文明史上最为古老和悠久的地域文化之一。在悠久的历史岁月中，草原民族在生活和实践中创造了自己独特的草原文化。草原文化是中华文化中极具特色、不可或缺的重要组成部分，体现出中华文化的多样性、民族性、地域性、时代性等特征，是我国宝贵的文化遗产。

草原文化是在草原环境下形成的文化以及有关草原的文化，是世代居住在草原地区的部落和民族相继创立的与草原生态相适应的一种文化。几千年以来，草原文化不断沉淀和发展，最终形成了有特色、有底蕴的文化体系，使民族精神得到了传承。草原文化是内涵丰富、形态多样、特色鲜明的复合文化，是传统与现代文化、地域与民族文化等多种文化的统一，论述其复合性特征。草原文化中蕴含着丰富的自然观，即依赖、崇拜、挚爱、美誉、适从、管理自然。草原文化与自然之间以依赖、适从、管理的方式；以崇拜、挚爱、美誉的态度使双方之间形成了互相含有的关系。草原文化蕴含着丰富的生态哲学思想，如"人天相谐"的生态存在论思想、"顺应自然"的生态实践论思想、"万物有灵"的自然生态价值观、"敬畏自然"的生态伦理观、"俭约实用"的朴素生态主义消费观等生态哲学思想。

草原文化的核心理念包括崇尚自然、践行开放、恪守信义、团结友爱、奋发图强和英雄乐观等。这些理念是草原民族在悠久的历史中所形成的保护生态、崇尚英雄、自然开放、坚持奋斗与诚实守信的精神品质的高度概括，是草原民族最宝贵的精神财富和力量源泉，集中反映了草原文化的本质特征和精神特质，体现了草原民族智慧和精神的最高境界。

包容开放性是草原文化最显著的基本特征之一。广袤的欧亚草原是世界上民族众多、宗教和文化最多样、民族融合最频繁的文化长廊。草原文化多元复合特质和包容开放的思想传统。草原文化的包容开放特质，首先体现在其基本构成上。草原文化被认为是地域文化与民族文化、游牧文化与其他文化、历史文化与现代文化的统一，具有鲜明的复合型特质。草原文化包容开放的特质，还体现在其对待异质文化的态度上。在艰苦的自然环境、动态多变的游牧生活、自给能力不足的经济结构和多民族并存的文化背景下，草原民族自古就形成了一种平等对待不同文化，主动接触、吸收异质文化的文化品格。

合作互利是草原文化最宝贵的精神传统。生息在广阔草原的人类无论民族和种族，自古以来就相互学习、彼此合作、不断融合，从而在物质文化、精神文化、制度文化层面上形成很多内在联系紧密，特征、内涵相同的区系文化。草原文化恪守信义的精神品格，塑造了草原民族诚实守信、言出必行、公平公正的合作精神，重情重义、坚守誓言、豁达善良的安达精神，崇拜英雄、敬重祖先、忠于国家民族、热爱家乡、关爱自然的人生价值观等。

生态属性是草原文化最基本的属性，从某种意义上讲草原文化就是以生态为魂的绿色文明。在人类所创造的多种文明形态中草原文明是与大自然最为贴近、最为和谐共处、对自然资源的索取最有度、掠夺破坏最小的文明形态。世界上面积最大的欧亚草原不仅是一个多种文化并存的文化多元区域，同时也是多种生物共生息的生命乐业园、生态博物馆。

二、退耕还草与古老智慧

藏族有句谚语，"牧民靠牛羊，牛羊靠草，草靠这片土地"，位于四川、甘肃与青海交界的若尔盖大草原曾经就是如此。广袤的土地上，河水流淌，湿地遍布。草原的牧民世代生活在这里，日子过得宁静、安详。

若尔盖是中国三大湿地生态系统之一，是黄河30%的水源补给地，也是世界上最大的高原沼泽湿地。但多年来，由于农耕、挖矿及捕杀草原动物等人类活动，湿地原生的生态系统慢慢被破坏，草场退化日渐严重。尤其是20世纪70年代，随着"向湿地要草地"的口号，湿地、沼泽的水被陆续排干，改造成了农田。直到20世纪90年代，大规模的开沟排水依然在持续。而由于矿产开挖，当地生态遭到进一步破坏。据2009年的监测数据，短短几十年，若尔盖已有超过200个高原湖泊干枯，69万亩草原变成沙漠，每年还要增加1.34万亩的沙化草地，并以每年11.6%的速度增加。

1999年，若尔盖县正式启动退耕还林还草工程，依照1998年国土数据校正基数，本着先易后难，生态、经济及社会效益相结合和适地、适树、适草，群众自愿的原则，完成了退耕还林（草）地块的调查规划设计，逐块造册登记并逐年实施。2018年，若尔盖县退耕还林还草补助全面到期，退耕还林还草成果进入巩固期。与此同时，政府退耕还草政策引导、当地牧民自发参与的沙漠化治理机制在若尔盖落地生根。

在城市人看来，草原是远方；对于牧民而言，草原就是生活宇宙的中心，城市是远方。来自阿坝州若尔盖县麦溪乡的藏族青年衣扎，从小在草原长大，对草场有着深厚的感情。"看到家乡不好了，就想要去做一点事。"衣扎说，他在2012年外出求学返乡，就开始跟随致力于草原生态保护和沙化治理工作的扎琼巴让，共同在家乡发起成立合作社，带动当地牧民，通过切实的行动，一起让草原沙化的速度慢下来，让牛羊和牧民留下来，让草原文化传下去。

衣扎和巴让他们一直在反思，过去牧区发展采用的是农耕思路，很少讲生态保护，更多追求的是经济角度的生活富余，一方面形成了大量的网围栏，游牧的生活没有了，限制了生物活动的半径，使得某一块牧场上的生物多样性明显降低，另一方面产生了很多的耕地，缺少了草皮的保护。

那该怎么办？巴让跑到四川省草原科学研究院若尔盖县林业局找专家，咨询种什么草、什么时候种、该怎么种？专家给出两种方法：一个是撒播，另一个是条播。撒播就是把种子撒上去，牧民可以一边唱着歌、聊着天，一边撒种子，比较轻松。条播就是一条条挖沟，然后把草籽种下去、盖上土。但这两种方式的存活率都很低，基本90%的种子都种不活，一则因为草原风大，大风一过，所有的种子都会被吹走；二则是高原的阳光特别的强烈，沙漠一热，种子都死掉了。

巴让说他有一天偶然听到两位女牧民聊天，说可以在沙化的地方撒上草种，再赶进牛羊，或者晚上把牛羊圈在里面，这样有种子，有牛粪作为养分，我们发现这个办法很有效。

还有一个关键问题是草种。人们往往有一个误解，觉得为了尽快恢复草原，任何草种都可以种，青藏高原本地的草种很少，是不是可以引进国外的一些草种其实不行，外来物种对高原生态可能会带来较大的危害，所以让他们一直坚持种当地的草种，除了用草原科学研究院的基地的草种，也发动当地牧民每年收集草种。

牧民是草原的孩子。牛羊、草、水、牧民，构成整个草原生态系统，缺一不可。巴让说："草原的管理，就是放牧的管理，草原沙化治理很难，后期管理更难，没有放牧的话，草原管理是很难做到的。牧场和草原生物多样性真正的恢复，只有牧人才能做得到……我逐渐发现草原和牧人的深层关系，没有牧人就不会有牛羊，没有牛羊牧场就会发生严重的退化，没有牧场也就不会有牧人和牛羊了。"

三、甘南草原文化启迪

退耕还林还草文化建设课题组的年轻志愿者说，她特别喜欢看草原，草原和草原上的人、生命之间的浓烈牵绊，草原的故事，草原上的文化，好像"我的生命，孕育在那苍茫草原上"。

课题组的志愿者团队来到甘肃省甘南藏族自治州西南部的玛曲，了解到扎琼巴让的治沙合作社把牛羊草种混合的播种方式也推广给这里的牧民，效果很不错，自2000年至今，治沙共12000亩，有800多位牧民、僧人、学生参与。

玛曲就是藏语中的黄河，它幸运地能以母亲河的名字为自己命名。黄河九曲十八弯，便是由玛曲开始的第一道弯。作为黄河的第一个"孩子"，它也是黄河文化传承的先锋。

现而今甘南的草原，是湿漉漉的、充满了一个个鼠兔洞、倒映着天空、盛满了水的湿地草原。草原上数不尽的花。夏季的草原和花是分不开的，有草的地方就绽放着花，或许她应该短时间改名叫"花原"。草原上的花朵从不等待谁来观看自己的绽放，她们恣意地生长、自由地凋谢，我们有幸与她们邂逅。

登上山坡又是另一番风景，蜿蜒的河道流经每一片草原，在大地上留下一道道天空的颜色。大家各自流连在不同的山坡，直到被一阵阵此起彼伏的"鸟叫"吸引，抬头一看，竟是当地的朋友折下了两根马先蒿的茎，放在嘴边教我们吹出歌儿来。大家争相尝试，仿佛在吹出声响的即刻短暂地拥有了与天地间鸟儿沟通的力量。

草原上的动物慵懒而机敏，他们可以随性到忽视你的存在，也可以读懂你的内心，在你迈出一只脚的前一刻消失踪影。翻找着泥土、鼓动着腮帮、嘴巴一张一合，他们用圆圆的肚子表达对草原的喜爱。

玛曲是《格萨尔王传》中的主人公格萨尔成长和岭国崛起的地方，玛曲人最爱马，他们似乎是一会走路就能翻上马背，一位五六岁的藏族男孩就站在有三个他那么高的马跟前特别骄傲地向我们介绍"这是我的马"。草原的骏马，它的眼睛是和草原一样湿润，健硕的肌肉又是格外值得信赖的。骑上马和它一起奔跑时，脚下的土地变平了，不必担心洞口和水坑，草原延伸到天边，云被拉得更远。

面对草原这样丰富多彩、错落有致的生态图景，你以为这是理所当然——理所当然的有着盛开的花朵、葱郁的牧草、奔跑的马、悠闲的牛、潮湿的水坑和生长在湿地草原上的一切生灵。了解到草原背后的故事之后，才发现其实不然，眼前的每颗草、每滴水，背后有着千万爱护着它们的人——原乡人和外乡人。于是，我们学着感恩并珍惜这种遇见。

在借宿藏族朋友家中的一个晚上，课题组的小伙伴问他，为什么你们要参加草原的治沙工作？藏族朋友想了想，认真地说，首先是因为他们的信仰，藏传佛教文化让他们尊重万物，不轻易地伤害每个生灵；同时，家乡的荣誉感让他们珍爱自己的家园，希望能够保护好自己生长的土地；此外，再加上一份想要影响他人、感染他人的心情。

玛曲人对草原的崇敬是流淌在血液中的。他们敬畏自然，尊重每一个生灵，也与他们更为熟悉。在草原上行走，他们能从最远的草丛中捕捉到黑颈鹤的身影，然后淡定地转过身说："你们谁有望远镜，可以看黑颈鹤。"我们被风雨惊醒担心帐篷被吹走的那个早晨，同在帐篷中的藏族朋友一直埋在藏袍中熟睡，没有听见一句呼唤。在醒来后他摸了摸我们嚷嚷着打湿了的被子，露出"这湿了吗"的疑惑眼神，小声地吐槽了句你们真是的，是纸做的吗。"自然缺失"的我们回归了自然，成为了需要他们照顾的小孩。

游牧的文化，代表着很强的归属感与去爱的力量。从夏到冬，牧民们走过好多地方，只要搭上帐篷、立上灶台，都能称之为"家"；或者说其实，整个草原，都是他们的家。

扎琼巴让说，"我们希望修复的不只是自然生态，还有人文生态。"他讲了一个羊粪的例子。作为极佳的燃料和肥料，羊粪一直是牧民生活中极重要的资源，同时还是维系人际纽带的"礼物"。有的牧户富裕、羊多，所以羊粪也多，到冬天存有余量；这些多余的羊粪通常会送给有需求的亲戚朋友，供他们烧火过冬；到了夏天，接受过馈赠的人家又会去他们家帮忙干活作为答谢。但是，随着草原的退化，牛羊少了，羊粪自然也少了，而且，很多都市农场来到牧区高价收购羊粪作为农作物、花卉的肥料，富裕的牧户开始习惯于直接将羊粪卖掉，等到他需要放牧人手的时候，再花钱雇用劳力。而那些条件较差的人家则必须打工挣钱，然后去市场上买过冬的燃料。如此一来，牧民之间传统上直接的、面对面的、有情有义的互惠关系发生了改变。这是牛津大学人类学教授项飚提出的"附近"概念的要义：在越来越系统、高效的市场化安排下，我们珍贵的"附近"正在消失。

当草场渐渐恢复，牛羊、牧人随之回归，草原温暖的"附近"也回来了。

人与人、人与自然，是需要"链接"的，相互牵绊、相互依存，如同树枝的繁复根系一样相互支撑。正是这些"链接"让人们体会到世间的美好，探寻到生命的光亮。

退耕还草，一进一退，让我们与草原有了一场美好的相遇。

第四节　退耕还林还草与竹文化

竹是大自然赐给人类的一份厚礼，人类文明进程一直就有竹的陪伴。竹类植物与人类生存关联极为密切，呈现的竹文化形态无所不包，异彩纷呈，尤以竹简文化和以竹题材的诗词、绘画最为凸显。我国竹文化历史悠久，竹子对中国人生活的作用非常广泛，具有浓厚的生活乡息。实施退耕还林还草工程，对于保护竹类植物，发扬竹文化，起到了积极的促进作用。

一、竹文化的基本内涵

竹类植物随处可见,因其栽培早、面积大、种类多、生长快、用途广,历来"木竹并称",有第二森林的美誉。伴随竹类植物而来的竹文化同样多种多样,如竹器具文化、竹饮食文化、竹民俗文化、竹简文化、竹诗词,竹还与园林和音乐相关。从竹子在中国历史文化发展和精神文化形成中所产生的巨大作用,竹子与中国诗歌书画和园林建设的源远流长的关系,以及竹子与人民生活的息息相关中不难看出,中国不愧被誉为"竹子文明的国度"。没有哪一种植物能够像竹子一样对人类的文明产生如此深远的影响,很多文人都是以竹做题、作喻,我们把竹子给人类物质文明和精神文明带来的作用和影响,称为竹文化。

人们爱竹、栽竹、话竹、颂竹、画竹,赋予竹以丰富的文化意蕴和内涵。通过对竹的生物特性与竹的内在精神气质进行比较,对竹物质文化和精神文化进行分析,大致可看出竹性直刚毅、谦和虚心、高洁脱俗、凌云壮志的精神象征。竹文化是人民群众在长期生产实践和文化活动中,把竹子形态特征总结成了一种做人的精神风貌,如虚心、气节等,其内涵已形成中华民族品格、禀赋和精神象征。

竹作为一种特殊的质体,已经渗透到中华民族物质和精神生活的方方面面,构成了中国文化的独特色彩,积淀成为源远流长的中国竹文化。博大精深的竹文化为竹运用提供了深厚的文化底蕴,竹苍翠可人,婆娑摇曳的生物特征也给人以特有的美感,而在历代诗词文学的运用再创造中,又使竹的自然美得以升华。历代文人墨客和志士仁人在这里抒发的,既不是从林学角度描述竹的生物学特征,也不是从生态学角度描述竹的生态学特性,而是从文化视域,对竹的一次人文解读。在这里,人们看到竹的独立、坚贞、固守、包容、虚心和谦和的崇高品格和人文精神。这些既是竹本身固有品性的呈现,又是人们在与竹常年厮守,相互对话过程中,把人的情感和追求投射在竹身上的结果,是人与竹之间的互动和交流的产物。竹寓人情,人赋竹意,人竹合一,人竹一体,构成竹文化,给中国文化的百花园中增添一朵奇葩。

二、退耕还林还草与竹文化的辩证关系

退耕还林还草是扩大竹林面积、发挥竹林作用、弘扬竹文化的重要途径。

竹子是建筑和造纸良材、食用和保健佳品，是优良的编织和工艺原料、优良的生态和绿化树种。发展竹产业，退耕还林、以竹代木、以短养长、以竹致富，既能协调人与自然、资源环境与经济发展的多重关系，又能实现生态环境、经济和社会可持续发展。因此需要大力地发展竹资源，为我国的生态效益和经济效益提升提供重要的资源基础。

贵州省赤水市退耕还竹

营造规模较大的竹林，以竹代木，是目前解决木材供需矛盾的有效方式。另外，进行大规模的人工早竹林可以以增加森林资源总量为基础，实行以竹代木、养林，进而减少木材消耗的压力，这也是对天然林资源保护、生物多样保护和实现木材持续供给的重要对策。

退耕还林还草为发展竹产业腾出空间。竹子的生产和加工与人们生活和生产有着极其密切的关系，从一些基本的生产工具、生活用具、建筑、交通以及一些食品和医药等内容到现代的精神文化建设，都离不开竹资源。作为一种可以快速生长的可再生资源，可以积极开展竹林生产工作，开发林地资源，提升林产品的附加值，这些都是开展多种经营和解决农村剩余劳动力、提升当地经济水平的重要思路。

三、在退耕还林还草实践中弘扬竹文化

我国是竹资源最为丰富的国家，竹独特的生态属性使其具有改善自然环

境的生态功能，在我国建设生态文明中发挥着重要作用。党的十九大明确提出，实施乡村振兴战略、扩大退耕还林还草。这一重大政策举措，充分体现党和国家对农村和林业工作高度重视，为我们不断调整完善林业发展方略、推进新时代林业现代化建设提供了新的战略指引。积极实施退耕还林还草、保护天然林资源等措施，大力治理水土流失、荒漠化，扩大森林、湖泊面积，维护生物多样性等是保障生态系统平衡发展的重要举措。

竹容易种植，属绿色植物，有可再生性，枝叶繁茂、四季常青，不仅具有很高的观赏价值，而且具有很强的光合作用，对改善碳氧平衡，有效净化空气具有明显的功效，是美化环境的重要物质。竹还具有涵养水源、保持水土、调节气候、净化空气、清洁土壤等诸多绿色生态功能。竹林对环境的最大作用就在于净化空气，竹植物可以吸附粉尘，吸收二氧化碳等有害气体，释放氧气，减少空气中的尘土量。同时竹林还可以吸收、阻碍声波的传递，大幅减少噪声污染。竹林还是许多生物理想的栖息地，竹林隐蔽而又舒适，空气湿润，土壤疏松又富含营养，有利于生物的繁衍与生长。竹快速的生长方式以及极强的生态适应能力有利于增加生态系统中生物的种类与数量，对维护生态平衡，保护生态环境具有重要的作用。竹不仅具有绿化环境的功能，也是难得的森林资源。竹被称为是"绿色的黄金"，竹作为木材的替代品，产生了很好的社会效益、生态效益以及经济效益。竹的再生利用价值、绿化功能、生态功能、材用功能等多种用途完全符合我国生态文明建设绿色发展的目标与要求，是推动生态文明建设中不可或缺的重要因素。

中国竹文化中蕴含的深刻的文化内涵不仅对挽救当代生态破坏问题具有重要指导作用，也对传播生态文明理念具有重要的意义。竹所代表的人格内涵告诉了人们生活中的处世态度，将人与自然、人与文化相结合，也使人们在精神上意识到自然的重要性，从意识上转变了征服自然的态度。生态文明建设不仅仅要求人们在行动上改善生态环境，还要从思想上重视保护生态平衡的紧迫性。建设生态文明需要人们培养和提高自身的生态道德品质，树立正确的生态价值观念，并融入中华民族的精神品格中，积极形成良好的生态文明建设的氛围。中国竹文化的丰富的文化内涵的传承与发扬不仅丰富了人们的精神生活，而且逐渐转变了人们的生活价值观念，避免了对环境的破坏，逐渐形成崇尚自然、保护生态的生活理念。

第五节 退耕还林还草与茶文化

中国是茶的故乡,茶叶深深融入中国人生活,成为传承中华文化的重要载体。《神农食经》指出"茶茗久服,令人有力悦志"。据史料证实,茶文化形成于唐代中期,有关茶名的文字记载可追溯至《诗经》"谁谓荼苦,其甘如荠"之语。茶文化是人类在发展、生产和使用茶的过程中以茶为载体,表达人与自然以及人与人之间产生的各种理念信仰、思想感情和意识形态的总和。

茶叶,作为很多地区支柱产业之一,不仅具有调节气候、涵养水源、保持水土、减少灾害的生态效益,而且具有卫生保健、增进营养、预防疾病的综合效益。通过多年来退耕还林还草工程的实施,茶叶已成为众多山区退耕还林的主导品种和农民增收的主要途径。

一、从"还林"到"还茶","茶山"变"金山"

一畦畦茶园紧密相连,与远山交织,堆碧叠翠,这是如今在四川省雅安市名山区各乡镇随处可见的景观。然而在1999年以前,名山的茶叶种植面积尚不足5万亩。1999年,国家出台实施退耕还林政策,四川、陕西、甘肃3省率先开展了退耕还林试点,由此揭开了我国退耕还林还草的序幕。当时的名山县(今名山区),也投身退耕还林的队伍中。

要让老百姓将种粮食的耕地退出来种上不能吃的茶树,这可不是一件容易的事。当时老百姓对于退耕还林还草的好处是比较迷茫的,甚至出现个别老百姓为了获得退耕还林还草补助而造假的情况。那时候,人们生态保护意识淡薄,工作推进起来有一定的困难。如何才能保证退耕还林还草工作不但"退得下",还要"稳得住、不反弹"?名山县林业局很快意识到,退出来的林子必须要"能致富"才行。要将绿叶子变成"金叶子",让退掉耕地的农民获得切切实实的长远利益。于是,结合产业发展的需要,发展茶叶种植的"退耕还茶"模式在名山展开了。

1999年,名山进行了退耕还林茶叶种植的试点工作。然而,百姓对茶叶种植收益持有怀疑态度。"茶叶还能当饭吃么?"曾经有百姓当面向林业局的

四川省雅安市名山区退耕还林项目区茶叶种植基地

工作人员提出质疑。在此之前,茶农都是在种植老川茶。虽然这种茶口感醇厚,但种植工序繁杂、休眠期长、发芽晚、生长期不一致、产量低,导致百姓对于名山县林业局推广的种植生长期一致、产量大、养护种植相对轻松的良种茶也持有怀疑。

林业局动员各级干部轮番给群众做工作,总算种下250亩茶苗。与此同时,在别的乡镇也种下一些茶苗,当年共成片发展2160亩。很快,茶叶种植的好处体现出来:过去种水稻,有一种田在老百姓口中叫"望天田"。降不降雨,直接关系到一年的收成。种植茶树,对用水量需求相对少了许多。更明显的利益,则是直接体现在收入上——当年,一亩地大约收获500千克谷子,按照当时的市价能卖700~1000元。而种植茶叶,一亩田的收入大概在3000元左右。退耕还林,不但有政策性补助收益,种植下的茶树还能带来丰厚的经济效益。百姓看到收益,自然开始积极响应。从"要我种茶"转变为"我要种茶",老百姓的观念已经发生了翻天覆地的变化。

如今,名山区茶叶种植面积达到35.2万亩,几乎实现全县覆盖。蒙顶山茶不但行销全国大中城市,更是远销东南亚、非洲、欧洲等地。2018年,名山区茶叶总产量达到4.99万千克,鲜叶产值达到19.63亿元,仅茶叶一项实现农民人均纯收入6000元左右,占全区农民人均纯收入的一半以上。

二、退耕还茶百姓富,一袋茶叶赛干部

琼瑶《菟丝花》里有个美得叫人心颤的黔北小江南——贵州省遵义市湄潭县。作为贵州茶产业第一县,湄潭是"中国名茶之乡""中国十大最美茶乡",所产"湄潭翠芽""遵义红"茶叶屡获国家级和国际名茶金奖。

贵州省遵义市湄潭县退耕还林项目区产业种植基地

茶是湄潭的立县之本、兴县之道。湄潭茶业的井喷式发展,以2002年启动退耕还林还草为标志。云贵山海拔1200多米,2002年之前,老百姓都在山坡上种玉米,收成很低,肚子勉强填得饱,也留不住水土。实施退耕还林还草后,湄潭县茶叶种植面积从此前的4.5万亩,通过多年的发展,目前已经拥有投产茶园60万亩,茶叶总产量7.25万吨,产值52.66亿元,茶业综合收入达到139.45亿元,全县共有8.8万余户、35.1万余名茶农因茶增收致富。退耕还茶,老百姓获益最大。在湄潭,流传着这样一句话:政府穷,百姓富,一袋茶叶赛干部。

长期以来,湄潭县始终坚持以"优势在茶、特色在茶、出路在茶、希望在茶、成败在茶"的战略思路,在茶产业发展上取得了巨大的成绩。为了持续保证茶叶质量安全,从2018年开始,湄潭县开始着手打造欧标茶园。欧标茶园打造采取统一施肥、统一绿色防控、统一茶青收购等方式,不仅保证了湄潭茶叶的质量品质,还解决了茶农发展欧标茶园的后顾之忧。

三、茶旅融合发展，古茶都魅力重现

生态建设产业化，产业发展生态化。名山区和湄潭县都用"退耕还茶"的生动实践，打造了茶旅融合发展的新样板。

名山区茶产业转型升级成效卓著，从单一的鲜叶收入转变为一、二、三产业融合发展带来的复合性多元化收入，名山区通过积极创新茶产业发展再建路径，让"茶区变景区、茶园变公园、劳动变运动、产品变商品、茶山变金山"。已经建成了全国首个以茶叶为主题的休闲农业公园——蒙顶山国家茶叶公园。作为名山区茶旅融合的一个缩影，位于名山区中峰乡的牛碾坪，茶山连绵起伏，这里是中国西南最大的茶树基因库，保存了国家级和省级良种220余个、省内外野生茶树资源2000余个。茶园中修建了观光道，路两边种植各类鲜花，骑游道穿插其间，游客可骑着自行车，欣赏茶园风光。2016年，名山区完成了连接蒙顶山（禅茶之乡）——红草坪（骑游茶乡）——牛碾坪（科普茶乡）长达32千米的"中国至美茶园绿道"建设。

如今，名山区以茶产业带为支撑，以茶文化为灵魂，以旅游产业发展为载体，把茶叶基地、幸福美丽新村、茶加工体验中心等有机结合，不断完善茶旅基础设施、激活茶旅内容、深入推进茶旅融合发展。20年前，曾经担心着"茶叶不能当饭吃"的老百姓，如今早已经过上了富足的日子。20年前那250亩茶园发展到今天，已经成为一个巨大的"聚宝盆"，长出了名山区的"致富树"。

湄潭县则通过"定制茶园"种茶、制茶、卖茶、卖风景，开启了一种全新的茶园经营模式。近年来，依托退耕还林还草工程和60万亩生态茶园，按照"茶区变景区、茶园变公园、茶山变金山"的茶旅一体化发展思路，延长产业链，提升附加值，做大茶庄园经济，全域旅游基本形成，翠芽27度4A级景区、中国茶海等茶旅景区星罗棋布。湄潭全县森林覆盖率增加到63.59%，每年减少水土流失22.3万吨，全年空气质量优良天数率达100%。湄潭乡村茶园、森林、稻田与黔北民居构成了一幅幅绝美的山水画卷。茶叶值钱，风景更值钱。赏心悦目的茶乡美景吸引了大量海内外游客，也为湄潭茶农带来了新的生财之道。

湄潭人用"流转返租、私人订制"的实践，谱写了退耕还茶的绿色经典，

当地政府利用退耕还林还草的平台和契机，做足了生态修复、绿色发展、产业富民的大文章，还打造了一个人与自然和谐共生的山水家园。

第六节　退耕还林还草与花文化

美丽的花朵，是大自然给予人类宝贵的馈赠，也渐渐成为与人们生活息息相关的一部分。中国花卉资源丰富，花文化博大精深，文化内涵深厚，早已渗透至整个中华民族文化的灵魂之中，对普及和提高人民群众的花卉鉴赏水平、扩大花卉消费、提升花卉产业大有裨益。退耕还林还草实践保护了众多花卉品种，为种植花卉提供了更大空间，为弘扬花文化创造了必要条件。

一、花文化的基本内涵

随着时代变迁，人类在培育和应用花卉的过程中，花卉不断融入人们生活当中，常被注入一定的社会内容和精神内容，通过诗词、音乐、绘画等形式来传达人们的情感和思想，同时与其他文化相互影响、相互融合，形成一种与花卉相关的文化现象和以花卉为中心的文化体系，这就是花文化。简而言之，花文化就是围绕花卉而展开的各类社会、文化活动及其成果的总称。

花文化的形式多样，被广泛地应用在生活中，如花卉与生活、花卉与休闲、花卉与民俗、花卉与艺术、花卉与环境、花卉与文学等，形成了花市、花节、花展文化，以花卉为主题的文学著作、绘画及音乐所体现的审美文化，花神文化、花卉的审美文化、栽培技术文化，花在生活中的应用文化等。花文化有自然属性和精神内蕴之分，自然属性包含花的形态、花香、花色，精神内蕴精神形态主要从文学、绘画等方面体现。

中国花卉丰富了中华文明的宝库，它在与中国其他文化门类相互影响、相互补充、相互融合的过程中，已经形成了一系列可以相对独立的文化领域。这是中国花卉和中国文化发展的必然结果，也是中国花卉文化发达的重要标志。花文化在中国文化的发展过程中，经过长期的提炼和升华，形成自己独特的特点。一是应用的广泛性。花卉文化在我们的生活中无处不在，如花餐、花饮、花疗、花浴、花节、花庆、花艺、花歌、花舞、花礼等。它被广泛地应用在我们的生活中，在给人们带来一定的经济发展的同时，也提升了我们的生活质量。二是形式的多样性。由于花卉独有的观赏价值和资源价值,对其进行研究开发利用有了很大的发挥空间。三是内涵的丰富性。花卉的色、香、形等自然属性是客观存在的,它使人们获得一种美的感受,精神上的享受,人们将花卉的自然形象升华,提升到一种精神内涵文化,因此花卉被赋予独特的文化符号。

二、退耕还林还草与花文化的辩证关系

退耕还林还草为留住花草、弘扬花文化创造了重要条件。花卉和中国文化相结合、发展是多方面的,它不仅与中国人的物质生活、精神生活息息相关,还间接地推动了社会主义和谐社会的构建和发展。凡此种种,都说明花卉是中国文化不可缺少的一部分。围绕花卉,人们热情栽培、欣赏、应用和文艺创作,形成了丰富多彩的社会文化现象。

退耕还林还草为花文化繁荣发展提供新契机。我国花文化何以如此繁荣灿烂,何以有持续发展、不断丰富的辉煌历程,这有着我国自然条件、社会文化广泛的历史基础。我国是一个花卉文化极其繁荣灿烂的国度,无论是园艺种植、花事观赏,还是文学、艺术创作都极为丰富繁盛。我国地大物博,植物资源丰富,给花卉园艺的发展提供了极为优越的自然条件。我国讲究"天人合一"、物我一体,崇尚自然的文化观念对花卉观赏的影响从来都是正面、积极的。这些因素共同作用,有力地促进了我国花卉文化的繁荣发展,同时也决定了我国花卉文化的民族风格。

弘扬花文化为退耕还林还草提供了精神动力。当前,随着经济发展和人们生活水平的提高,居民对花卉苗木的需求已经渗透到生活的每个角落。我国发展花卉产业有着多重优势,比如种质资源、气候资源、劳动力资源、市场优势、花文化优势等,而要充分发挥这些优势,就需要退耕还林还草这项生态工程推向深入。

三、在退耕还林还草实践中弘扬花文化

花文化是文化体系中的一个子文化,是人们在社会实践中以花卉为对象或主题,创造的物质财富和精神财富的总和。因此,花文化的发展对于花卉产业的发展和精神文明建设是非常重要的。要做花文化的欣赏者、追随者和

实践者。花文化传承与发展的核心是引导消费，要通过多种途径扩大花卉的消费和应用。比如，花文化要与退耕还林还草、乡村振兴、城镇化建设相结合，要借力园艺实现大踏步发展，要通过各种花事活动带动节庆消费，要与餐饮、旅游、养生保健、科教等多个行业不断融合。

打造文化示范基地，以文化带动产业。通过花文化基地，将花卉文化与产业紧密结合，形成一个集花卉观赏、展览、科普、销售、休闲、餐饮等多功能于一体的综合性花文化基地。

会展节庆是弘扬花文化的有力载体。会展节庆、花艺比赛等花事活动有力促进了花文化的推广和花卉产业的发展。展会节庆的形式日益多元，形式多样，内容丰富，全面展示了包括花文化在内的我国花卉产业发展成就，推动了花文化产业发展，也进一步扩大了花卉的应用和消费。

充分发掘宣扬花卉文化。现代生活和谐富足，人们对美的需求也越来越迫切，各类花卉以其美丽的姿态、丰富的寓意和所营造的浪漫氛围而成为首选，这就为宣扬花卉文化提供了肥沃的土壤。应结合自身优势，适时组织各类花展、花节，宣传花卉的特性含义、应用等功能，加深民众的了解。

第六章 退耕还林还草文化建设的基本思路

退耕还林还草文化建设坚持以习近平生态文明思想为指导，以"绿水青山就是金山银山"理念为引领，以不断丰富完善退耕还林还草精神文化、制度文化、物质文化为核心，以全面研究、深入挖掘、认真整理、精心创作、吸收借鉴、广泛传播为手段，以讲好退耕还林还草故事、传播好退耕还林还草声音为宗旨，以向世界展现真实、立体、全面的退耕还林还草，提高退耕还林还草文化软实力和影响力为目标，建设具有强大凝聚力和引领力的社会主义先进文化，全面提升退耕还林还草文化建设质量和水平，为推进退耕还林还草高质量发展，建设生态文明和美丽中国做出新的更大贡献。

第一节 退耕还林还草文化建设的时代背景

党的十八大以来，以习近平总书记为核心的党中央加大了生态文明建设步伐，党的十九对加快生态文明体制改革、建设美丽中国、振兴乡村、脱贫攻坚、"三农"发展等进行了战略部署，并把"扩大退耕还林还草规模"作为其战略措施之一。这充分体现了党和国家对退耕还林还草工作高度重视，赋予退耕还林还草新的任务和内涵，可以说，新时代、新起点、新要求，新时代赋予了退耕还林还草更高的目标，退耕还林还草肩负着生态文明、美丽中国、乡村振兴、精准扶贫、三农发展等重要目标。

一、新时代的国家战略赋予退耕还林还草新内涵

党的十八大以来，以习近平同志为核心的党中央，从坚持和发展中国特色社会主义全局出发，为实现"两个一百年"奋斗目标，确立了新形势下党和国家各项工作的战略目标和战略举措，提出了"两步走"战略、"四个全面"战略布局、"五位一体"总体布局、坚定实施"七大战略"、坚决打好"三大攻坚战"、努力建设美丽中国，为实现中华民族伟大复兴的中国梦提供了理论指导

和实践指南。

党的十九大是在全面建成小康社会决胜阶段、中国特色社会主义进入新时代的关键时期召开的一次十分重要的大会。党的十九对加快生态文明体制改革、建设美丽中国、振兴乡村、脱贫攻坚、三农发展等进行了战略部署。党的十九大报告特别提出"扩大退耕还林还草规模"的战略要求,这充分体现了党和国家对退耕还林还草工作高度重视。可以说,新时代、新起点、新要求,退耕还林还草的目标、地位也有了新变化。如果说过去退耕还林还草目标是生态建设和生态文明建设,是从保护和改善生态环境出发,将易造成水土流失的坡耕地有计划、有步骤地退耕还林还草。新时代还赋予了退耕还林还草更高的目标,那就是党的十九大提出的生态文明、美丽中国、乡村振兴、精准扶贫、"三农"发展等战略目标。

(一)退耕还林还草助推生态文明发展

党中央、国务院高度重视退耕还林还草对生态文明建设的重要作用。党和国家关于生态文明建设有两个纲领文件(中共中央、国务院发布的《关于加快推进生态文明建设的意见》和《生态文明体制改革总体方案》)和党的十九大报告,都明确提出,将退耕还林还草作为生态文明建设的重要措施之一。

2015年4月25日,中共中央、国务院发布了《关于加快推进生态文明建设的意见》,意见指出:"加强森林保护,将天然林资源保护范围扩大到全国;大力开展植树造林和森林经营,稳定和扩大退耕还林范围,加快重点防护林体系建设;完善国有林场和国有林区经营管理体制,深化集体林权制度改革。"

2015年9月21日,中共中央、国务院出台了《生态文明体制改革总体方案》,构建起生态文明体制的"八大制度"。文件指出:"建立耕地草原河湖休养生息制度。编制耕地、草原、河湖休养生息规划,调整严重污染和地下水严重超采地区的耕地用途,逐步将25度以上不适宜耕种且有损生态的陡坡地退出基本农田。建立巩固退耕还林还草、退牧还草成果长效机制。开展退田还湖还湿试点,推进长株潭地区土壤重金属污染修复试点、华北地区地下水超采综合治理试点。"

2017年10月18日,党十九大报告中要求"必须树立尊重自然、顺应自然、保护自然的生态文明理念,把生态文明建设放在突出地位,融入经济建设、政治建设、文化建设、社会建设各方面和全过程,努力建设美丽中国,实现中华民族永续发展";报告提出"完善天然林保护制度,扩大退耕还林还草"。可见,中央文件和党的十九大报告,都将退耕还林还草作为生态文明建设的措施之一。

(二)退耕还林还草促进美丽中国建设

党中央、国务院对退耕还林还草助推美丽中国建设高度重视。2017年10月18日,党的十九大报告中在"加快生态文明体制改革,建设美丽中国"的题目下,提出"完善天然林保护制度,扩大退耕还林还草"。可见,党的十九大报告,是将退耕还林还草作为建设美丽中国的措施之一。

2013年,中央一号文件《中共中央、国务院关于加快发展现代农业进一步增强农村发展活力的若干意见》发布,这是21世纪以来连续第十年聚焦"三农"的一号文件,也是党的十八大以后第一个中央一号文件,文件提出:"加强农村生态建设、环境保护和综合整治,努力建设美丽乡村。加大三北防护林、天然林保护等重大生态修复工程实施力度,推进荒漠化、石漠化、水土流失综合治理。巩固退耕还林成果,统筹安排新的退耕还林任务。"

2019年4月28日,习近平总书记中国北京世界园艺博览会开幕式作了"绿色生活,美丽家园"主题演讲,习近平总书记强调:"我们应该追求人与自然和谐。山峦层林尽染,平原蓝绿交融,城乡鸟语花香。这样的自然美景,既带给人们美的享受,也是人类走向未来的依托。"

(三)退耕还林还草助力乡村振兴

党和国家高度重视退耕还林还草对乡村振兴的作用,赋予了退耕还林还草新的内容,这就是乡村振兴。2017年10月18日,党的十九大报告提出强调乡村振兴战略后,中共中央、国务院先后出台了《关于实施乡村振兴战略的意见》《乡村振兴战略规划(2018—2022)》,两个文件都将退耕还林还草作为乡村振兴的重要措施之一。2018年中共中央办公厅、国务院办公厅印发的《农村人居环境整治三年行动方案》,也高度重视乡村绿化和植树造林。

2018年1月2日,中央一号文件印发了《中共中央国务院关于实施乡村振兴战略的意见》,文件指出:"实施乡村振兴战略,是党的十九大作出的重大决策部署,是决胜全面建成小康社会、全面建设社会主义现代化国家的重大历史任务,是新时代'三农'工作的总抓手。"文件提出"扩大退耕还林还草、退牧还草，建立成果巩固长效机制。"可见，党中央、国务院将退耕还林还草作为乡村振兴的重要措施之一。

2018年2月5日，中共中央办公厅、国务院办公厅印发了《农村人居环境整治三年行动方案》，文件指出："改善农村人居环境，建设美丽宜居乡村，是实施乡村振兴战略的一项重要任务，事关全面建成小康社会，事关广大农民根本福祉，事关农村社会文明和谐。"文件要求："推进村庄绿化，充分利用闲置土地组织开展植树造林、湿地恢复等活动，建设绿色生态村庄。"可见，党和国家将村庄造林绿化作为美丽乡村建设的重要手段之一。

2018年9月27日，中共中央、国务院印发了《乡村振兴战略规划（2018—2022）》，规划要求："大力实施大规模国土绿化行动，全面建设三北、长江等重点防护林体系，扩大退耕还林还草，巩固退耕还林还草成果，推动森林质量精准提升，加强有害生物防治""大力发展优质饲料牧草，合理利用退耕地、南方草山草坡和冬闲田拓展饲草发展空间。"可见，乡村规划将退耕还林还草提到了战略高度。

（四）退耕还林还草助推脱贫攻坚

党中央和国务院对退耕还林还草的生态扶贫作用高度重视，习近平总书记、李克强总理多次强调，贫困地区要加大退耕还林还草力度，中共中央、国务院印发的四个脱贫攻坚专项文件也对此做出了周密部署。2015年以来，习近平总书记分别在延安、贵阳、银川、太原、成都、重庆、北京召开了7个脱贫攻坚专题会议，其中2次强调要退耕还林还草，一个是2017年6月23日的太原会议，另一个是2020年3月6日的北京会议。

中共中央、国务院也将退耕还林还草作为扶贫发展的重要措施之一，写入重要文件。目前，中共中央、国务院印发的脱贫攻坚专项文件有四个（两个扶贫开发纲要、《关于打赢脱贫攻坚战的决定》《关于打赢脱贫攻坚战三年行动的指导意见》），这四个专项文件都强调贫困地区要加大退耕还林还草。

从退耕还林还草的实践来看，退耕还林还草的主战场就在生态脆弱、贫困发生率高、贫困程度深的集中连片特困地区。20年来，全国有812个贫困县实施了退耕还林还草，占全国贫困县总数的97.6%。

前一轮退耕还林向贫困地区倾斜。根据党中央、国务院的安排，退耕还林从试点开始就明确要求向贫困地区倾斜，从最早国家三部委发布的退耕还林试点方案，到二个国务院文件，以及《退耕还林条例》，都提出了在退耕还林政策上向贫困地区倾斜，而且多次对特殊贫困地区给予明确带帽支持。国家累计安排前一轮退耕地还林任务1.39亿亩，其中国家级扶贫开发重点县安排任务7684.26万亩，占总任务量的55.3%。

2008年实施退耕还林成果巩固专项提高了贫困地区补助标准。确定退耕还林成果巩固政策的二个国务院文件，不仅要求退耕还林要向贫困地区倾斜，而且提出了更进一步的目标，提高贫困地区退耕还林成果巩固的标准。国发25号文件明确到期后再补8年，累计资金约2000亿，一半补给退耕户，另一半搞成果巩固项目。财政部在具体安排成果巩固资金时，长江流域及南方地区按应得资金的80%安排，黄河流域及北方地区按应得资金的100%安排，部分贫困地区按应得资金的120%安排。部分省区，如四川、湖南、贵州等省，也自筹资金，分别对三州、湘西、毕节等贫困地区，提高了补助标准。

2014年，新一轮退耕还林还草启动，从2016年起，每年的退耕还林还草任务文件，都要求向贫困地区倾斜。2019年第二批退耕还林还草年度任务，文件明确要求：建设任务分解时，不得向非贫困地区安排。新一轮退耕还林还草任务从向贫困地区倾斜，到只准向贫困地区安排，反映了国家赋予了退耕还林还草脱贫攻坚任务。

(五)退耕还林还草化解"三农"问题

党中央、国务院高度重视退耕还林还草化解"三农"问题的重要作用。中央一号文件原指中共中央每年发的第一份文件，通常都是一年中需要解决的大事要事。改革开放以来，在1982年至2020年，我国连续出台了22个关于"三农"的中央一号文件，彰显了中华民族破解"三农"问题的决心与意志。现在中央一号文件已成为中共中央重视农村问题的专有名词。中共中央在1982年至1986年连续5年发布以"三农"为主题的中央一号文件，对农村改革和农业发展作出具体部署。2004年至2020年又连续17年发布以"三农"为主题的中央一号文件，强调了"三农"问题在中国的社会主义现代化时期"重中之重"的地位。

在改革开放时期的五个中央一号文件中，1985年的中央一号文件明确提出退耕还林，并对退耕还林后粮食不足问题做了安排。1985年的中央一号文件《中共中央、国务院关于进一步活跃农村经济的十项政策》中规定："山区

25度以上的坡耕地要有计划有步骤地退耕还林还牧，以发挥地利优势。口粮不足的，由国家销售或赊销。"

进入21世纪以来，中国综合国力因改革开放政策大幅提升，时隔18年后，2004年再次发布以"三农"为主题的中央一号文件，随后每年发布一个以"三农"为主题的中央一号文件。现在，中央一号文件已成为中共中央化解"三农"问题的专有名词。从2004年到2020年，中共中央、国务院已经连续十七年发布以"三农"为主题的中央一号文件，这17个中央一号文件中每一个文件都提出要退耕还林还草。17个中央一号文件17次提出退耕还林还草，可见，退耕还林还草对破解"三农"问题是何等重要。

2004年，中央一号文件《中共中央、国务院关于促进农民增加收入若干政策的意见》中，提出"对天然林保护、退耕还林还草和湿地保护等生态工程，要统筹安排，因地制宜，巩固成果，注重实效"。

2005年，中央一号文件《中共中央、国务院关于进一步加强农村工作提高农业综合生产能力若干政策的意见》中，提出"退耕还林工作要科学规划，突出重点，注重实效，稳步推进。要采取有效措施，在退耕还林地区建设好基本口粮田，培育后续产业，切实解决农民的长期生计问题，进一步巩固退耕还林成果"。

2006年，中央一号文件《中共中央、国务院关于推进社会主义新农村建设的若干意见》中，指出"对农民实行的'三减免、三补贴'和退耕还林补贴等政策，深受欢迎，效果明显，要继续稳定、完善和强化"，并要求"按照建设环境友好型社会的要求，继续推进生态建设，切实搞好退耕还林、天然林保护等重点生态工程"。

2007年，中央一号文件《中共中央、国务院关于积极发展现代农业扎实推进社会主义新农村建设的若干意见》中，要求"继续推进天然林保护、退耕还林等重大生态工程建设，进一步完善政策、巩固成果。启动石漠化综合治理工程，继续实施沿海防护林工程"。

2008年，中央一号文件《中共中央、国务院关于切实加强农业基础建设进一步促进农业发展农民增收的若干意见》中，要求"深入实施天然林保护、退耕还林等重点生态工程"。

2009年，中央一号文件《中共中央国务院关于2009年促进农业稳定发展农民持续增收的若干意见》中，要求"巩固退耕还林成果"。

2010年，中央一号文件《中共中央、国务院关于加大统筹城乡发展力度进一步夯实农业农村发展基础的若干意见》，核心是在统筹城乡发展中加大强农惠农力度。文件提出："巩固退耕还林成果，在重点生态脆弱区和重要生态区位，结合扶贫开发和库区移民，适当增加安排退耕还林。"

2011年，中央一号文件《中共中央、国务院关于加快水利改革发展的决定》，核心是加快水利改革发展。文件提出："实施国家水土保持重点工程，采取小流域综合治理、淤地坝建设、坡耕地整治、造林绿化、生态修复等措施，有效防治水土流失。"

2012年，中央一号文件《中共中央、国务院关于加快推进农业科技创新持续增强农产品供给保障能力的若干意见》中，要求"巩固退耕还林成果，在江河源头、湖库周围等国家重点生态功能区适当扩大退耕还林规模"。

2013年，中央一号文件《中共中央、国务院关于加快发展现代农业进一步增强农村发展活力的若干意见》发布，这是21世纪以来连续第十年聚焦"三农"的一号文件，也是党的十八大以后第一个中央一号文件，核心是进一步增强农村发展活力。文件提出："巩固退耕还林成果，统筹安排新的退耕还林任务。"

2014年，中央一号文件《中共中央、国务院关于全面深化农村改革加快推进农业现代化的若干意见》，核心是全面深化农村改革。文件指出："从2014年开始，继续在陡坡耕地、严重沙化耕地、重要水源地实施退耕还林还草。"

2015年，中央一号文件《中共中央、国务院关于加大改革创新力度加快农业现代化建设的若干意见》中提出"实施新一轮退耕还林还草工程，扩大重金属污染耕地修复、地下水超采区综合治理、退耕还湿试点范围，推进重要水源地生态清洁小流域等水土保持重点工程建设"。

2016年，中央一号文件《中共中央、国务院关于落实发展新理念，加快农业现代化实现全面小康目标的若干意见》中，提出"扩大新一轮退耕还林还草规模""探索实行耕地轮作休耕制度试点，通过轮作、休耕、退耕、替代种植等多种方式，对地下水漏斗区、重金属污染区、生态严重退化地区开展综合治理"。

2017年，中央一号文件《中共中央、国务院关于深入推进农业供给侧结构性改革加快培育农业农村发展新动能的若干意见》，核心是深入推进农业供给侧结构性改革。文件明确指出："加快新一轮退耕还林还草工程实施进度。上一轮退耕还林补助政策期满后，将符合条件的退耕还生态林分别纳入中央和地方森林生态效益补偿范围。继续实施退牧还草工程。"

2018年，中央一号文件《中共中央、国务院关于实施乡村振兴战略的意见》是对乡村振兴进行战略部署，这是对党的十九大提出的实施乡村振兴战略的落实。文件提出"扩大退耕还林还草、退牧还草，建立成果巩固长效机制"。

2019年，中央1号文件《中共中央、国务院关于坚持农业农村优先发展做好"三农"工作的若干意见》中，提出"扩大退耕还林还草，稳步实施退牧还草"。

2020年，中央一号文件《中共中央、国务院关于抓好"三农"领域重点工作，确保如期实现全面小康的意见》中，要求"扩大贫困地区退耕还林还草规模"。

农业强、农村美、农民富，是农民获得感和幸福感的关键所在，也是决定全面建成小康社会成色和社会主义现代化质量的关键所在。党的十八大以来，面对错综复杂的国内外经济环境、多发频发的自然灾害，中央始终把解决好"三农"问题作为全党工作的重中之重，我国农业农村发展取得巨大成就，农民生活迈上一个新台阶。但也要看到，农业农村农民仍是全面建成小康社会的短板。解决"三农"问题是一项综合工程，关键要靠国家政策，退耕还林还草作为一项生态惠民的生态工程，对"三农"问题的解决也有重大推动。

二、退耕还林还草是习近平生态文明思想的践行者

党的十八大以来，以习近平同志为核心的党中央深刻回答了为什么建设生态文明、建设什么样的生态文明、怎样建设生态文明的重大理论和实践问题，提出了一系列新理念新思想新战略，形成了习近平生态文明思想，成为习近平新时代中国特色社会主义思想的重要组成部分。退耕还林还草正是把水土流失的陡坡地变成青山、花果山，是习近平生态文明思想的重要践行者。

(一)退耕还林还草是"两山"理论的最佳践行者

2005 年 8 月,时任浙江省委书记的习近平同志在浙江安吉余村考察时,提出了"绿水青山就是金山银山"的科学论断。2013 年 9 月 7 日,习近平总书记在哈萨克斯坦纳扎尔巴耶夫大学发表演讲并回答学生们提出的问题,在谈到生态保护问题时他指出:"我们既要绿水青山,也要金山银山。宁要绿水青山,不要金山银山,而且绿水青山就是金山银山。"这生动形象地表达了我们党和政府大力推进生态文明建设的鲜明态度和坚定决心。2017 年 10 月 18 日,习近平在十九大报告中指出,坚持人与自然和谐共生。必须树立和践行绿水青山就是金山银山的理念,坚持节约资源和保护环境的基本国策。2020 年 4 月 1 日,习近平在浙江安吉余村考察时指出,要践行"绿水青山就是金山银山"发展理念,推进浙江生态文明建设迈上新台阶,把绿水青山建得更美,把金山银山做得更大,让绿色成为浙江发展最动人的色彩。

退耕还林还草正是"绿水青山就是金山银山"的生动实践。对人的生存和发展来说,金山银山固然重要,但绿水青山是人民幸福生活的基本保障和内在要求,是金山银山不能代替的。没有绿水青山,也就没有了金山银山,生态环境恶化了,粮食产量也就下降了,走向生态恶化与产量下降的恶性循环。

(二)退耕还林还草是山水林田湖草思想的关键

习近平同志运用系统思维创造性地提出,人的命脉在田,田的命脉在水,水的命脉在山,山的命脉在土,土的命脉在树,山水林田湖是一个生命共同体,必须对山水林田湖进行统一保护、统一修复。在这里,习近平总书记他用"命脉"科学描述了"人—田—水—山—土—树"之间的生态依赖和物质循环关系,而树处在最高生态位置,树没了,后面的什么都没有了。习近平总书记还提出"人与自然是生命共同体"的科学理念,明确人与自然之间的关系是通过物质变换而构成的有机系统、生态系统,丰富和发展了马克思主义的人化自然观、系统自然观和生态自然观。这样,生命共同体的科学理念就为社会主义生态文明建设奠定了科学的世界观和方法论的基础。在新时代,我们要遵循生命共同体的科学理念,将系统思维、生态思维提升和纳入到辩证思维当中,要统筹兼顾、整体施策、多措并举,动员和组织人民群众,按照自然、社会和人类有机统一的系统工程的方式方法推进生态文明建设。

退耕还林还草工程正是深刻把握习近平总书记山水林田湖草是生命共同

体系统思想的伟大实践。在推进生态文明领域国家治理体系和治理能力现代化的过程中，习近平总书记科学描述了"人—田—水—山—土—树"之间的命脉依赖循环关系，突出"树"在全球生态系统中的基础地位。

(三) 退耕还林还草是生态福祉思想的直接体现

2018年5月，习近平总书记在全国生态环境保护大会上强调，良好生态环境是最普惠的民生福祉，坚持生态惠民、生态利民、生态为民，重点解决损害群众健康的突出环境问题，不断满足人民日益增长的优美生态环境需要。"最普惠的民生福祉"是习近平生态文明思想的重要宗旨，是生态文明建设的"本质论"，体现出深厚的民生情怀和强烈的责任担当。2016年1月，习近平在省部级主要领导干部学习贯彻党的十八届五中全会精神专题研讨班上指出："生态环境没有替代品，用之不觉，失之难存。我讲过，环境就是民生，青山就是美丽，蓝天也是幸福，绿水青山就是金山银山。"习近平的这段话深刻揭示了生态、经济、发展之间的辩证统一关系。保护生态环境就是保护生产力，改善生态环境就是发展生产力。只有坚持正确的发展理念和发展方式，才可以实现百姓富、生态美的有机统一。

退耕还林还草工程深刻把握了良好生态环境是最普惠民生福祉的宗旨精神，着力解决损害群众健康的突出环境问题。针对生态中心主义和人类中心主义的抽象争论，从马克思主义立场和党的全心全意为人民服务的宗旨出发，顺应人民群众从"求温饱"到"求环保"的热切期待，实现了粮食生产与绿水青山的良性循环。

(四) 退耕还林还草是"生态兴则文明兴、生态衰则文明衰"思想的重要实践

习近平同志提出："生态兴则文明兴，生态衰则文明衰。"不重视生态的政府是不清醒的政府，不重视生态的领导是不称职的领导，不重视生态的企业是没有希望的企业，不重视生态的公民不能算是具备现代文明意识的公民。他坚决地表示：生态环境方面欠的债迟还不如早还，早还早主动，否则没法向后人交代。你善待环境，环境是友好的；你污染环境，环境总有一天会翻脸，会毫不留情地报复你。这是自然界的客观规律，不以人的意志为转移。对于环境污染的治理，要不惜用真金白银来还债。

习近平多次从人类历史发展的角度，对人与自然的关系、文明兴衰与民族命运、环境质量与人民福祉作出了"生态兴则文明兴，生态衰则文明衰"的

科学论断。他的表述通俗而深刻，将如何处理人类生产与自然环境的关系的认识论发展到了新高度，体现了对生态问题的历史责任感和整体发展观。

退耕还林还草正是生态兴文明兴的重要实践。退耕还林还草工程建设，好比我们在治理一种社会生态病，这种病是一种综合征，病源很复杂，有的来自不合理的经济结构，有的来自传统的生产方式，有的来自不良的生活习惯等，其表现形式也多种多样，既有生态系统被破坏造成的"神经性症状"，还有资源过度开发带来的"体力透支"。总之，它是一种疑难杂症，这种病一天两天不能治愈，一副两副药也不能治愈，它需要通过退耕还林还草，综合治理，长期努力，精心调养。

三、退耕还林还草顺应国际生态潮流

实施大规模退耕还林还草在我国乃至世界上都是一项伟大创举。退耕还林还草不仅传播了中国生态哲学思想，适应了国际生态潮流，顺应了国际可持续发展潮流，丰富了后现代化建设理论，为增加森林碳汇、应对气候变化、参与全球生态治理作出了重要贡献。

（一）退耕还林还草推动了世界生态觉醒

退耕还林还草，推进了中国生态觉醒与生态意识的提高。中国是世界人口大国，中国人的生态觉醒、生态意识提高对世界生态保护事业意义重大。西方的生态觉醒，发生在20世纪60年代。关于中国的生态觉醒时间，现在还没有一个统一的说法，但部分学者认为，中国的全民生态觉醒发生时间为21世纪之初，标志就是退耕还林还草工程，也有学者认为，标志是2007年把生态文明写入党的十七大报告。

姑且不论中国生态觉醒的时间和标志，毫无疑问，退耕还林还草对全民生态意识的觉醒，贡献是极其巨大的。退耕还林还草政策性强，涉及面广，关系到千家万户农民的切身利益。为了做到国家政策家喻户晓、妇孺皆知，各级地方党委、政府都把宣传发动作为实施退耕还林还草工作的第一道工序来抓，组织了一系列宣传活动，以生动、形象的事实宣传退耕还林还草的重大意义和政策措施，为开展退耕还林还草工作创造了良好的舆论氛围。通过广泛宣传，工程区广大干部群众进一步认清了国家治理生态环境的决心，了解了"退耕还林，封山绿化、以粮代赈，个体承包"的政策，逐步认识到退耕还林还草、恢复林草植被的重要性，变"要我退"为"我要退"，退耕还林还草的积极性普遍高涨。退耕还林还草工程从意识形态上统一了思想，从体制机制上保障了良好生态全民共建共享，为我国生态文明建设奠定了良好基础。

从实施效果看，工程区全民生态意识明显增强。退耕还林还草任务分配到户、政策直补到户、工程管理到户，政策措施做到了家喻户晓。20年的工程建设，已经成为生态文化的"宣传员"和生态意识的"播种机"，生态优先、绿色发展的理念深入人心，爱绿护绿、保护生态的行为蔚然成风。尤其是工程实施20年来取得的显著成效，让工程区老百姓深切感受到了生态环境的巨大变化和生产生活条件的明显改善，人们对生产发展、生活富裕、生态良好的文明发展道路有了更加深刻的认识，生态意识明显增强。有的基层干部说，退耕还林还草从某种意义上讲，退出的是广大农民传统保守的思想观念，还上的是文明绿色的发展理念；退出的是农村长期粗放落后的生产方式，还上的是集约高效的致富之路。

退耕还林还草的后续生态影响力仍然是巨大的。人们在享受退耕还林还草带来的绿色、舒适、健康的人居环境的同时，倍加珍惜来之不易的生态建设成果，人人爱绿、护绿意识明显增强，退耕还林还草、生态文明已经成为中国人民最熟悉的词汇，并在每一个中国人心中生根发芽，从一个理念、一句口号逐渐渗透融入到人们日常生活、工作的每一个细节。

(二) 退耕还林还草顺应了国际可持续发展潮流

1972年，联合国环境会议第一次提出了"可持续发展"概念。1992年，联合国环境与发展大会发表的《里约热内卢环境与发展宣言》指出"为了实现可持续发展，使所有的人都享有较高的生活素质，各国应当减少和消除不能持续的生产和消费形态，并推行适当的人口政策，以满足当代的需要而又不影响后代自身需要的能力"。至此，可持续发展被世界各国普遍认同，成为指导全球和国家发展的基本方针和基本战略。1996年，全国人大通过的《国民经济和社会发展"九五"计划和2010年远景目标纲要》正式把"可持续发展战略"和"科教兴国战略"列为中国跨世纪发展的两大国家战略。可持续发展提出了一种全新的社会发展模式，其核心是人口、环境、资源的协调发展，以实现三个"零增长"：一是要控制人口，提高人口素质，确保人口增长与国民经济增长保持同步，并最终实现人口数量和规模的"零增长"，以确保中华民族的永续繁荣；二是要改变先污染后治理的状况，实现经济建设与环境建设同时并举，并在生态恶化速率上最终实现"零增长"；三是要调整资源开发与消费模式，实现经济-社会-自然三维系统的有机协调，并在资源消费上最终实现"零增长"。

退耕还林还草工程是对可持续发展理论的发展，工程建设的目标就是实现环境、资源的可持续发展。可持续发展理论将环境因素与制度、文化、人口、自然资源、技术等因素进行综合分析，把它们作为发展的内生变量，为经济发展提供了新的思路。没有经济的发展，良好生态环境的维持与改善会遇到极大的困难，人类生活水平的提高和自身的发展就是一句空话。随着人口的增长，环境资源的稀缺性必然使人为活动受到限制。其一是地球上资源有限的问题，其二是资源稀缺的限制，其三是环境自净能力的限制。环境资源的稀缺性说明人的经济活动必然受到资源环境的限制，超过环境的承载力，经济就会受阻。当前由于毁林开荒带来的水土流失、洪水泛滥、旱灾横行、沙漠蔓延等生态破坏问题，已经不是经济发展的外在性问题，它已经成为经济发展的内在性问题，成为实现经济良性发展的障碍。研究经济发展，必须同时研究生态环境的影响，重视环境的改善，转变以牺牲生态环境换取经济繁荣的发展模式。实行退耕还林还草，寻求生态与经济的协调发展正是社会可持续发展的必然要求。

（三）退耕还林还草丰富了后现代化理论

现代化理论从萌芽至成熟，大致经历了三个阶段。第一个阶段是现代化理论的萌芽阶段，从18世纪至20世纪初。这一阶段以总结和探讨西欧国家自身的资本主义现代化经验和面临的问题为主，其中主要的学者有圣西门、孔德、迪尔凯姆和韦伯等。第二个阶段是现代化理论的形成时期。从二次世界大战后至20世纪60、70年代，以美国为中心，形成了比较完整的理论体系，主要学者有社会学家帕森斯、政治学家亨廷顿等。第三个阶段是从20世纪60、70年代至今，这一时期研究的核心是如何处理非西方的后进国家现代化建设中的传统与现代的关系。现代化研究形成了庞大的理论体系，大体上说，包括经典现代化理论、后现代化理论和第二次现代化理论等三大体系。

后现代化理论几乎与现代化理论研究同步，西方学者对发达工业国家未来的发展进行研究，提出了许多种新理论，出现了很多新提法，如后资本主义社会、后工业社会、后现代主义、后现代化理论、知识社会、信息社会等。如美国社会学家丹尼尔·贝尔出版的《后工业社会的来临》一书，将工业社会的发展分为前工业社会、工业社会和后工业社会三个阶段。一般认为，后现代化（或者后工业社会）的核心社会目标，不是加快经济增长，而是增加人类幸福，改善生态环境，提高生活质量。作为对工业文明反思与偿债的退耕还林还草，无疑对后现代化社会发展作出了重要尝试。

第二次现代化理论与后现代化大同小异，主要是指工业化后的社会发展形态。第二次现代化理论认为，从人类诞生到21世纪，人类文明的发展可以分为工具时代、农业时代、工业时代和知识时代等四个时代，每一个时代都包括起步期、发展期、成熟期和过渡期四个阶段，人类文明进程包括四个时代十六个阶段；从农业时代向工业时代、农业经济向工业经济、农业社会向工业社会、农业文明向工业文明的转变过程是第一次现代化；从工业时代向知识时代、工业经济向知识经济、工业社会向知识社会、工业文明向知识文明的转变过程是第二次现代化；文明发展具有周期性和加速性，知识时代不是文明进程的终结，而是驿站，将来还会有新的现代化等。其中第二次现代化，指从工业时代向知识时代、工业经济向知识经济、工业社会向知识社会、工业文明向知识文明的转变。它是一种新现代化，不仅覆盖了后工业社会理论、后现代主义、后现代化理论等的内容，而且还有全新的、更加丰富的内涵。第二次现代化理论认为，第一次现代化的主要社会经济目标是加快经济增长，那么，第二次现代化的主要社会经济目标是提高生活质量。而退耕还林还草对生态环境改善、生活质量提高，功不可没。

（四）退耕还林还草发展了国际生态哲学

近年来，国际生态哲学的研究和发展很快。退耕还林还草及其文化建设与国际生态哲学思想完全不谋而合。这些西方生态哲学思想思潮有美国学者利奥波德的"大地伦理学"、罗尔斯顿的"自然价值论"和挪威学者奈斯的"深层生态学"等。反思和批判某些西方哲学家以及西方哲学传统中不利于生态保护的现代性思想，如笛卡尔的机械论、主体性哲学等。在西方环境伦理学著作的基础上，在世界范围内兴起了关于"人类中心主义"等的大讨论，学界反响强烈。

退耕还林还草加快构建了中国特色生态哲学。党的十九大报告指出，人与自然是生命共同体，人类必须尊重自然、顺应自然、保护自然。纵观人类历史，人与自然的关系经历以自然为中心和以人为中心两个发展阶段，正在进入人与自然和谐共生的第三个阶段。中国特色生态哲学把世界视为自然—人—社会的复合生态系统，蕴含万物相联、包容共生，平衡相安、和谐共融，平等相宜、价值共享，永续相生、真善美圣的生态文化思想，揭示生态系统的有机创造性和内在联系性，是生态文明建设的哲学理论基础。当前，加快构建中国特色生态哲学，对于我们加快生态文明体制改革、建设美丽中国具有重要理论和实践意义。

退耕还林还草丰富了马克思主义生态哲学理论体系。我国学者注重加强马克思主义生态哲学理论体系建设，不仅系统梳理和研究马克思主义经典作家的生态哲学思想，而且对马克思主义生态哲学的发展如生态马克思主义等进行研究，翻译出版了一大批生态马克思主义著作。生态哲学研究者还把马克思主义生态哲学理论研究成果应用于生态文明建设实践，阐述其对可持续发展、低碳经济、"两型社会"建设的重要意义，注重发挥马克思主义生态哲学的指导和引领作用。

退耕还林还草挖掘了我国古代哲学中的生态思想。我国学者系统梳理和解读传统儒家、道家哲学思想，提炼其中的生态哲学思想，并对其代表人物如孔子、孟子、淮南子、嵇康、张载等的生态哲学思想进行深入挖掘研究，梳理和提炼中华传统文化包括少数民族文化中的生态哲学思想，阐明其对生态保护与环境治理的当今价值，努力促进生态文明建设。

退耕还林还草为东西方文化差异的生态哲学研究提供了多元视角。充分挖掘退耕还林还草文化的生态思想资源，构建具有中国风格的生态哲学思想体系，是我国学者的优势所在、责任所系。这就需要勇于打破学科壁垒，将中华文化资源有机融入生态哲学研究。可以预见，如果能将生态哲学研究的前沿问题转化为具有中华文化内涵的哲学问题，就很有可能推出原创性成果，为世界生态哲学研究贡献中国智慧。构建中国特色生态哲学，还应充分融入国际学术交流语境，积极参与学术争鸣。应鼓励青年学者勇于探索、敢于发声，不断提升在国际期刊发表论文的影响力，提高中国学者在国际学界的学术声誉。与此同时，打造具有国际影响的中国期刊和出版园地，有组织地推介中国学者的优秀成果，力争在一些特色领域掌握学术话语权。

第六章 退耕还林还草文化建设的基本思路

(五) 退耕还林还草是应对气候变化重要选择

当前，全球气候变化已成为世界各国关注的重大问题。森林因具有重要的碳汇功能，联合国已将增加森林碳汇列为应对气候变化的战略举措，历次联合国气候公约谈判都把林业作为应对气候变化的主要内容，许多国家都将发展林业作为增汇减排的重要途径。林业在应对气候变化中的地位越来越重要、作用越来越凸显，大力发展林业已成为我国应对气候变化的战略选择。1997年，《京都议定书》对发达国家缔约方提出了量化减排措施，其中一条重要措施就是"造林、再造林、森林可持续经营管理"。2007年，将发展中国家减少毁林和增加森林碳汇纳入《巴厘行动计划》。2009年，《哥本哈根协议》要求必须通过建立包括减少发展中国家毁林、森林退化排放，以及通过保护森林、可持续经营森林以及增加碳汇行动在内的激励政策和机制，促使发展中国家尽快采取行动。2010年，坎昆会议通过两个林业决定。坎昆协议明确，要对核算出来的森林管理活动产生的碳汇用于抵消工业、能源排放的总量设定一个上限。2013年，华沙气候大会达成了通过森林保护、森林可持续管理、增加森林面积而增加碳汇的行动(REDD+行动)，明确为发展中国家实施减少毁林排放、减少森林退化排放、保护森林碳储量、森林可持续经营、提高森林碳储量等5项具体行动，提供激励机制。2015年，巴黎气候大会达成的《巴黎协定》单设森林相关条款，确定了2020年后全球共同应对气候变化的框架性安排，特别是将从2018年开始，对各国提出的目标进展情况进行预评估。

中国政府高度重视增加森林的碳汇功能。2015年11月，习近平总书记在巴黎气候大会上，将增加森林碳汇作为中国应对气候变化国家自主贡献三大目标之一，并向国际社会庄严承诺：到2030年我国森林蓄积量要比2005年增加45亿立方米左右。这充分体现了中国对维护全球气候安全高度负责的态度，受到了国际社会的高度评价。2020年9月22日，习近平总书记在第七十五届联合国大会一般性辩论上郑重宣布，"中国将提高国家自主贡献力度，采取更加有力的政策和措施，二氧化碳排放力争2030年前达到峰值，努力争取2060年前实现碳中和。"

按照中央的决策部署和国家应对气候变化方案，国家林业局制定实施了《林业适应气候变化行动方案(2016—2020年)》和《林业应对气候变化行动要点》,通过大力造林、科学经营、严格保护,森林资源稳定增长,我国林业增汇减排能力稳步提升,林业应对气候变化取得了积极成效。深入实施以生态建设为主的林业发展战略,不断加大造林绿化力度,全国森林资源总量不断增加,在维护森林生态安全的同时,有效地增加了森林碳汇。重点实施了新一轮退耕还林还草、三北防护林等生态修复工程,加快国家储备林建设,广泛开展全民义务植树活动,充分调动各种社会主体造林绿化,全国年均新增造林面积近9000万亩,国土绿化成果不断扩大。

值得一提的是,退耕还林还草为应对全球气候变化、解决全球生态问题作出了巨大贡献。林地造林、林分质量改进增加碳汇能力有限,而退耕还林还草是净增加森林碳汇,将几乎没有碳汇的耕地转变为碳汇巨大的森林,是外延式增加碳汇。更重要的是,近年来退耕还林还草是中国及世界森林面积增加的重要力量,从1999—2020年,20年来累计实施退耕还林还草5.22亿亩,占同期中国重点工程造林总面积的40%,成林面积占全球同期增绿面积的4%以上。据2016年的监测结果,退耕还林还草工程每年固碳63355.5万吨。若一辆百千米耗油10升的汽车每年行驶2万千米,每消耗100公升汽油会排放270千克二氧化碳,则这辆汽车一年会排放2.7吨二氧化碳。如此算来,退耕还林还草每年固定的碳汇相当于23465万辆小汽车每年的碳排放量。

2019年2月,美国《自然》杂志发表文章,对我国实施退耕还林还草、应对气候变化的举措作了详细介绍,呼吁全球学习中国的土地使用管理办法。

第二节 退耕还林还草文化建设的发展思路

退耕还林还草作为中国特色社会主义建设的一项重大战略,是中国生态文明建设的一面旗帜,是习近平生态文明思想及"两山理念"的践行者,其文化建设同样任重道远。经过认真思考,退耕还林还草文化建设的基本思路是:以习近平生态文明思想为指导,以"绿水青山就是金山银山"理念为引领,以不断丰富完善退耕还林还草物质文化、精神文化、制度文化为核心,以全面研究、深入挖掘、认真整理、精心创作、吸收借鉴、广泛传播为手段,以讲好退耕还林还草故事、传播好退耕还林还草声音为宗旨,以向世界展现真实、立体、全面的退耕还林还草,提高退耕还林还草文化软实力和影响力为目标,建设具有强大凝聚力和引领力的社会主义先进文化，全面提升退耕还林还草文化建设质量和水平，为推进退耕还林还草高质量发展，建设生态文明和美丽中国做出新的更大贡献。

一、坚持习近平生态文明思想

党的十八大以来，以习近平同志为核心的党中央领导全党全国人民大力推动生态文明建设的理论创新、实践创新和制度创新，开创了社会主义生态文明建设的新时代，形成了习近平生态文明思想。作为习近平新时代中国特色社会主义思想的重要内容，习近平生态文明思想，指明了生态文明建设的方向、目标、途径和原则，揭示了社会主义生态文明发展的本质规律，开辟了当代中国马克思主义生态文明理论的新境界，对建设富强美丽的中国和清洁美丽的世界具有非常重要的指导作用。当前，我们首先要认真学习领会习近平生态文明思想的丰富内涵和精髓要义。

习近平生态文明思想的丰富思想内涵可以集中概括为"生态兴则文明兴"的深邃历史观、"人与自然和谐共生"的科学自然观、"绿水青山就是金山银山"的绿色发展观、"良好生态环境是最普惠的民生福祉"的基本民生观、"山水林田湖草是生命共同体"的整体系统观、"实行最严格生态环境保护制度"的严密法治观、"共同建设美丽中国"的全民行动观、"共谋全球生态文明建设之路"的共赢全球观。

退耕还林还草是习近平生态文明思想及"两山理念"的重要践行者，作为生态文明建设的重要组成部分，退耕还林还草从人与自然的视角反映着人类社会的进步。退耕还林还草作为中国特色社会主义新时代发展战略的重要内容，不仅事关全面建成小康社会目标的实现，关系着人民的福祉、国家的兴衰和民族的赓续，还影响着全球生态安全与发展。

坚持"绿水青山就是金山银山"的发展理念。习近平总书记提出的"绿水青山就是金山银山"理念，是我们党对客观规律认识的重大成果，是处理发展问题的重大突破，是生态文明理论的重大创新，发展了马克思主义生态经济学，是习近平新时代中国特色社会主义思想的重要内容。

绿水青山与金山银山的关系，实质上就是生态环境保护与经济发展的关系。习近平总书记指出，在实践中对二者关系的认识经过了"用绿水青山去换金山银山、既要金山银山也要保住绿水青山、让绿水青山源源不断地带来金山银山"三个阶段。这是一个理论逐步深化的过程。人类必须善待自然。只有抱着尊重自然的态度，采取顺应自然的行动，履行保护自然的职责，才能还自然以宁静、和谐、美丽，让人与自然相得益彰、融合发展。

绿水青山、金山银山分别体现自然资源的生态属性和经济属性，是推动社会全面发展的两个重要因素。"绿水青山就是金山银山"理念阐述了自然资源和生态环境在人类生存发展中的基础性作用，以及自然资本与生态价值的重要性，强调生态就是资源，就是生产力。保护和改善生态环境，就是保护和发展生产力。从长远来看，绿色生态效益持续稳定、不断增值，总量丰厚、贡献巨大，是最大财富、最大优势、最大品牌。

退耕还林还草文化建设，必须坚持"绿水青山就是金山银山"的发展理念，兼顾生态保护与经济发展，重视培育和发展自然资源，加强自然资源和生态环境的保护和利用，增加生态价值和自然资本。必须突破把生态保护与经济发展对立起来的僵化思维，使两者有机统一、协同推进，更好实现生态美百姓富，更好促进经济社会协调可持续发展。

二、以丰富退耕还林还草物质、精神、制度文化为核心

退耕还林还草文化的内涵非常丰富，它首先表现为物质层面的，这就是退耕还林还草物质文化；还表现为精神层面的，如知识、信仰、意识、艺术、道德、风俗、习惯等，这就是退耕还林还草精神文化；再表现为制度层面的，如法律法规等，这就是退耕还林还草制度文化。因此，从文化内涵上来说或者从形态上来说，可以把退耕还林还草文化分为物质文化、精神文化和制度文化。

退耕还林还草物质文化是指通过退耕还林还草获得的物质产品。退耕还林还草是推动农村生产方式变革、物质获取方式合理的民生工程，壮大用材林、经济林、林下经济、采摘观光等产业。通过退耕还林还草，农民彻底告别了倒山种地、广种薄收的生产方式，走向多种经营、高效农业的新时代。

退耕还林还草精神文化具体的表现在与退耕还林还草相关的意识、观念、心态、风俗、习惯、精神、传统等思想观念和精神追求。退耕还林精神文化

可以被视作是由多个相互联系、相互支撑的退耕价值观念构成的理论体系，包括了意识、责任、义务和权益等内容，丰富了生态伦理、生态道德、生态美等生态文化，提高了生态美的事物的感受、艺术美的品位和我们的精神世界的追求。

退耕还林还草制度文化是包括《退耕还林条例》在内的退耕还林还草政策、法规，是中国生态制度建设的重大创新。退耕还林还草工程制定了含金量很高的顶层设计和配套政策，创造性地实行个体承包、直补到户的方式，让农民真切感受到了退耕还林还草政策的实惠。退耕还林还草将生态治理与群众的现实利益直接挂钩，有效调动了广大农民的治理管护积极性。任务分配到户、政策直补到户、工程管理到户，政策措施家喻户晓。

三、以全面研究、深入挖掘、认真整理等六大措施为手段

一是全面研究。深入研究退耕还林还草文化及其相关文化，充分发挥专家作用，切实提高退耕还林还草文化研究的水平。我们可以扩展思路，广泛吸收借鉴其他相关文化研究的成果，如：森林文化、草原文化、湿地文化、园林文化、植物文化、竹文化、花文化、茶文化、海洋文化、民族文化、古村镇文化等等，以此启发思路、开阔视野，帮助我们更好地研究退耕还林还草文化。退耕还林还草文化建设，研究，要坚持立足当代又继承优秀文化传统，立足本国又充分吸引世界优化文化成果。中国文明是农业文明，中国文化是农耕文化。中国文化的精髓是天人合一、自然和谐思想，这与退耕还林还草是一脉相承的。

二是深入挖掘。深入基层，实际调研，挖掘整理退耕还林还草基层丰富实践。退耕还林还草在全国80%的县实施，在田间地头与退耕还林还草农户直接接触，是最接地气的林草工作。要想做好退耕还林还草文化研究，离不开深入退耕还林还草工程区，与基层干部，特别是退耕还林还草农户打交道、交朋友，掌握第一手材料，激发研究灵感。

三是认真整理。全面系统总结，认真研究分析20多年来的退耕还林还草成果，总结实施退耕还林还草20多年来取得的丰富经验，实事求是地肯定了取得的巨大成就，也认真分析了当前工作中存在的突出问题，并对下一步如何做好退耕还林还草工作进行了安排部署。

四是精心创作。可以有计划地组织专家学者，通过实地调查、采风、评比等形式，创作退耕还林还草文艺。中国作家协会组织数十位作家深入退耕还林还草一线采风，形成了一批退耕还林还草文学作品；国家林草局编辑出版了《退耕还林在中国——回望20年》一书，向全社会发布了《中国退耕还林还草二十年（1999—2019）》白皮书，开展了《退耕还林还草与乡村振兴》专题研究等。这些成果都可以为研究退耕还林还草文化提供帮助。

五是吸收借鉴。广泛收集资料，吸收借鉴生态建设及其文化相关研究成果。国际上一些国家开展了类似于我国退耕还林还草的生态工程，比如：美国"罗斯福工程"、前苏联"斯大林改造大自然计划"、加拿大"绿色计划"、北非五国"绿色坝工程"等重点生态工程。退耕还林还草有其特殊性，研究退耕还林还草文化更是首创之举，可以直接参考的资料有限。

六是广泛传播。围绕退耕还林还草20年、建党100年等重大节日，国家林草局加大了退耕还林还草的宣传力度，先后开展了院士行、作家行、记者行、重走长征路等活动。在中央领导的亲切关怀下，在中宣部新闻局的大力支持下，国家主流媒体组成采访团集中对退耕还林还草进行了大规模宣传报道，扩大了社会影响力。

四、以讲好退耕还林还草故事、传播好退耕还林还草声音为宗旨

退耕还林还草文化研究，要讲好退耕还林还草故事。有关工程省区可以组织报社、电视台、新媒体等，深入基层进行宣传报道。主要通过实地采访、拍摄，与基层干部群众访谈等形式反映退耕还林还草20年所取得的成果。退耕还林还草工程的实施，也极大促进了农村产业结构调整，为实现农业可持续发展开辟了新途径。通过优化土地利用结构，促进农业结构由以粮为主向多种经营转变，粮食生产由广种薄收向精耕细作转变，许多地方走出了"越穷越垦，越垦越穷"的恶性循环，实现了地减粮增、林茂粮丰。许多工程区生态修复明显加快，林草植被大幅度增加，森林覆盖率平均提高4个多百分点，一些地区提高十几个甚至几十个百分点，生态面貌大为改观。陕西延安市累计退耕还林1077万亩，森林覆盖率提高19个百分点。昔日"山是和尚头、水是黄泥沟"的黄土高坡，如今变成了山川秀美的"好江南"，实现了山川大地由黄变绿的历史性转变，成为全国退耕还林还草和生态建设的成功样本。贵

州,实施新一轮退耕还林还草对近年来全省森林覆盖率每年提高1个百分点发挥了重要作用,扭转了治理区生态恶化的趋势。

退耕还林还草文化研究,要传播好退耕还林还草的声音。作为中国乃至世界上投资最大、政策性最强、涉及面最广、群众参与程度最高的一项重大生态工程,退耕还林还草工程创造了世界生态建设史上的奇迹。传播好退耕还林还草的声音,就是要传播好正能量。退耕还林还草是一项政府主导工程,政策性强,工程覆盖千山万水,关系到千家万户农民的切身利益。从整体上看,工程建设规范,成效突出,但工程涉及4100万农户、1.58亿农民,不排除个别农户理解不到,退耕地类、还林面积、林种树种、成活率等方面出现问题,这就要做好正面引导,传播好正面声音。要以国家政策为民向,以生动、形象的事实宣传退耕还林还草的重大意义和政策措施,为退耕还林还草工作创造了良好的舆论氛围。通过正面宣传引导,工程区广大干部和农民群众逐步认识到退耕还林还草、恢复林草植被的重要性,退耕还林还草的积极性普遍高涨。通过正面宣传,进一步调动广大农民群众民退耕还林还草的积极性,提高农民群众自觉实施退耕还林还草的意识,自愿地参加到退耕还林还草队伍中来。

五、以向世界展示真实、立体、全面的退耕还林还草为目标

退耕还林还草文化研究的目标,是要向世界展示真实、立体、全面的退耕还林还草。退耕还林还草是党中央、国务院在世纪之交着眼中华民族长远发展和国家生态安全作出的重大决策,是"两山"理念的生动实践。退耕还林还草工程的实施,改变了我国延续几千年的"毁林开荒"的局面,极大地推进了国土绿化、生态修复进程,工程建设取得了显著的综合效益,促进了生态改善、农民增收、农业增效和农村发展,有效推动了工程区产业结构调整和脱贫致富奔小康。退耕还林还草工程已成为我国乃至世界上资金投入最多、建设规模最大、政策性最强、群众参与程度最高的重大生态工程,取得了巨大的综合效益。

退耕还林还草文化研究的目标,是要提高退耕还林还草文化软实力和影响力。退耕还林还草增加了森林碳汇,应对全球气候变化的重要力量,展示中国作为责任大国的形象。我国作为碳排放大国和在国际事务中负责任的大

国,承诺在2050年实现碳中和,节能减排压力越来越大。实施退耕还林还草工程是增加森林碳汇、应对气候变化、进一步提升中国政府形象的迫切需要,也是应对全球气候变化的国家行动。退耕还林还草是扩大森林面积、增加森林碳汇的重大工程。工程实施后,林分蓄积量达13亿立方米,能固定二氧化碳近10亿吨。作为世界上最大的生态建设工程,退耕还林还草为应对全球气候变化、解决全球生态问题作出了巨大贡献,成为中国高度重视生态建设、认真履行国际公约的标志性工程。继续推进退耕还林还草工程,对于我国在应对气候变化中争取有利地位、进一步提升负责任大国形象具有重要意义。

第三节 退耕还林还草文化建设的基本原则

2018年5月,习近平总书记在全国生态环境保护大会提出新时代推进生态文明建设的六大原则:一是坚持人与自然和谐共生,坚持节约优先、保护优先、自然恢复为主的方针;二是绿水青山就是金山银山,贯彻创新、协调、绿色、开放、共享的发展理念;三是良好生态环境是最普惠的民生福祉,坚持生态惠民、生态利民、生态为民;四是山水林田湖草是生命共同体,要统筹兼顾、整体施策、多措并举;五是用严格制度最严密法治保护生态环境,加快制度创新,强化制度执行;六是共谋全球生态文明建设,深度参与全球环境治理,形成世界环境保护和可持续发展的解决方案,引导应对气候变化国际合作。

国家林业局2016年印发的《中国生态文化发展纲要(2016—2020年)》,提出了生态文化发展的四大原则:一是培育支撑,融会贯通;二是与时俱进,创新发展;三是共建共享,贵在践行;四是生态平衡,统筹协调。

综合生态文明建设的六大原则、生态文化发展的四大原则,根据退耕还林还草文化的特点,为全面提升退耕还林还草文化建设质量和水平,推进退耕还林还草文化高质量发展,为建设生态文明和美丽中国做出新的更大贡献。为此,退耕还林还草文化建设的基本原则应包括六个方面:一是生态优先,绿色发展;二是挖掘内涵,全面发展;三是全面总结,创新发展;四是统筹规划,重点发展;五是吸收借鉴,共享发展;六是弘扬传统,传承发展。

第六章 退耕还林还草文化建设的基本思路

一、生态优先，绿色发展

退耕还林还草是一项生态工程，退耕还林还草文化本质上是生态文化。坚持以习近平生态文明思想为指导，以"绿水青山就是金山银山"理念为引领，推动绿色发展。习近平总书记指出"山水林田湖是一个生命共同体，人的命脉在田，田的命脉在水，水的命脉在山，山的命脉在土，土的命脉在树"，描述了"人—田—水—山—土—树"之间的命脉依赖循环关系，突出"树"在全球生态系统中的基础地位，为退耕还林还草及文化发展提供了理论基础。

绿色发展是可持续发展中国化的理论创新。退耕还林还草首先要坚持绿色发展，保持"生态优先"的初心，将"生态优先"融入退耕还林还草工作的全过程，努力满足人民群众对清新空气、干净饮水、优美环境的强烈需求。

二、挖掘内涵，全面发展

要重点挖掘退耕还林还草文化的内涵，不断丰富完善退耕还林还草精神文化、制度文化、物质文化。退耕还林还草文化是一个复合的整体，从形态上说，退耕还林还草文化包括物质文化、制度文化和精神文化。退耕还林还草物质文化是指退耕还林还草创造的以物质产品体现出的文化，包括所有的技术和艺术，如新闻、诗歌、小说、影视作品等。退耕还林还草精神文化指退耕还体现出来精神产品，如艰苦奋斗、生态伦理、生态道德、生态美学、文明发展等精神世界的追求。退耕还林还草制度文化是指退耕还林还草相关的制度产品，如法律法规、标准规范以及生产生活习俗的变化。

要全面发展退耕还林还草文化，还要拓展退耕还林还草文化的外延，深入研究退耕还林还草相关的文化。退耕还林还草文化不是一个孤立的文化，涉及与耕地、森林以及生态、景观、观光等文化，如农耕文化、森林文化、乡村文化、生态文化、传统文化、社树文化以及茶文化、竹文化、花文化、观光采摘、旅游文化等。

还有比行为更高一层的文化研究，这就是退耕还林还草伦理学和哲学。退耕还林还草伦理学是从人与自然关系角度，来审视退耕还林还草行为是否合人情理、合规合法、合道合德，是否与国家需要与国际潮流合拍合流。退耕还林还草哲学就是从终极关系上思考退耕与还林还草的关系，如退耕与还林还草谁大谁小、谁本谁末、谁源谁后等最大的关系。

三、全面总结，创新发展

要全面系统总结，深入实际调研，挖掘整理退耕还林还草基层丰富实践，认真研究分析20年来的退耕还林还草文化成果，以全面研究、深入挖掘、认真整理、精心创作、吸收借鉴、广泛传播为手段，以讲好退耕还林还草故事、传播好退耕还林还草声音为宗旨，以向世界展现真实、立体、全面的退耕还林还草。

要在总结弘扬退耕还林还草文化的基础上，提高站位，大胆创新，在总结中创新、在创新中发展，挖掘退耕还林还草文化遗产资源，传承民族的、地域的生态文化优秀传统和民俗特色，推进民众广泛参与互动传播，不断丰富退耕还林还草文化的时代内涵，增强其与时俱进的适应性和创新支撑的发展活力。

创新是引领发展的第一动力。必须把创新摆在退耕还林还草高质量发展全局的核心位置，不断推进理论、制度、科技、文化等各方面创新，四大创新要同时"发力"、一起"给力"，为工程建设注入生机活力，形成更多新的增长点、增长极。文化是最需要创新的领域，"不日新者必日退"。在人类发展的每一个重大历史关头，文化都能成为时代变迁、社会变革的先导。退耕还林还草文化研究，不能炒剩饭，大家都知道的话少说，大家都懂的道理少讲，多出原创性精品，确保研究的真实性、创新性。实践永无止境，创新永无止境。坚持理论创新，才能保持活力。要坚持解放思想、实事求是、与时俱进的马克思主义基本原理，坚持顶层设计与摸着石头过河相结合，在实现退耕还林还草、建设生态文明的伟大实践中，做理论创新的深入学习者、坚定信仰者、积极传播者、模范践行者。

四、统筹规划，重点发展

要组织开展退耕还林还草文创活动，积极主动引导退耕还林还草文化的发展重点。充分发挥各级退耕还林（草）办公室的能动性，抓住一切有利时机，以退耕还林还草为题材，组织记者行、院士行、作家采风、摄影比赛、参观交流、学术研讨、作品评比等形式，全力打造退耕还林还草文化展示交流平台。要积极吸纳退耕还林还草文化研究、策划等专业高端人才参与文化研究，建设专家智库，在相关领域培育一批退耕还林还草文化的领军人物和学术带头人，引导和带动更多优秀人才投身基层，培育一批致力于退耕还林还草文化建设，德才兼备、业务精湛、充满活力的高素质、复合型人才队伍。

要充分发挥专家作用，切实提高退耕还林还草文化研究水平。文化人对文化的贡献是有目共睹的。文化人是读过书受过教育的，有知识的人，有素质都可以称作文化人，它和知识分子是近似词，知识分子的概念更加宽广。中华文化悠悠几千年，从没有中断过，其中最重要的是有我们文人雅士的创作和发展，从古代文人到近代学者再到现代文化大师，其间无不存在他们相互交流和继承、借鉴。

五、吸收借鉴，共享发展

要吸收借鉴国内外生态文化相关研究成果。以提高退耕还林还草文化软实力和影响力为目标，建设具有强大凝聚力和引领力的社会主义先进文化，全面提升退耕还林还草文化建设质量和水平，为推进退耕还林还草高质量发展，建设生态文明和美丽中国做出新的更大贡献。

要坚持开放发展。开放带来进步，封闭必然落后。退耕还林还草要提高对内对外开放的质量和发展的内外联动性，开创开放、包容、普惠、共赢的新格局。要紧紧抓住我国新一轮产业变革和资本相对充裕的重大机遇，大力吸引社会资本、新技术、新产业参与工程建设，以开放发展促进全民共建、合作共赢。

要坚持共享发展。共享发展成果是社会主义的本质要求。坚持退耕还林还草共享发展，必须坚持发展为了人民、发展依靠人民、发展成果由人民共享，做出更有效的政策和制度安排，使全体人民在共建共享发展中有更多获得感，朝着共同富裕方向稳步前进。必须将生态惠民作为退耕还林还草的基点，既要生产高质量的生态、经济产品，让全体人民从中受益，还要让广大退耕农民从生态建设中得到应有的回报，享受到改革发展的成果，体会到党和政府的关怀，促进全体人民共同富裕。

六、弘扬传统，传承发展

中华优秀传统文化是中华民族的根和魂，是中国特色社会主义植根的文化沃土。习近平总书记高度重视中华优秀传统文化,并将其作为治国理政的重要思想文化资源。习近平总书记说:"中华优秀传统文化是中华民族的精神命脉,是涵养社会主义核心价值观的重要源泉,也是我们在世界文化激荡中站稳脚跟的坚实根基。只要中华民族一代接着一代追求真善美的道德境界,我们的民族就永远健康向上、永远充满希望。"中华优秀传统文化是中华民族的突出优势,是我们在世界文化激荡中站稳脚跟的根基。实现中华民族伟大复兴,必须结合新的时代条件传承和弘扬中华优秀传统文化。

在人类文明历史长河中,中国人民创造了源远流长、博大精深的优秀传统文化,为中华民族生生不息、发展壮大提供了强大精神支撑。中华优秀传统文化的丰富哲学思想、人文精神、价值理念、道德规范等,蕴藏着解决当代人类面临的难题的重要启示,可以为人们认识和改造世界提供有益启迪,可以为治国理政提供有益启示,也可以为道德建设提供有益启发。

中国共产党从成立之日起,既是中国先进文化的积极引领者和践行者,又是中华优秀传统文化的忠实传承者和弘扬者。要坚持马克思主义的方法,坚持古为今用、推陈出新,有鉴别地加以对待,有扬弃地予以继承。既不能片面地讲厚古薄今,也不能片面地讲厚今薄古,而是要本着科学的态度,继承和弘扬中华优秀传统文化,努力用中华民族创造的一切精神财富来以文化人、以文育人。

退耕还林还草文化研究,要坚持立足当代又继承优秀文化传统,立足本国又充分吸引世界优化文化成果。中国文明是农业文明,中国文化是农耕文化。中国文化的精髓是天人合一、自然和谐思想,这与退耕还林还草是一脉相承的。

第四节 退耕还林还草文化建设的阶段性目标

退耕还林还草文化是我国生态文化体系的重要内容,其建设目标与国家生态文化建设的目标相一致,建设进度也将与国家"十四五"及实现第二个百年目标的要求同步。从时间纬度上看,分近期目标(2020—2025)、中期目标(2026—2035)和远期目标(2036—2050)。从研究重点上看,退耕还林还草文化建设有如下三个逐步推进的目标:一是感性的层面,壮大退耕还林还草文艺；二是理性的层面，发展退耕还林还草文化；三是哲理的层面，构建退耕还林还草理论。

一、近期目标：传播构建阶段

到 2025 年，具有中国特色社会主义退耕还林还草文化体系初步形成。其重点是壮大退耕还林还草文艺。文化艺术是退耕还林还草文化的第一步，内容包括说好退耕还林还草的故事，算清退耕还林还草的贡献，理清退耕还林还草的关系，退耕还林还草理论和文化体系研究逐渐开展；退耕还林还草文学艺术精品不断涌现，退耕还林还草文化品牌活动质量提升；退耕还林还草文化教育普及率大幅提升，退耕还林还草教育示范基地建设扎实推进，人与自然和谐发展的理念深入人心；使退耕还林还草声音有效传播，向世界展现真实、立体、全面的退耕还林还草；退耕还林还草文化基础设施日趋完善，退耕还林还草文化产业加快发展；组织机构建设成效显著，人员队伍力量充实壮大。

（一）讲好退耕还林还草故事

退耕还林还草被国内外公认为是覆盖范围大、投资力度大、建设成效大、社会影响大、发展潜力大的生态文明建设的战略工程、惠民利民的民生工程、具有长远意义的德政工程。随着退耕还林还草工程在我国有序开展，我国国内的生态环境也出现了明显的改善，随之涌现出了一大批文艺作品。实施退耕还林还草 20 年来，退耕还林还草相关新闻报道、散文诗歌等文学作品层出不穷。目前这类报道很多，笔者用百度搜索"退耕还林"有 6600 万条报道，搜索"退耕还林还草"有 722 万条报道；在 360 浏览器搜索"退耕还林"有 592 万条报道，搜索"退耕还林还草"有 134 万条报道。据在中国知网中搜索退耕还林关键词统计，自 2000 年到 2020 年以来，相关书籍共出版 100 余册，相关论文 54000 余篇，报纸报刊 38000 余篇。

讲好退耕还林还草的故事，首先要关注来自群众的声音。退耕还林还草到底好不好，要让千千万万个退耕群众来说，群众是退耕还林还草的实践者；退耕还林还草到底好不好，要让大量乡村干部来说，乡村干部是退耕还林还草的管理者。基层干部群众是退耕还林还草的亲自实践者，退耕还林还草怎么样，他们最有发言权。讲好退耕还林还草故事的形式可以是多种多样的，可以利用广播、电视、报纸、网络等工具进行报道,也可以组织宣传队、办板报、贴标语、树标牌等形式进行报道,甚至可举办座谈会、发布会、培训班的形式来进行报道,总的目的是要对退耕户脱贫致富奔小康等历程进行全方位报道。

(二)传播好退耕还林还草声音

讲好退耕还林还草故事,还要传播好正能量。退耕还林还草政策性强,涉及面广,关系到千家万户农民的切身利益,做好正面引导,传播好正面声音。为了做到国家政策妇孺皆知,各级地方党委、政府都把宣传发动作为实施退耕还林还草工作的第一道工序来抓。国家林业局先后在中央新闻媒体组织了一系列宣传活动,以生动、形象的事实宣传退耕还林还草的重大意义和政策措施,为开展退耕还林还草试点工作创造了良好的舆论氛围。通过广泛宣传和工程的实施,基层广大干部群众进一步认清了国家治理生态环境的决心,了解了"退耕还林、封山绿化、以粮代赈、个体承包"的退耕还林还草政策,广大农民群众和各种社会力量参与退耕还林还草和其他生态环境建设的积极性大幅提高,加快生态环境保护和建设、遏制水土流失和风沙危害已成为全社会的共识。

宣传引导是工程实施的首要环节。退耕还林还草政策与农民的利益息息相关,农民对政策的理解程度直接关系到他们参与工程建设的积极性问题。退耕还林还草本身是一项全新的工作,特别是对于我们这些新启动的县,国家的各项政策措施群众可能还不托底,接受起来需要有一个过程,这就需要我们做好政策引导工作。各地都积极组织开展了各种宣传活动。通过正面宣传引导,工程区广大干部和农民群众逐步认识到退耕还林、恢复林草植被的重要性,退耕还林还草的积极性普遍高涨。通过更正面宣传,把广大农民退耕还林还草的积极性调动好,使农民群众真正意识到国家实施退耕还林还草,不仅能改善生态环境,而且能使自己从中获得收益,得到实惠,逐步由"要我退"变为"我要退",自觉自愿地参加到退耕还林还草队伍中来。正面宣传的重点是:工程建设的重要意义和作用,面临的形势和任务,采取的政策和措施,取得的成就和经验等。

(三)总结退耕还林还草典型

在退耕还林还草工程建设中,各地根据不同的自然、社会、经济条件和当地的种植习惯,把生态环境建设与农民脱贫致富结合起来,积极探索推广新的技术模式,取得了良好成效。退耕还林还草工程开展以来,各地干部群众克服困难、辛勤劳作,奋斗在山头、荒地、田间地块,为国家生态建设做出了重大贡献。通过在退耕还林还草工作中的探索、创造和总结,各地涌现出的许多适宜本地自然条件、具有良好效益的新技术和新模式,为工程健康发展起到了积极的示范作用。

为进一步发挥典型模范的辐射带动作用,总结推广各地在退耕还林还草实践中涌现出来的成功经验,国家林草局退耕办先后组织编写了《退耕还林技术模式》《退耕还林工程典型技术模式》《退耕还林还草实用模式》等,各省区也都编写很多典型模式材料,如特色产业模式、复合套种模式、混交林(草)模式、林下经济模式、生态旅游模式等,这些模式是广大基层干部群众和科研人员在多年实践经验的基础上整理提炼出来的,凝聚着大家的心血,是集体智慧的结晶,有些模式和技术有着较高科技含量和使用价值,进一步发挥了典型的示范引导作用。

(四)算清退耕还林还草的贡献

说好退耕还林还草故事,也要算清退耕还林还草的贡献。退耕还林还草后,主管部门持续组织开展效益监测,坚持用科学数据向人民报账,回应社会各界关注。组织中国林业科学研究院、国家林草局经济发展研究中心等有关单位共同开展退耕还林还草生态、社会和经济效益监测评估,共1000余名专业技术人员参加。生态效益监测以国家森林生态定位站网络系统为主体,包括108个国家生态定位站、230多个辅助观测点、8500多块固定样地的监测数据。生态效益评估指标由涵养水源、防风固沙、固碳释氧等7类功能23项指标构成。社会经济效益监测采用样本县和样本农户以及退耕农户的问卷调查数据,监测指标主要包括工程实施在农村扶贫、农民就业、经营制度、生产生活等方面产生的影响,以及工程实施对经济社会发展带来的直接影响。

2013年起,国家林草局退耕办严格遵照有关国家标准和行业标准,持续开展监测评估,发布了5个退耕还林还草工程效益监测国家报告。这些工作,都集中贯彻了"用数据说话,向人民报账"的理念,有力促进了退耕还林还草事业发展。

二、中期目标：创新发展阶段

到 2035 年，由退耕还林还草精神文化、制度文化、物质文化等构成的具有中国特色社会主义退耕还林还草文化体系基本形成。本阶段的重点是发展退耕还林还草文化。主要内容包括：在第一阶段涌现出来更多退耕还林还草故事的基础上，发展退耕还林还草文化，退耕还林还草声音高效传播，向世界展现真实、立体、全面的退耕还林还草，显著提高退耕还林还草文化软实力和影响力，繁荣具有强大凝聚力和引领力的社会主义先进文化，显著提升退耕还林还草文化建设质量和水平，推进退耕还林还草高质量发展，为生态文明做出巨大贡献。

（一）把准退耕还林还草文化特征

退耕还林还草已经开展了 20 多年，在改善生态环境、助推农民脱贫致富、促进农村产业结构调整、增强全民生态意识、树立全球生态治理典范等方面取得了显著成效。通过多年的丰富实践，退耕还林还草问题已不仅仅是技术、管理、经济问题，已经上升为文化问题。退耕还林还草催生了退耕还林还草文化，退耕还林还草文化是退耕还林还草实践的产物。文化是国家和民族的灵魂。同样，退耕还林还草文化也是退耕还林还草工程建设的灵魂所在，没有灵魂的事物是没有生命力的，没有触及文化的退耕还林还草也是不完整的。只有深入研究退耕还林还草文化，才能深刻理解生态文明建设史上的这一标志性工程的伟大意义。

发展退耕还林还草文化，要把握退耕还林还草文化的基本特征：首先，退耕还林还草文化是一种"复兴文化"。其次，退耕还林还草文化是一种"智慧文化"。再次，退耕还林还草文化是一种"和谐文化"。最后，退耕还林还草文化也是"科学文化"。

（二）发掘退耕还林还草文化的内涵

发展退耕还林还草文化，还要把握退耕还林还草文化的内涵。文化层次理论认为文化包括精神文化、物质文化、制度文化。退耕还林还草文化是一个复合的整体，包括知识、信仰、艺术、道德、法律、风俗以及人作为社会成员而获得的任何其他能力和习惯。从形态上说，可以把退耕还林还草文化分为物质文化、制度文化和精神文化。

物质文化，是人类发明创造的技术和物质产品的显示存在和组合，不同物质文化状况反映不同的经济发展阶段以及人类物质文明的发展水平。物质文化不单指"物质"，更重要的是强调一种文化或文明状态。退耕还林还草物质文化，是指人类创造的物质产品体现出的文化，包括所用的技术和艺术。退耕还林还草物质文化与社会经济活动的组织方式直接相关，借助经济、社会、金融和市场的基础设施显示出来。

精神文化是人的精神食粮，孕育人的精神家园，决定人的精神状态、精神生活、精神本质，人的本质属性体现精神文化是文化层次理论结构要素之一。作为观念形态的精神文化，包括与经济、政治并列的，有关人类社会生活的思想理论、道德风尚、文学艺术、教育等精神方面的内容。退耕还林还草精神文化具体地表现在人的生态伦理、生态道德、生态美、以及生态美的事物的感受、对于艺术的品位和我们的精神世界的追求。

制度文化是人类为了自身生存、社会发展的需要而主动创制出来的有组织的规范体系。制度文化是人类在物质生产过程中所结成的各种社会关系的总和。社会的法律制度、政治制度、经济制度以及人与人之间的各种关系准则等，都是制度文化的反映。制度文化以物质条件为基础，受人类的经济活动制约。因此，人类在社会实践中逐步形成的制度文化，因地域、民族、历史、风俗的不同，而异彩纷呈，表现为多样性。退耕还林还草制度文化作为精神文化的产物和物质文化的工具，一方面构成了人类行为的生态习惯和规范，另一方面也制约了或主导了精神文化与物质文化的变迁。

（三）拓展退耕还林还草文化的外延

发展退耕还林还草文化，也要拓张退耕还林还草文化的外延，深入研究退耕还林还草相关的文化。退耕还林还草文化不是一个孤立的文化，从退耕的角度看，他涉及耕地，与农耕文化相关；从还林的角度看，涉及森林文化；从退耕还林还草发生地点看，又涉及乡村文化；从退耕还林还草的目标看，涉及生态文化；从退耕还林还草的思想渊源看，又涉及中国传统文化；从退耕还林还草采用县花县树守寨树看，涉及社树文化；从退耕还林还草栽植茶叶竹花等树种看，涉及茶文化、竹文化、花文化等；从退耕还林还草的采摘、观光等用途看，又丰富了旅游文化。

(四)宣扬退耕还林还草精神

发展退耕还林还草文化，离不开艰苦奋斗的退耕还林还草精神。退耕还林还草工程建期间涌现出一大批英雄模范、感人事迹，可以称作退耕还林还草精神。退耕还林还草工程是一场艰苦卓绝的绿色革命，锻造出了一大批精通业务、敬业献身的林业工作者，如重庆市西阳县林业局退耕办主任黄学军、甘肃省金塔县退耕还林专干张霞、贵州省赤水市基层退耕还林还草先进人物黄仕平等；培育了陕西省延安市吴起县、广西壮族自治区百色市平果县、四川省泸州市纳溪区等一大批先进典型；铸就了艰苦奋斗、无私奉献，锲而不舍、久久为功的"退耕还林还草精神"，丰富和发展了生态文化，成为新时代持续建设美丽中国的强大精神动力和对外展示我国生态文明成就的重要窗口。精神的力量是无穷的，退耕还林还草精神极大地坚定了深入做好退耕还林还草事业的信心，鼓舞了干部群众和全国人民通过加强林业建设创造美好生活的热情和志气。

延安市弘扬延安精神，敢为天下先。面对秃岭荒山、沟壑纵横的黄土高原，延安人没有退缩。1998年吴起县在全面调查研究的基础上，自筹资金，只留30万亩口粮田，一次性退耕还林155.5万亩，拉开了延安退耕还林的序幕，比国家退耕还林还草早了近两年。吴起这个中央红军长征的落脚点、全国革命胜利的出发点，在新时代又打响了全国退耕还林第一枪。吴起县是全国退耕还林还草工程中退得最早、退得最快、面积最大、群众得到实惠最多的县份，堪称全国退耕还林第一县。2013年起，延安又通过自筹资金，先于国家启动实施新一轮退耕还林，为国家2014年重启退耕还林还草开了个好头，延安也因此一度成为全国生态建设的新闻看点。

内蒙古乌兰察布盟自然条件恶劣，是贫困人口较为集中的地区之一。1994年以来，乌兰察布盟团结带领全盟各族群众以实施"进退还"战略为重点，积极探索和实践改善生态环境和发展经济的强盟富民之路，取得了令人瞩目的成就。乌盟"进一退二还三"发展战略的基本含义是：每建成一亩水旱高效标准农田，退下二亩旱坡薄地，还林还草还牧三亩，恢复植被，改善生态，通过对土地资源利用结构的调整来促进生态环境的改善和农村产业结构的调整优化。在具体的实施过程中他们形成了以"进"促"退"，以"退"逼"进"，"进退还"有机结合，整体推进的态势。1994年以来，乌兰察布盟全线出击,整体治理,在没有任何国家补贴的情况下,经过几年的艰苦努力,到 2000 年,全盟共完成退耕种树种草 1200 万亩,这些退耕还林还草地没有纳入国家退耕还林还草计划,也没有享受国家退耕还林还草补助。

三、远期目标:成熟巩固阶段

到 2050 年,具有中国特色社会主义退耕还林还草文化体系全面形成。本阶段的重点是在丰富的退耕还林还草文艺和文化的基础上,重点构建创新退耕还林还草理论。主要内容包括:随着退耕还林还草故事、文艺、文化发展的不断涌现,退耕还林理性哲学研究成果趋于成熟。通过对退耕还林还草现象、退耕还林还草文化的理性化总结,发展退耕还林还草理论,进一步提高退耕还林还草文化软实力和影响力,推进退耕还林还草高质量发展,为生态文明、美丽中国和文化强国做出重大贡献。

(一)构建退耕还林还草理论

目前,退耕还林还草还没有自己独立的理论体系,只有一些相关的理论研究,如森林生态学、恢复生态学、水土保持学、生态工程学、生态经济理论、可持续发展理论等。目前关于退耕还林还草理论基础及其研究的书,如李贤伟等《退耕还林理论基础及林草模式的实践应用》、张美华《退耕还林还草工程理论与实践研究》等,也都是相关理论。

作为退耕还林还草文化长远目标之一的退耕还林还草理论,至少要包括以下内容:退耕还林还草的概念、特征、结构、功能、目标、历史渊源、主要内容、内涵、外延以用退耕、还林、还草逻辑关系等。如从结构上看,又包括退耕还林还草的生态系统、经济系统、社会系统、文化系统,从目标上看,退耕还林还草又肩负着生态文明、美丽中国、乡村振兴、精准扶贫、三农发展等重要目标。

(二)探索退耕还林还草伦理

伦理是指人与人相处的各种道德准则,合人情合人理的行为,才是伦理。生态伦理即人类处理自身及其周围的动物、环境和大自然等生态环境的关系的一系列道德规范,简单地说生态伦理是解读人与自然关系的准则。从这个简化的角度看,生态伦理与自然伦理几乎等同。退耕还林还草并没有独立的伦理,目前都是从生态伦理或者自然伦理的角度,来认识和解读退耕还林还草伦理。

作为独立的伦理，退耕还林还草伦理仅指退耕还林还草行为与人的关系，是人们在进行与退耕还林还草有关的活动中所形成的伦理关系及其调节原则。退耕还林还草伦理从本体论和认识论的视角，审视退耕还林还草行为涉及的退耕、还林、还草行为自身及其周围的动物、环境和大自然等生态环境的关系的一系列道德规范。

(三) 创建退耕还林还草哲学

从一般意义说，伦理学与哲学没有严格的界限，都是研究相互关系的。但严格来说，伦理学研究的是一般关系，如平等、高低、大小关系，如常说的人类与自然界及动植物是兄弟关系、母子关系等。哲学研究上升到终极关系，如本末、镜像、形影关系，是谁决定谁的关系，如道家倡导的自然为本人为末的道法自然思想。目前，退耕还林还草本身还没有独立的哲学，通常说的是与退耕还林还草相关的自然哲学、生态哲学、森林哲学等。

其实，退耕还林还草本身也是可以有哲学的，就是从终极关系上思考退耕与还林还草的关系。这可以从三个方面看，从终极关系上看，低质低效的、生态区位重要的、陡坡耕地等最终是要还林还草的，理由很简单，这是国家经济发展与生态保护的需要；从终极来源上看，这类耕地都来自对森林的采伐开垦，而森林是人类的摇篮。

第七章　退耕还林还草文化建设的核心内容

退耕还林还草文化建设是一项开创性、创新性的工作，也是一项需要长期坚持的工作。新时代退耕还林还草文化建设要坚持以习近平生态文明思想为指导，加强退耕还林还草精神文化、制度文化、物质文化和行为文化的建设，推动退耕还林还草文化的落地和传播，为加快构建以生态价值观念为准则的生态文化体系做出贡献。

第一节　退耕还林还草物质文化建设

退耕还林还草工程已成功实施 20 多年，不仅加快了荒山绿化和乡村美化进程，加快了荒漠化沙化土地和石漠化综合治理，增加了林草植被，使农村生态得到有效修复、环境得到有效治理，而且在改进生态环境保护、推动农户勤劳致富、推动农村产业结构调整、提高全员绿色生态观念、塑造全世界绿色生态整治楷模等层面获得了明显成果，不断增加绿水青山等优质产品供给，满足人民日益增长的美好生活需要，为建设生态文明和美丽中国做出新的更大贡献。

一、构建生态经济体系

将生态建设融入经济发展，构建以生态产业化和产业生态化为基础的生态经济，注重生态与产业结合、绿色牵引与创新驱动结合、发挥优势与彰显特色结合，是解决生态环境问题的根本出路。

历经 20 年的实践探索，退耕还林还草难题已不仅是技术性、管理方法、资金问题，早已上升为文化问题。退耕还林还草实践催产了退耕还林还草文化，退耕还林还草文化升华了退耕还林还草实践的发展演进。实践证明，关于退耕还林还草的战略决策，是一项具有远见卓识的英明决策，是统筹人与自然和谐发展的卓越实践，已成为人类重建生态系统、建设生态文明、推动可持续发展的成功典范。比如，自从1999年延安实施退耕还林还草工程，在黄土高原上掀起一场波澜壮阔的"绿色革命"，20余载荒坡植绿，如今的林海不但扮靓了山野，更点亮了老区人民的希望之光。

新时代如何做好退耕还林还草工作，是当前必须着力破解的难题。首先，必须按照尊重自然、顺应自然、保护自然的原则要求，统筹谋划好退耕还林还草顶层设计，坚持农民自愿、政府引导，坚持尊重规律、因地制宜，坚持严格范围、稳步推进，坚持加强监管、确保质量，从根本上解决退什么地、退多少、怎么退的问题，在科学规划的基础上，实现应退尽退，使退耕修复不留死角、生态保护不留隐患。其次，必须坚持生态惠民、生态利民、生态为民的指导原则，妥善解决好还什么、怎么还、如何补的问题，因地制宜、精准施策，打造多元共生的复合生态经济系统，实现多样化的产品供给。最后，必须坚持整体治理、系统修复，着力解决好如何组织实施的问题，确保建一片，成一片，全面提升工程建设的质量效益和系统修复效果。第四，必须坚持保护优先、绿色发展，防止"轻保护"和"唯保护"两个极端，在确保生态目标的前提下，兼顾百姓的长远生计和发展，实现生态经济可持续。

要以习近平生态文明思想为指导，牢固树立"绿水青山就是金山银山""保护生态环境就是保护生产力，改善生态环境就是发展生产力"的生态经济理念，把生态环境作为经济社会发展的内在要素和内生动力看待，促进产业和生态的相互融合与彼此贯通，通过深化供给侧结构性改革，努力实现传统产业的改造升级，推进产业生态化、生态产业化、经济生态化、生态经济化，构建起尊重自然、适应自然、环境友好、绿色发展的生态经济体系。生态经济是环保经济、低碳经济、绿色经济、循环经济，可实现经济发展与生态环境的良性循环、和谐共赢。

要严格遵循绿色、循环、低碳、减量化、再利用的经济绿色转型与发展原则，创新经济发展模式，不断推动产业结构转型升级，着力构建以资源节约、环境友好产业为主导，以其他产业为支撑的现代化产业发展体系，进一步提升资源利用效率，最大限度地减少污染物排放。以生态理念为指导，发展高效生态农业，转变农业生产方式，构建新型农业经营体系，构建高产、优质、高效、绿色、安全的农业生产技术体系。大力推进工业绿色化，倡导生态设计，推动节约化、轻量化、去毒物、碳减排，大力发展生态产业，大力支持生态旅游业、文化创意产业、新型绿色服务业发展，为产业绿色化发展增添活力和创新能力。构建充满生机活力可持续的生态经济体系，才能有力助推生态文明建设。

二、丰富完善实践案例

认真践行"绿水青山就是金山银山"理念，全国各地涌现出一批典型样板，各工程省区结合自身条件，因地制宜、积极探索，将生态建设与产业发展有机结合，取得重大成果，涌现出陕西延安、云南临沧、湖南湘西、江西赣南、内蒙古乌兰察布等一批退耕还林还草高质量发展的典型样板，这些地区率先进行了退耕还林还草高质量发展探索和实践。

在湖南，矮寨坡头耸立的丰碑见证着湘西州实施退耕还林还草政策的决心。时任国务院总理朱镕基的诗词《重访湘西有感并怀洞庭湖区》镌刻于碑面上，时时警醒和鞭策着湘西人民。自2000年至2019年，退耕还林还草工程在湘西土家族苗族自治州整整进行了20年。20年沧海桑田，湘西州各族儿女用自己的勤劳双手，为湘西这片热土披上了厚厚的绿装：全州共完成国家下达的退耕还林任务420.2万亩，全州林地面积达到1741.63万亩，全州森林覆盖率达到70.24%，道路林木绿化率83%，水岸林木绿化率86.11%，1.55万平方千米的土地上，处处苍松翠柏，遍地绿草如茵。2018年10月，湘西州正式被评为国家森林城市。2019年，湘西州林业局荣获"全国生态文明建设先进单位"称号，并成功举办了湖南省退耕还林还草20周年现场新闻发布会。湘西州被国家林业和草原局评为"北延安、南湘西"的南方代表，与延安共同成为祖国南北两个绿色发展的典范城市。

四川省宜宾市珙县作为1999年首批进入全国退耕还林还草工程的试点县之一，历届县委、县政府高度重视，注重管理，扎实推进退耕还林还草这项生态建设工程的发展。截至2019年年底，上级下达给珙县的退耕地还林工程计划任务共9.83万亩(其中前一轮退耕还林8.88万亩、新一轮退耕还林0.95万亩)已全面实施完成。20年弹指一挥间，如今的珙县，荒山变成了绿地，生态和人居环境发生了巨大的变化，生物多样性得到了一定程度的恢复，石漠化进程得到了抑制。

在四川，退耕还林还草已成全省投入资金最多、建设规模最大、群众参

湖南省湘西州花垣县雅酉镇实施退耕还林工程成效显著

与度最高的重大生态工程。至今,四川省先后启动两轮退耕还林还草近4000万亩,面积位居全国第三,涉及21个市州178个县(市、区)。20年来,该省退耕还林还草工程造林面积超过同期全省造林总面积的三分之一。退耕还林还草从来就不是一个孤立的行动,必须配套好产业发展、生态移民、能源替代、就业培训等系统措施,才能确保农民"退得下、稳得住、能致富",进而达到退耕成果"不反弹"。从一开始,四川在植树种草、管护生态资源之余,就把解决退耕户增收、就业和能源等问题纳入工程实施范畴,着力配套对应方案。重点之一就是突破政策瓶颈,将贫困地区纳入重点实施区域,同时盘活工程资源存量,培育新型经营主体,大力发展后续产业,推动退耕还林还草转型升级。峨眉山退耕还林,巨桉成林层面不止于此,改革也未止步。在任务分解下达的同时,四川明确:退不退耕,还什么林,种什么树、栽什么草,必须充分尊重农民意愿。标志性事件之一,就是2014年年底启动新一轮退耕还林还草时,四川明确还林地不再设置经济林和公益林比例、允许退耕地流转等。换言之,农户可自行决定"谁来种树,种什么树"。森林多了、农民富了。四川省林业和草原局发布退耕还林还草20年统计数据,一个结论就是:20年退耕,"退"出四川生态新格局,"退"出四川农村新天地。看生态转变，20年来，借助退耕，四川长期超负荷运行的生态系统得到休养生息，林草植被显著增加。统计表明，仅退耕还林，就让四川森林覆盖增加4个百分点以上。

四川省峨眉山退耕还林项目区巨桉林

作为我国西南地区重要的生态安全屏障，云南省临沧市始终把生态建设放在突出位置，通过开展退耕还林还草工程，全面加强重点生态功能区保护，同时带动贫困农民合理发展林业产业脱贫。临沧市把"一河、两江、三库、四线、五区"作为退耕还林还草项目布局的重点。"一河"即临沧的母亲河南汀河；"两江"即澜沧江和小黑江流域；"三库"即漫湾、大朝山和小湾三大电站库区；"四线"即主干公路一线、过境河流一线、旅游通道一线、边境一线；"五区"即25度以上陡坡耕地区、严重石漠化区、水源涵养区、建档立卡贫困区、生态移民区。临沧市各级林业部门按照"封山顶、退半坡、育山脚"的治理方式，宜乔则乔，宜灌则灌，宜草则草，宜果则果，把退耕还林还草与荒山造林、封山育林、陡坡地生态治理等协调推进。

生态环境逐步好转，临沧市依托"中国核桃之乡""滇红之乡""中国澳洲坚果之乡""中国特色竹乡"等称号，积极推行"林粮""林茶""林菜""林豆""林药"等以短养长、长短结合的套种模式，大力发展林下经济，实行立体开发、多种经营的成果；依托茶文化和少数民族文化，积极打造集茶叶种植、加工、茶文化旅游和少数民族文化体验于一体的一、二、三产业融合示范园。通过发展生态旅游，当地的退耕农户找到了致富新门路。

云南省临沧市退耕还林还草项目区临沧坚果种植基地

第二节 退耕还林还草精神文化建设

一、培育生态文明主流价值观

退耕还林还草是人与自然和谐共生的绿色实践。退耕还林还草文化建设要坚持以习近平生态文明思想为指导,以"绿水青山就是金山银山"理念为引领,以不断丰富完善退耕还林还草精神文化、制度文化、行为文化、物质文化为核心,以全面研究、深入挖掘、认真整理、精心创作、吸收借鉴、广泛传播为手段,以讲好退耕还林还草文化故事、传播好退耕还林还草声音为宗旨,以向世界展现真实、立体、全面的退耕还林还草生态工程,提高退耕还林还草文化软实力和影响力为目标,建设具有强大凝聚力和引领力的社会主义先进文化,全面提升退耕还林还草文化建设质量和水平,为推进退耕还林还草高质量发展,建设生态文明和美丽做出新的更大贡献。

生态文化的核心是生态价值观。退耕还林还草文化作为生态生化的一种表现,其首要的建设任务就是培育和践行退耕还林还草价值观。退耕还林还草价值观是生态文化以及退耕还林还草文化的精髓,是推进生态文明建设,走绿色转型、绿色崛起之路的价值表达。确立生态文化理念，弘扬和传播生态文化，构建生态文化体系，推进退耕还林还草价值观深入人心，将有利于大力推进生态文明建设，为生态文明建设提供强大的精神动力、价值支撑、智力支持和行为规范，从而激发全体人民建设生态文明的创新创造活力。

具体来说，生态文化体系包括倡导生态利益最大化的生态理性；主张人与自然和谐共生的生态意识；崇尚天地人和谐统一、思考天地人之间自然一体法则的生态思维；尊重自然、顺应自然、保护自然的生态价值观念；热爱自然、珍爱生命、像保护眼睛一样保护生态环境、像对待生命一样对待生态环境的生态伦理；主张人与自然同生共荣，给予大自然更广泛、更深沉的审美观照；懂得并学会欣赏大自然美丽的生态审美趣味等。从生态文化的本质属性来看，它既是生态生产力的客观反映和人类文明进步的精神结晶，同时作为人的生存方式和生存理念，又是推动社会前进的精神动力和价值理念，它会嵌入社会结构之中，渗透社会生活的各个方面，并潜移默化地发挥引领作用。

今天，无论是理论界还是实务界都已深刻认识到，生态文明和绿色化应该成为社会主义核心价值观的重要内容。退耕还林还草改变的不只是山水，它所带来的转变，从生态开始，遍及人们的思想、生产和生活各个领域，更吸引着世界的目光。人们从退耕还林还草中品尝到"满山尽是聚宝盆"的生态红利，昔日的贫困与荒凉渐行渐远，越来越多的人认识到"绿水青山就是金山银山"的精髓。

弘扬退耕还林还草文化，必须培育和践行生态文明主流价值观和生态文化价值观。这是一项功在当代、利在千秋的系统工程和长期历史任务，不可能毕其功于一役。要按照从理论到实践、由内化而外显的逻辑循序依次递进，着力从思想引领、宣传普及、教育促进、实践养成和制度保障等方面下功夫，通过反复教育和熏染，使生态信仰融入日常生活，使生态价值的影响像空气一样无所不在、无时不有，真正在全国范围形成广泛的生态共识，树立生态文明意识、生态文明信仰、生态文明主流价值观。

中共中央、国务院《生态文明体制改革总体方案》中明确指出："以建设美丽中国为目标，以正确处理人与自然关系为核心，以解决生态环境领域突出问题为导向，保障国家生态安全，改善环境质量，提高资源利用效率，推动形成人与自然和谐发展的现代化建设新格局。"退耕还林还草是着眼于中国经济和社会可持续发展大局,顺应人类社会发展新要求,贯彻落实"绿水青山就是金山银山"理念,推进生态文明建设的一项宏大系统工程,在维护国家生态安全、优化农业结构、促进农民增收、建设人类宜居环境等方面发挥着重要作用。进入生态文明建设新时代,进一步高质量实施退耕还林还草工程、建设好退耕还林还草文化,对于践行习近平生态文明思想和"两山理论"具有特殊的重大意义,需要以社会主义核心价值观为引领,围绕生态文明主流价值观,树立六大理念,即:树立尊重自然、顺应自然、保护自然的理念;树立发展和保护相统一的理念;树立绿水青山就是金山银山的理念;树立自然价值和自然资本的理念;树立空间均衡的理念;树立山水林田湖草是一个生命共同体的理念。

二、丰富退耕还林还草文学艺术

退耕还林还草文学艺术,是指与退耕还林还草相关的文学和艺术,是人们对退耕还林还草建设过程、成效的提炼,升华和表达。发展退耕还林还草精神文化,就要丰富退耕还林还草文学艺术创作,推动生态文学艺术繁荣,尤其要支持创作生产出无愧于这个伟大生态工程的优秀作品,这样才能够真正深入人民精神世界,才能触及人的灵魂、引起人民思想共鸣。

丰富退耕还林还草文学艺术,首先应注意拓展文艺创作题材。所选取的题材应该多种多样,从退耕还林还草的工程建设管理,到工程区生态恢复、发展方式转型、生态文明建设。退耕还林还草文化艺术作品应体现党带领亿万人民实施退耕还林还草的光辉历程和所取得的巨大成就,描绘人民对于美好生活地向往和工程实施后的美好画卷,达到振奋人心、鼓舞精神的效果,使之成为当代中国文学艺术成就的重要组成部分。同时,应将退耕还林还草文化作为现代公共文化服务体系建设的重要内容,充分挖掘少数民族的优秀传统生态文化思想和资源,创作一批文化作品,满足广大人民群众对生态文化的需求。

丰富退耕还林还草文学艺术,还应注意丰富文艺创作的体裁。除了传统的小说、诗歌、散文、戏剧外,还应发展电影、相声、小品、说书、快板、秧歌剧等。为此,各地应以退耕还林还草为题材,通过打造退耕还林还草文化交流平台,开展退耕还林还草作家记者主题采风,组织拍摄生态公益电影,制作大型退耕还林还草系列节目,编制退耕还林还草主题小品等,丰富退耕还林还草文艺体裁,繁荣退耕还林还草文学艺术创作。

丰富退耕还林还草文学艺术,还应鼓励更多的作家参与生态文学艺术创作。退耕还林还草等生态文学艺术是文艺创作的"富矿"。要支持、鼓励更多的作家致力于这一题材创作,以文学笔触对生态文明建设成果进行艺术化再现,争取在思想性、艺术性上都较以往有所突破。要引导他们更立体、更全面、更深刻地展示退耕还林还艰辛过程和辉煌成就,从人类命运共同体的高度和视野,把人类生存发展和生态环境保护之间的深层关联更清晰地呈现出来,在读者心中建立起更加科学的生态观念,为人们勾勒出更美好的未来图景,从而为我国生态文明建设提供更加充足的精神动力,形成生态文学创作与生态文明建设相辅相成、共同发展的良好局面。

要推动全国或区域性退耕还林还草生态文学创作基地的创建工作,努力打造退耕还林还草生态文学创作之家,为推动生态文学事业发展,宣传生态文明建设发展新气象、新成就创造条件。要积极鼓励各级林草部门、文化艺术团体共同举办退耕还林还草摄影、摄像等创作活动,通过照片、视频等形式,融记录性、场景性、对比性、艺术性于一体,深入总结退耕还林还草取得的丰硕成果,继承和发扬务林人艰苦奋斗、爱岗敬业、锐意进取的精神,为进一步弘扬生态文明理念,倡导共建共享绿色社会新风尚,推动美丽中国建设。同时,设立全国或区域性优秀生态文学艺术作品出版基金,催生更多更好的退耕还林还草文学艺术作品。

三、研究退耕还林还草理论

退耕还林还草工程是建立在生态学原理基础之上的。在制定退耕还林还草工程政策时,不仅考虑了林种配置、林草比例、树种的优选组合等方面,而且还注重把握了生物多样性原则以及生态平衡理论、景观分布格局理论等,利用生物种群和类群所构成的生态系统与其环境相互作用,注重培育混交林、复层林(草),以实现生态系统的结构和功能最优化。

(一)理论生态学理论

生态学有理论生态学和应用生态学两大分支,理论生态学研究生命系统、环境系统和社会系统相互作用的基本规律和关系，建立关系模型，并预测系统未来的发展变化。理论生态研究的内容很广泛，研究成果中的一些主要观点和理论如生态系统观、生物群种观、生物群落及其演替理论、生态平衡理论、生态位理论、生态脆弱区理论等，是整个生态学包括理论生态学和应用生态学的基础。

退耕还林还草工程并不是"退哪里、还什么"等一些简单环节组成的，而是有着深厚的生态学基础，特别是生态系统理论、生态平衡理论、生态脆弱区理论、生态位理论、生态控制理论等生态学中的一些基本观点和基本理论。

(二) 应用生态学理论

应用生态学则将理论生态学研究所得出的基本规律和关系应用到生态保护、生态管理和生态建设中，使人类社会实践符合自然生态规律，使人和自然和谐相处、协调发展。退耕还林还草工程是一项浩大的生态工程，工程建设目标就是运用生态学理论来解决西部地区"越穷越垦、越垦越穷"的恶性生态循环问题，恢复生态的良性循环，因此，退耕还林还草工程属于应用生态学的范畴。

由于退耕还林还草工程涉及林业、草业、环境、资源、景观、防灾等方方面面，因此，退耕还林还草工程也与森林生态学、草地生态学、环境生态学、恢复生态学、资源生态学、灾害生态学、景观生态学等应用生态学分支有关。

(三) 分类经营理论

传统林业经营的本质是模仿自然生态关系机制，对林地及其生态系统进行经营管理，在森林经营中兼顾生态和经济效益，在协同生态和经济功能的前提下，组合式生产林产品和生态效益。传统林业代表性的理论是"法正林"理论。20世纪80年代，巴西、刚果、新西兰等国发展工业人工林获得了巨大成功，这种"生态与经济功能分离"的经营方法是世界林业发展史上具有里程碑意义的事件，它丰富了人类对林业生产、经营活动内涵的认识，从此，生态林业及其分类经营理论逐渐获得了主导性地位。

退耕还林还草是分类经营理论的具体应用，其具体表现在以下两个方面：一是退耕还林还草只有生态林和经济林两个类型，是"二元论"的直接体现。退耕还林还草工程采纳"二元论"的分类方法，将退耕还林还草后形成的林分为生态林和经济林两种类型,并实行不同的补助标准,至于生态经济兼用林则按经营目标、措施等因素,并入生态林或经济林。二是退耕还林还草实行分类经营战略,分别纳入不同的管理体系。对退耕地还林后的林分实行分类经营,经济林纳入商品林管理体系,生态林中部分生态地位重要的林分纳入生态公益林管理体系,国家给予一定的生态补偿资金,其余生态林按多功能林来经营,允许有条件的采伐利用。

(四)水土保持理论

水土保持理论是研究地表水土流失的形式、发生和发展的规律以及控制水土流失的技术措施、治理规划和治理效益等,以达到合理利用水土资源,发展农林业生产、治理江河与风沙、保护生态环境的目的。水土流失是指地表土壤及其母质受外力作用发生的各种破坏、移动和堆积过程,同时也包括水的损失。

退耕还林还草工程依据水土流失的发生形式、影响因素和治理途径等方面的研究结论,采取以退耕还林还草工程为主的国土综合整治战略,有意识地对陡坡耕地和严重沙化的耕地通过植树种草等手段,来增加土体抵抗力,减小风力、水力等外营力的破坏力,有效控制水土流失,这也是水土保持的基本理论基础。可以说,退耕还林还草工程是水土保持理论的最广泛、最直接的应用。

四、探究退耕还林还草伦理

生态伦理学也称环境伦理学,它是从伦理学的视角审视和研究人与自然的关系。追溯历史,从"以自然为中心"到"以人类为中心"走向"人与自然和谐",人类与自然的关系逐步发生着根本性的转变。西方生态伦理学从孕育、创立到全面发展,形成了"百家争鸣"的局面,其学派纷呈,观点迥异。有人以价值主体为宗旨,把西方生态伦理学分为三个学派:人类中心主义、动物权利主义、生态中心主义。有人以伦理主体为宗旨,把西方生态伦理学分为人类中心主义和非人类中心主义两个学派,其中非人类中心论又包括生物中心论(着眼于个体主义的)和生态中心论(着眼整体主义的)。

(一)生态中心论,主张生物平等

美国学者莱奥波尔德在《大地伦理学》中第一次系统地阐述了自然中心主

义的生态伦理学,因而他被誉为生态伦理学的创始人。莱奥波尔德也是生态中心论创始人,他认为,我们不应该把自然环境仅仅看作是供人类享用的资源,而应当把它看作是价值的中心。要把权利这一观念从人类延伸到自然界的一切实体和过程,花草树木、飞禽走兽都有生存的权利,人类没有权利去践踏它们的这些权利。

生态中心论这种大地生物平等思想,与道家"以道观之,物无贵贱"的平等的思想完全不谋而合,可谓是对道家思想的诠释。

(二)生物中心论,敬畏生命

法国哲学家阿尔伯特·施韦兹是生物中心论的创始人,他认为,"伦理学的最高原则是敬畏生命",自然界每一个有生命的或者具有潜在生命的物体具有某种神圣的或内在价值、并且应当受到尊重。1923 年施韦兹出版《文明的哲学:文化与伦理学》一书,提出了敬畏生命的伦理学,后来又提出把道德关怀扩展到一些生物,要求对所有生物行善。1963 年,施韦兹出版了《敬畏生命:50 年来的基本论述》一书。

施韦兹是道家的粉丝,他认为"伦理学最高原则是敬畏生命"的思想,与道"道法自然"是相似的。山东大学谭景玉在《道家对施韦泽敬畏生命伦理思想的影响》一文中认为:"对于施韦泽这位现代环境伦理学的重要奠基人来说,道家思想对其敬畏生命伦理思想产生了重要影响"。

(三)自然本体论,自然为本

梦里寻他千百度,蓦然回首,老子早已在眼前。西方文明以人类为中心,上帝创造了人类,再创造了为人类生存发展万事万物。面对生态危机,他们提出生物平等、敬畏生命等生态伦理学,自以为是什么新理论。但到中国一了解,全都傻眼了,他们说的这套理论,老子在 2600 多年前就系统论述过。更让他们抓狂的是,老子更深刻,老子不仅仅讲自然平等、敬畏自然,而是把自然上升到人类本体的高度,是本体论,自然决定人类,是决定论。

美国物理学家、诺贝尔奖得主卡普拉高度赞赏道家的生态智能,他说:"在伟大的诸传统中,据我看,道家提供了最深刻并且最完美的生态智能,它强调在自然的循环过程中,个人社会的一切现象和潜在两者的基本一致。"

五、挖掘退耕还林还草哲学

生态伦理学与自然哲学没有严格的界限,都是研究人与自然的界的关系。

一般来说，生态伦理学研究的是一般关系，如平等、高低、大小关系，自然哲学研究上升到终极关系，如本末、镜像、形影关系，是谁决定谁的关系。

(一)退耕还林还草的自然哲学

自然哲学是现代自然科学的前身，主要是思考人面对的自然界的哲学问题。包括自然界和人的关系、人造自然和原生自然的关系、自然界的最基本规律等。这当中不少理论，都奠下了今时今日物理学的基石。不少近代的名人，如英国科学家牛顿、德国哲学家黑格尔都曾为自然哲学编写过著作。其中与退耕还林还草有关的主要有马克思主义自然哲学、道家自然本体论哲学。

马克思主义关于人与自然关系的思想，在马克思主义基本原理中，占有十分重要的地位。第一，马克思主义认为，人不是自然界的主宰者，而是自然界的一部分，人靠自然界生活。第二，马克思主义认为，人不是简单地适应自然，而是可以通过实践有意识地改造自然。第三，马克思主义进一步提出了人与自然和谐相处的思想。第四，马克思主义指出了造成自然界资源和生态严重破坏的社会制度根源。

道家的自然本体论哲学，以自然为本人为末。在人与自然的关系中，人与自然平等、和谐等关系，只是普通关系，不是本体论。只有把自然与人的关系上升到本与末、镜与像、身与影的高度，才是本体论，老子正是这样思考的，提出了道法自然的思想，意思为人类一切行为的根据都要依据自然，自然是人类行为的模板。

(二)退耕还林还草的生态哲学

生态哲学就是用生态系统的观点和方法研究人类社会与自然环境之间的相互关系及其普遍规律的科学。对人类社会和自然界的相互作用进行的社会哲学研究的综合。起初，生态哲学以"新唯灵论"为理论根据，它宣扬人和宇宙的精神统一性，确认自然界的和谐性和完整性。人的道德问题在生态哲学中占有重要地位。"生命哲学"也对生态哲学有很大的影响。生态哲学的拥护者反对不加节制的工业发展、技术统治的理性主义、大都市主义，还形成一个政治团体"绿党"。

现今的生态哲学已从一种狭隘的唯心主义哲学演变成一种新的哲学范式，是生态学世界观，它以人与自然的关系为哲学基本问题，追求人与自然和谐发展的人类目标，因而为可持续发展提供理论支持，是可持续发展的一种哲学基础。

(三)退耕还林还草的森林哲学

森林哲学,是关于人类与森林关系的终极思考,它源自原始宗教和原始神话。森林哲学认为森林是主体,人类是由森林派生的,是森林的一部分,是第二位的,要以森林为本,要傍生森林。森林与人类的关系,是森林的本体性哲学,也是人类的傍生性的哲学。

森林本体论,森林为本人为末。森林是人类的摇篮,是人类的衣食父母,是先民崇拜的自然神,祭山祭水祭树神是普遍存在的文化现象。森林本体论来自原始宗教,是先民对森林态度的最终思考,反过来,它又是指导先民宗教活动的利器。先民视山水林地等为神,人们虔诚地膜拜在神的脚下,他们祭山祭水、祭天祭地、祭雷祭风、祭树祭神。

森林傍生论,傍生自然和谐共生,"森林为主人为客"。自然是神圣而又伟大的,而人类只不过自然界和森林的一部分,人类要以自然为主体,傍生自然,决不能凌驾自然之上。"森林为主人为客",人们要摆正人在自然中的傍生位置,要记住盘古开天、马王开地是"先造天地、后造人群"。傍生自然,视花草树木为兄弟姐妹。仰视自然,自然是神圣伟大。我们要遵守自然的规律,怀着一颗感恩的心去发现、去探索无尽的大自然,自然界包括了世间万物,人类只不过是其中之一罢了。自然界的万事万物,一切植物动物,都是人类的兄弟姐妹,我们决不能凌驾于自然之上,善待大自然的每一样事物,善看大自然的每一个景象。

第三节 退耕还林还草制度文化建设

社会行为是制度设计与制度安排的结果,退耕还林还草文化建设需要科学的制度体系支撑。推进退耕还林还草实践,保护生态环境、建设生态文明必须依靠制度、依靠法治,为弘扬退耕还林还草文化建设提供可靠的保障。

一、构建系统完整的退耕还林还草制度体系

党的十八大报告提出,要大力推进生态文明建设,加大自然生态系统和环境保护力度。要实施重大生态修复工程,推进荒漠化、石漠化、水土流失

综合治理，扩大森林、湖泊、湿地面积，保护生物多样性。党的十九大报告提出，要坚持人与自然和谐共生，树立和践行绿水青山就是金山银山的理念，坚持节约资源和保护环境的基本国策，统筹山水林田湖草系统治理。加快生态文明体制改革，建设美丽中国实施乡村振兴战略。完善天然林保护制度，扩大退耕还林还草。2018年5月召开的全国生态环境保护大会确立了"习近平生态文明思想"，科学概括了坚持人与自然和谐共生、坚持绿水青山就是金山银山、坚持山水林田湖草是生命共同体等新时代推进生态文明建设的"六项原则"。

习近平总书记指出，要加快建立"以治理体系和治理能力现代化为保障的生态文明制度体系"。这就要求我们从治理手段入手，健全治理体系，提高治理能力，推进生态文明建设。党的十八届三中全会通过《中共中央关于全面深化改革若干重大问题的决定》，首次确立了生态文明制度体系，从源头、过程、后果的全过程，按照"源头严防、过程严管、后果严惩"的思路，阐述了生态文明制度体系的构成及其改革方向、重点任务。这也是退耕还林还草文化建设制度体系构建的重要遵循。退耕还林还草文化建设制度体系，要加强顶层设计，以生态理念为指导，深化生态文明体制改革，推进生态文明机制创新，加快生态环境法治完善，以现代化生态治理体系和现代化生态治理能力为生态文明建设提供制度保障。

具体来说，必须建立林草资源产权制度，使林草资源所有权人的权益得到真正落实和有效实现；健全林草资源资产用途管理制度，科学划定生产、生活、生态空间开发界线，合理引导、有效规范和有力约束各类开发利用保护行为；建立健全生态系统健康诊断技术体系，全面推行生态系统健康诊断制度，综合运用多种生态系统健康诊断方法，构建包括活力、组织、恢复力和服务功能在内的评价指标体系，全面开展生态系统健康诊断；建立生态补偿基金，完善生态补偿机制，健全生态补偿制度，促进区域公平发展；建立由各级政府构成的层级生态文明建设管理机制，构建跨部门、跨行业、跨区域的协调机制，建立综合决策机制和部门信息共享、联动机制，加强环境保护区域统筹合作，实现区域联动、联防联控，确保区域共建共享，提高环境治理的整体水平；健全监督约束机制，加强监督管理，加强对各项政策措施落实情况的监督检查，建立生态督查制度。通过社会体制变革、社会制度规范和完善，形成协调配套的制度体系，从而为退耕还林还草文化建设制度体系提供可靠制度保障。

今后,应积极推进制度体系建设,不断完善退耕还林还草的体制机制保障。应全面梳理20多年来退耕还林还草各项政策制度,研究制定修改《退耕还林还草信息管理办法》《退耕还林还草工程管理办法》等系列规章制度,建立起适应新时期退耕还林还草高质量发展的制度体系。

二、以退耕还林还草制度效能彰显制度价值

广义的制度文化指的是人类创造的一切制度成果的总和。狭义的制度文化则特指制度所蕴含和所彰显的价值理念。一个优秀制度文化的形成不仅有赖于制度本身的优势,更取决于制度成效的发挥,以及人民群众对制度价值的认同。换句话说,任何一种制度,只有在实践中内化为人们的自觉认同和行为习惯,才能形成一种制度文化。退耕还林还草工程作为中国生态建设史上的伟大创举,对于加快国土绿化进程、加速生态修复、改善生态环境、维护国家生态安全作用显著。为更好地推进退耕还林还草工程,进一步弘扬退耕还林还草文化,需要确保退耕还林还草的制度优势能够转化为制度效能,用事实说话,讲好退耕还林还草故事,增强对退耕还林还草事业的信心。退耕还林还草制度主要协调人、自然、社会三大关系,对于退耕还林还草制度所蕴含的价值的评价和挖掘,需要从满足人民美好生活需要、构建山水林田湖草沙冰生命共同体、全面实施乡村振兴战略三个角度开展。

(一)更加注重以人民为中心的福祉评价

新时代人民群众对美好生活的需求日益广泛多元,尤其是对干净的水、新鲜的空气、洁净的食品、茂密的森林、广袤的草原和优美宜居的生活环境等的要求越来越高。正如习近平总书记指出的"良好的生态环境是最公平的公共产品,是最普惠的民生福祉。"生态环境是关系党的使命宗旨的重大政治问题,也是关系民生的重大社会问题,必须坚持生态惠民、生态利民和生态为民。退耕还林还草是我国生态建设中具有保护和恢复功能的基础性工程,是重要民生工程和扶贫工程,是实现经济社会协调发展、加快乡村振兴战略实施、助推脱贫攻坚的重要制度安排。

民之所望,政之所向。经过20多年的政策创新和体制机制改革,退耕还林还草制度的成效越来越明显,极大地改善了退耕还林还草地区乃至全国的

生态状况，满足了广大人民群众从"求温饱"到"求环保"的热切期待。农民群众是退耕还林还草工程的建设者，也是最直接的受益者，因此退耕还林还草的制度设计要能够助推农民脱贫致富。开展新一轮退耕还林还草，可以鼓励和支持林农种植一些名特优新经果林，开展森林旅游和生态休闲观光，打造更多的金山银山，拓展农村经济来源渠道，使林农增加收入，有利于调整优化农村产业结构，推动农村经济发展转型，实现绿色发展。在精准扶贫阶段，为扩大退耕还林还草成效，把退耕还林还草任务向山区、沙区、石漠化地区倾斜，帮助这些地区的农民增加经济收入，确保他们与全国人民一道实现共同富裕。同时要加强对退耕还林还草政策制度的宣传，增强全民生态意识，将退耕还林还草任务分配到户、政策直补到户、工程管理到户，让政策措施家喻户晓。

退耕还林还草调整了农村产业结构，培育了生态经济型的后续产业，大幅促进了林业产业的发展，让退耕户尝到了"生态饭"的甜头。新疆若羌的大枣、甘肃庄浪的苹果、云南临沧的坚果、四川平昌的花椒等等，许多小果实因此变成了大产业。一些地区的森林旅游、森林康养、森林休闲借助退耕还林还草的东风，如雨后春笋般冒了出来。

(二)更加注重山水林田湖草沙冰生命共同体的系统评价

退耕还林还草文化建设要有更广阔的视野和系统思维。习近平总书记指出，山水林田湖草是一个生命共同体，人的命脉在田、田的命脉在水、水的命脉在山、山的命脉在土、土的命脉在林和草。此后他又针对黄河流域生态保护和高质量发展提出要增加一个"沙"，针对青藏高原生态环境保护和可持续发展增加了"冰"。统筹山水林田湖草沙冰系统治理是一项复杂的系统工程，不仅需要基本理念的创新，还需要管理模式和技术体系的创新，必须遵循生态学原理和系统论方法，构建全新的生态治理体系。

在复杂的生态系统中，林业在维护国土安全和统筹山水林田湖草沙冰综合治理中占有基础性地位，是事关经济社会可持续的根本性问题。要在退耕还林还草20多年取得巨大成就的基础上，持续推进重大生态修复工程，如退耕还林还草、天然林保护工程、湖泊湿地保护修复工程等，加强自然保护区、重点生态功能区、海岸带的保护与管理，让透支的资源环境逐步休养生息，从源头上扭转生态环境恶化的趋势。

通过退耕还林还草，把生态承受力脆弱、不适宜耕种的土地退出来，植树和种草，从源头防治水土流失、减少自然灾害、固碳增汇。实施退耕还林还草以来，从东到西、从北到南，退耕还林还草改善生态的例子比比皆是。退耕还林还草将浑善达克沙地南缘的内蒙古多伦县变成青草绿树的美丽画卷，为扭转风沙紧逼北京城的被动局面做出巨大贡献；退耕还林还草修复了南水北调中线源头——丹江口水库两岸的森林植被，确保一江清水送北京；退耕还林还草为三峡大坝工程库首的湖北省秭归县增加了大片植被，水土流失面积和土壤侵蚀模数大幅下降，为三峡库区建起一道强大的生态屏障；退耕还林还草还为西南部裸露的石漠化地区披上了绿衣裳。这样的生态契机不胜枚举，可以说，在中华民族伟大复兴的历史关头，退耕还林还草大大拓展了民族生存发展的生态空间。

（三）更加注重助力乡村全面振兴的效果评价

乡村振兴战略是决胜全面建成小康社会、全面建设社会主义现代化国家的重大历史任务，给新时代退耕还林还草工程赋予了新的历史使命。实施退耕还林还草工程，推进了集中连片特困地区脱贫致富，助推实现全面建成小康社会目标，不仅使乡村生态更好、环境更美、更宜居，而且促进乡村产业更兴旺、村民更富裕、生活更美好，还能移风易俗，改变农村生产生活方式，促进乡风文明。

云南省退耕还林还草与新农村建设结合

新一轮退耕还林还草要坚持以"绿水青山就是金山银山"理念为统领，坚持生态优先、绿色发展，紧紧围绕"产业兴旺、生态宜居"的总体要求，坚持民有民享、共建共享，深入推进林业供给侧结构性改革，不断提高优质林产品供给能力和水平，积极促进生态产品的价值实现，进一步彰显林业生态与产业助推乡村振兴的地位和作用，谱写新时代生态建设的新篇章。

退耕还林还草的效果评价，关键要看农村新貌。在农村，退耕还林还草被誉为民心工程，根本原因在于其实现了"山上长叶子，农户得票子"。以四川省为例，实施退耕还林的20年里，全省退耕户户均获得补贴6700元，同时让237万贫困人口摘掉"穷帽子"。2015年年初，四川省人民政府办公厅出台《关于实施新一轮退耕还林还草的意见》（川办发〔2015〕4号），全面落实各项补助政策，要求地方各级人民政府加强引导，提供技术服务，持续探索农民增收新路径。自2014年启动新一轮退耕还林还草到2019年，四川省坚持80%的计划向贫困县和贫困人口倾斜，迄今累计覆盖74个贫困县2804个贫困村，已帮助26.92万贫困人口"摘帽"。补贴之外，涉林新产业、新业态蓬勃发展。据报道，依托退耕还林还草，全省建成涉林涉草产业园区约3000万亩，以此为基础，累计培育退耕业主（大户）1万余个、退耕专合组织600余个，助力打造朝天核桃等特色优势产业和有影响的区域品牌20余个，生态旅游新业态顺势而兴。看得见的除了"叶子"和"票子"，还有看不见的社会效益。随着退耕还林还草的启动，退耕农户的耕种习惯和生产方式显著改变。退耕还林还草工程，已经成为生态文化的"宣传员"和生态意识的"播种机"。据数据统计，退耕还林还草20年来，四川省破坏生态资源的案件逐年递减，保护森林草原等已成农村新风尚和社会共识。正因如此，退耕还林还草工程，也"退"出了新农人生态保护的新观念。

第四节　退耕还林还草行为文化建设

行为文化是人们在日常生产生活中表现出来的特定行为方式和行为结果的积淀，它体现着人们的价值观念取向，受相应制度的约束和导向。退耕还林还草的行为文化是人们在退耕还林还草价值观引领下发生的行为转变和形成的行为习惯。行为文化的养成首先需要通过科学研究与信息传播等，把退耕还林还草价值观落地落实，其次要构建和推广退耕还林还草文化的认知标识系统，再者要推动退耕还林还草文化的互动体验。

一、加强退耕还林还草科研教育

退耕还林还草的科学研究可以为退耕还林还草的深入发展提供重要保障。一方面，通过科学研究总结提升已有经验；另一方面，通过科学研究对退耕还林还草工作中遇到的问题进行攻坚克难。今后，应继续重视和支持以退耕还林还草为主题的学术研究，支持发表相关学术著作和学术论文，为退耕还林还草建设提供精神和技术支撑。

退耕还林还草教育普及是退耕还林还草行为文化的重要内容。要在基础教育中渗入退耕还林还草知识，增强青少年对退耕还林还草等生态建设的认知。同时，要在职业技术教育中开展退耕还林还草政策法规、技术技能培训，提高各方面人员的综合素质，为退耕还林还草建设提供人才和技术支撑。

二、拓展退耕还林还草信息传播

发展退耕还林还草文化，就要拓展退耕还林还草信息传播，强化退耕还林还草信息载体和传播功能。信息是退耕还林还草精神文化建设的重要内容。今后，应在20多年建设发展的基础上，形成以人民日报、新华社、央视广播、经济日报、中国绿色时报和国家林业和草原局政府网等中央新闻媒体为龙头，以各省报刊、电视广播、政府网站、新媒体为骨干的新闻报道网络。在报道中坚持客观性、权威性、时效性、系统性和人民性。通过新闻报道和文化传播，较好地发挥正面传播效应，把我国退耕还林还草信息工作推向深入发展的新阶段，凝聚人民共识和生态保护意识，为各项工作开展营造良好的文化氛围。同时，开展主题宣传活动。通过典型示范、展览展示等形式，精心组织好世界地球日、世界环境日、世界森林日、世界水日、世界海洋日和全国节能宣传周等主题宣传活动，广泛动员全社会参与退耕还林还草文化建设、共建环境友好型社会、共促绿色发展绿色崛起。

三、加大退耕还林还草文化标识的推广应用

"退耕还林还草标识"作为集中展示退耕还林还草建设发展理念的符号，

是创造退耕还林还草品牌形象、展示退耕还林还草文化的重要载体。统一标识是退耕还林还草文化的重要组成部分,也是退耕还林还草文化建设过程中一项重要的无形资产,对提升全系统及社会各界对退耕还林还草文化的认知度,深入推进退耕还林还草文化建设有着重要作用。

今后,要加大"退耕还林还草标识"的普及应用,在更广阔的领域发挥退耕还林还草标识对工程的品牌形象的宣传推广作用。

四、开展退耕还林还草文化互动体验

大力弘扬退耕还林还草文化,在人民群众生活方式上的具体体现就是生活方式的绿色化;而推动生产生活的绿色转型,就要开展退耕还林还草文化互动体验,在人民日常生活中培育生态文明主流价值观、弘扬退耕还林还草文化。

今后,要充分了解退耕还林还草文化的特点,发挥退耕还林还草文化的优势,使之与公共文化服务形成良好的互动关系。要建立健全政府倡导、社团推动、民众参与的体制机制,积极开展退耕还林还草文化进校园、进教材、进课堂活动。坚持从娃娃抓起,普及生态文明理念,让孩子们走进自然、亲近自然。

要秉承保护与开发并重的原则,建立各类退耕还林还草观光旅游园区和森林公园退耕还林还草项目区。通过园区建设和生态旅游,引导公众走进自然、认识自然、热爱自然,提高对退耕还林还草等生态修复工程的认识,增强支持退耕还林还草等生态保护和修复工作的主动性和积极性。

第八章　退耕还林还草文化建设的保障措施

退耕还林还草文化建设是一项长期而复杂的系统工程，需要各级政府、多个部门通力配合，采取综合有力的措施，包括人才保障、财力保障、物质保障以及政策保障等，以形成合力，保证退耕还林还草文化建设目标的顺利实现。

第一节　人才保障

一、人才保障的主要原则

（一）人才保障的统揽性原则

2014年6月9日，习近平总书记出席中国科学院第十七次院士大会、中国工程院第十二次院士大会并发表重要讲话，他引用《管子》"一年之计，莫如树谷；十年之计，莫如树木；终身之计，莫如树人"的话，指出要把人才资源开发放在科技创新最优先的位置。坚持党管人才，不仅有利于巩固和扩大党的执政基础，提高党的执政能力，而且有利于大力实施人才强国战略。在退耕还林还草文化建设和发展中，坚持党管人才，"凝聚合力"，要管宏观、管大局、管战略、管政策，确保退耕还林还草人才培养、引进、使用等工作的统筹规划、协调发展。

（二）人才保障的先进性原则

退耕还林还草文化人才是其文化推广的根本，要以更宽的思维、更宽的眼界和更宽的胸襟去着力加强人才队伍建设、提高人才工作水平，为退耕还林还草文化的推广提供坚强的人才保障，必须把创新人才开发作为基点。要树立退耕还林还草文化人才优先发展战略，切实做到退耕还林还草人才资源优先开发、人才结构优先调整、人才投资优先保证，为退耕还林还草文化人才提供更加个性化和多样化的服务。

(三) 人才保障的公平性原则

退耕还林还草文化的发展离不开其文化人才的发展，公开平等、竞争择优的环境，是退耕还林还草文化人才能否充分施展才能的保障。应广泛动员全社会来关心退耕还林还草文化人才、关注其人才、关爱其人才，营造爱才敬才的社会环境，要在全社会营造尊重劳动、尊重知识、尊重人才、尊重创造的良好风气，为提升人才竞争力提供一个良好的"软环境"；同时，要建立完善公平的竞争机制和人才评价机制，让退耕还林还草文化人才在激励中成长，在竞争中脱颖而出。特别是对退耕还林还草文化挖掘和推广中涉及的基层管理者、传统艺术创作者，更要做到"不唯学历、不唯职称、不唯资历、不唯身份"，为其提供公平的发展空间、更大的成长平台。

二、强化教育人才培养

(一) 坚持正确指导思想，加强思想道德建设

1. 坚持以马克思主义生态观为指导

马克思主义生态观最基本的内容在于探索人与自然之间的关系，即辩证统一的关系。一方面，人类是自然的组成部分，保护自然便是在保护人类自己；另一方面，人类又能根据自己的需要能动地利用自然、改造自然。但是在人类长久以来对自然的改造和掠夺中，也付出了惨痛的代价，过往经历已逐步使人们认识到无视自然规律、破坏生态平衡的严重后果。痛定思痛之后，人类已经意识到在人与自然的关系中要学会尊重自然规律，不可盲目利己。同时，人类也正通过自己的智慧和劳动，来纠正过往的错误，以求实现人与自然的和谐相处，促进人类社会的可持续发展。

退耕还林还草文化正是需要我们从文化的角度重新审视自己的不足，并在源远流长的传统生态文化基础上寻求新的发展。退耕还林还草文化建设，不仅仅需要经济的扶持、法律的保障和政策的支持，更需要文化的支撑。退耕还林还草文化的发展根本在于全民生态文化培育的开展和普及，必须坚持以马克思主义生态观为指导，以促进人口、资源、环境和经济的全面协调可持续发展为目标，竭力提升全民的生态文化水平，为建设美丽中国创造更好的生态条件。

2. 加强思想道德建设，推进退耕还林还草文化发展

道德可以左右人们的思想，进而指导人们的行为，对人的发展有巨大的影响力，也因此决定了社会的有序发展。新时代的生态文明建设对人类思想道德的塑造提出了更高的要求，即生态道德人格的塑造。而正是这种生态道德引导人们进行正确的生态行为选择，也是退耕还林还草文化的根本。

树立正确的生态伦理观，让退耕还林还草文化彰显生态底色。通过思想道德教育激发生态情怀，形成生态道德感知，使人们树立生态义务感和责任感，使其具备长远的生态视野。正确的生态观的树立，能激发人们自觉保护和改善生态环境的坚定信念，进而确保现有的退耕还林还草成果的同时，使退耕还林还草文化能够延续传承。

加强生态道德的教育，要进行生态伦理知识的普及，鼓励人们以己度人，用自身道德的标准衡量对待自然，激发其改变生态恶化的决心意志。以马克思主义为指导，加强中国特色社会主义的基本理论、党的基本路线和方针政策教育，强化爱国主义、社会主义、集体主义教育，特别是加强引导退耕地区人民群众正确处理国家、集体、个人三者之间的利益关系，不断加强其思想政治教育，为退耕还林还草文化发展创造环境。

广泛深入践行"绿水青山就是金山银山"的理念，以形成人、社会、自然互利共生的生态整体思维。使人们认识到他们是生态文明的建设者、同时也是表征者；他们既是退耕还林还草文化的缔造者，同时也是退耕还林还草文化的受益者。在退耕地区，通过教育宣传改变落后的经济增长方式及观念，迅速形成适合现代化需要的生态道德观和价值观。

(二) 提供教育保障，重视人才培养

1. 注重全民生态文化科学教育，促进退耕文化认知与推行

虽然近年来我国相继开展了一些生态文化的课堂教育及相关科学普及，但总体来说目前生态普及教育资源依然缺乏，仍然没有能够为公民提供终身、系统生态教育的机构。针对中小学生群体的学校生态教育重视度相对较高，但忽视了学前儿童和大学生的生态文化及环境教育。在教育方式上也较为单一，如中小学的生态环境保护知识渗透在《地理》《自然》等课程中，大学阶段则主要涵盖在思想政治教育课程中。完整的生态文化教育体系尚未形成，专职教师也相对不足。对于部分高校来说，生态教育是一门专业课，但也只是对相关专业的学生开设，主要是生态学相关知识的教学，缺少生态文化、生态价值观、生态修养审美等精神层次的系统教育。生态文化教育应该是终身教育，要从娃娃抓起，同时使学校教育、家庭教育、社会教育齐头并进，共同发挥各自的教育优势。

2. 注重高水平的生态教育师资队伍培养

退耕还林还草文化的挖掘和推广需要建立具有高水平的生态教育师资队伍。首先要加大专业生态教育师资队伍培训力度。需给予生态教育培训强有力的保障，让更多的教育者参加到生态教育培训的队伍之中。同时，还需加强相关的制度建设，使后续生态教育培训能够持续顺利展开。此外，对于非专业的生态教育师资队伍的建设也必须提上议程，确保非生态专业教师也都能接受生态教育培训，将生态知识贯穿于各学科知识之中，融会贯通。特别是加强农村地区生态教育师资力量，使农民能够深入认识自然生态系统及人类在其中的地位和作用，了解生态问题的严重性及其产生的根源，使退耕地区农、牧民认识到自己在退耕过程中发挥的重要作用，并且获得利于生态恢复的知识和技能。这也是退耕还林还草文化认知的根本，文化的普及可以进一步促进退耕政策真正落到实处、有利于退耕工程的高效实施、促进退耕文化的认知发展及退耕文化产品的传播。

（三）强化理论基础，深化退耕还林还草文化相关科学理论的综合研究

退耕还林还草文化尚未形成成熟的理论体系，针对其概念和含义的研究还有待深入。退耕还林还草主要生态系统、经济系统和社会系统这三个系统，是各相关学科在人与自然关系上的交叉；同时，集成、吸收与融合了生态学、林学、经济学、社会学等其他基础学科的现有理论，是退耕还林还草的理论基础。退耕还林还草文化的研究要加强政策性研究和技术性研究有机结合，统筹生态、经济、社会三大效益，以进行系统研究。

在生态系统层面，要正视历史、审视自身，积极改善生态环境。在经济系统层面，要实现经济快速增长的目标，应对日益增长的人口带来的一系列问题，但在实现当代人的发展的同时，又不损害子孙后代的利益；要注重退耕还林还草与农村经济发展、脱贫致富相结合，与特定区域主导产业的发展相结合、与产业结构调整相结合，培育替代产业，积极探讨生态补偿机制的创新途径。在社会系统层面，退耕还林还草文化作为人与自然关系的体现涉

及生态文化、森林文化、草原文化、农耕文化、乡村文化等领域，而目前国内对于该文化的系统性研究还相对不足。需要科研院所、大专院校等部门在借鉴国外的理论研究和实践经验的基础上，结合国内乡村的发展现状和问题，探索上述文化建设的理论与方法，并提供理论和技术方面的支持，实现转型期间的文化传承与发展。退耕地区在发展上述文化过程中，应在读懂乡村的基础上，以村民为主体，尊重乡村原有的田园风貌和历史原则合理开展。在深入挖掘退耕还林还草文化的同时，也要在延续历史文脉上做文章。

三、强化科技人才培养

科学技术是第一生产力，退耕还林还草的顺利实施及退耕还林还草文化的发展都离不开科技的支持和创新。只有选择科学的方式方法，运用科学的推广模式和科学的引导和教育才会使退耕工程保质保量地完成，使退耕还林还草文化得到传承和发扬。

(一) 推进科技兴林战略，促进科技研发

1. 针对区域退耕还林还草可持续发展中的现实需求开展科技研发

目前，在退耕地区能真正利用先进技术取得重大成果的并不多，尽管近年来新的技术层出不穷，很多地区往往不能及时做到对技术的学习、更新，掌握和应用的仍是多年前较落后的技术。因此，应重点根据可持续发展理论和退耕实际，一是要做到科学规划，二是要搞好技术培训，三是要应用现代科学手段开展退耕还林还草工作。构建如下科技支撑保障体系，包括恢复生态学基础理论研究，优良种质繁育技术，森林培育配套技术，生物、抗旱、节水等高新技术，增加林、农产品产量和提高产品质量的适用技术。要适应科学发展的新趋势，在退耕地区重点研发如林农产品深加工、贮运技术，绿色食品技术等的现代生物技术。其他待研究解决的关键技术如数字林业在退耕还林还草中的应用，林草植被合理布局及规划设计，高效农林复合可持续经营技术，退耕还林还草效益评价与信息管理技术等。大力推广遥感技术、地理信息系统和全球定位系统等先进技术的应用，要实行计算机辅助管理，建立数据库，进一步加快管理现代化。

2. 加强退耕还林还草文化产品研发和创作

积极探索传统媒体和新兴媒体的优势互补，以及二者一体化发展战略，

以内容建设为根本、先进技术为支撑,满足人们日益多样化和个性化的文化需求。品质是退耕还林还草文化信息的核心,要在深入挖掘退耕还林还草文化内涵的基础上,以大众和社会更加喜闻乐见的文学、戏剧、电影等文化产品,大力宣传推广退耕还林还草科学知识、退耕还林还草文化内涵、退耕还林还草工程成果等,以传递珍爱自然、保护自然、节约资源、人地关系审视等价值观念,促进全社会实现生态文化自觉。如突出时代特色和区域特色的《山丹丹花儿开》《大漠长河》等电影电视作品、《退耕还林交响曲》等文学艺术作品,这些以弘扬退耕还林还草文化理念的文化作品,有助于提高全社会的生态文化品位。此外,应大力发展退耕还林还草文化产业,既包括影视创作和出版等传统文化产业,也包括文化创意和动漫等新兴文化产业。当下充斥着各类暴力血腥内容的游戏,给青少年身心带来了巨大的负面影响,而这类以主流文化为核心的游戏电玩作品却鲜少开发。国家完全可以通过制度鼓励政策和必要的人力、资金投入,帮助这类具有区域特色、民族特色的退耕还林还草文化创意产品的研发。同时,鉴于日益受到重视的各类手工艺及民间传统文化作品仍然在不断减少,甚至面临因失传而消失的窘境,也应重视传统工艺和现代科技的结合,努力打造具有竞争力的退耕还林还草文化品牌。

(二)推进农林业信息化,加快科技成果的推广应用

坚持把科技应用贯穿于退耕还林还草发展的全过程,继续努力实施"科技兴林"战略,促进科技新成果的广泛引进和采用。我国的退耕还林还草已取得了世界瞩目的成效,但也存在科学研究与生产实践脱节的现象。大量的研究成果和先进技术在退耕过程中没有得到很好的推广应用,同样,退耕过程中存在的许多技术问题也没有得到及时解决。因此,在退耕还林还草的建设实施及退耕还林还草文化的挖掘发展中,非常有必要建立科技示范点及相关专家咨询系统等,调动各界科技人士积极投入到退耕还林还草建设及退耕还林还草文化传播之中。加强退耕还林还草科技人才培养,加强新技术推广体系建设,通过建设示范点和示范工程、项目积极推广新技术、新方法,通过退耕还林还草专家库及咨询系统实现人才-科技-生产的对接,以高新技术应用为突破口、以信息化带动退耕还林草工程和退耕还林还草文化的现代化发展。

1. 开展科技示范点建设,发挥辐射功能

建立一批高质量的退耕还林还草的示范点和示范户,充分发挥示范推动作用和辐射功能。在示范中将教学、科研、生产等单位紧密结合起来，多类型灵活举办退耕还林还草经验技术交流会，以期取得显著的效益，起到推广示范的效果。鼓励更多的企业都积极参与到科技推广工作中，如企业、科研单位及政府独立或联合创办的农业科技示范园区、示范场等可对农林业科技的推广产生积极的影响。

2. 大力推广先进实用技术，提高成果转化率

大力推广先进实用技术，促进高等研发机构、企业、农林业生产组织之间的合作，提高农林业科技成果的转化率，将一系列先进的农林业科技成果推广到实践中来，为其提供智力支持。同时，对现有国内外科技成果和成功模式进行筛选、集成、组装与优化，使之能更好地适应建设需要，提高成果转化率。同时，注重总结和推广退耕还林还草区当地群众在实践中创造的一些成功经验和方法，基层林业技术推广机构要建立和完善生态监测、科技推广、信息服务和技术交流体系网络，为制定规划、实施工程等提供服务。如退耕还林还草相关信息网络、数据库、管理信息系统、决策支持系统、专家系统、数字图书馆、退耕文化信息化平台等。建立退耕科技信息化是退耕还林还草文化发展的重要条件，也是解决退耕管理中一些制约因素的有力工具。我国在信息科技发展方面，与发达国家相比还存在较大的差距，不平衡现象也较严重，如国内农林业网站大多集中分布在北京、上海和沿海等发达地区。相关数据建设也非常缓慢，现有的数据库及技术水平与先进国家差距很大，3S 技术也受制于基础设施和基础技术水平双重制约，应该采取切实有效的措施，推动农林业信息科技的跨越式发展，提供先进高效的信息系统支撑。

3. 利用多种新科技新媒体，加快退耕还林还草文化传播

利用广播、电视、网络等传统媒体，以及手机、微博等新兴媒体，促进退耕还林还草成果迅速推广。退耕地区大多地处内陆，交通网络极不发达，现代化的广播、电视、电话、互联网等普及率不高，加之经济落后，限制了农村及农民对外面社会的认识与了解。由于这些客观条件的限制，大多退耕地区对新农业科技和信息认识能力差，也就限制了科技力量与信息的能动作用，退耕区居民往往思想保守、陈旧、落后，难以适应现代化农业、林业发展的需要。应尽快实现用电视、电脑、手机等媒介指导退耕，推广林农业科技、提供市场信息、传播致富经验、宣传农业及林业政策法规，促使退耕还

林还草科技成果迅速走进千家万户。在使用新媒体传播退耕还林还草文化时，要对受众进行精准划分和定位，对于广大退耕区居民，退耕还林还草文化作品的表现形式及传播方式要更易于接受，如多运用文化表演、图片展示等通俗易懂的方式，同时也要尽可能确保其获得方式的便捷、操作尽量简单；对于城镇居民，要更积极地探索和创新传播方式，如结合购物直播平台等扩大退耕还林还草文化的推广。综合运用多种媒体、多种形式来增强退耕还林还草文化的感染力和传播力。

四、强化管理人才培养

（一）规范政府职责，加强领导班子建设

退耕还林还草文化的发展离不开党的领导，特别是地方政府要真正领悟退耕还林还草文化的精神内核，真正规划好每个乡村退耕工作的长远发展。首先，政府各级领导应当对退耕还林还草文化的培育予以高度重视，以县（区）、镇、村三级为单位，合理分配任务及目标。各级政府应当把退耕还林还草文化发展嵌入当地的文化发展规划中。其次，建议有关部门设立专门的退耕还林还草文化工作小组，协调统领全区域退耕还林还草文化工作，包括制订和实施计划、监测发展动态、整合资源、及时反馈与调整工作中的不足、定期开展研究活动等。同时，更新管理理念，树立为民服务意识，在退耕工程的实施和退耕还林还草文化的发展中，最大化地尊重农、牧民意志，听取其意见。基层政府工作人员加强对政府合法性的深入理解，树立正确的管理理念，从而最大限度地实现社会公共利益。此外，纠正错误理念。各级政府应该牢固树立生态责任意识，做退耕还林还草文化的倡导者，纠正片面注重经济增长的错误理念，要注重在经济发展的同时必须兼顾生态环境的保护，并要努力落实退耕工作的长效，加强监管，对危害退耕工程的违法行为要予以严厉打击，切实维护好农、牧民的权益。

（二）加强退耕干部队伍教育，发挥先锋模范作用

退耕还林还草文化的发展和退耕还林还草的实施离不开基层干部队伍，作为管理与组织者，退耕干部队伍整体素质的提高，将发挥重要的作用。其干部队伍包括村委会成员，乡（镇）农、林、牧业科技与行政单位人员，县农、林业局及相关科技单位人员等，只有抓好这些干部的培训工作，才能将

国家退耕政策、科技以及退耕还林还草文化和教育有效地贯彻与执行，对推动退耕还林还草文化的全面发展具有重要意义。首先，应当加强政府生态教育，培育和形成生态政治文化，以此推动退耕还林还草文化建设顺利发展。其次，干部队伍的教育主要实施成人教育计划和后续教育，全面提高学历层次、知识水平、科技能力以及管理能力，建立完备体系，以提供有力支撑条件，不断提高基层党组织的创造力，凝聚力。此外，可专门组织退耕还林还草文化宣传骨干培训班，培养地方的专业队伍从事退耕还林还草文化宣传。其宣传应做到富有艺术性、知识性、趣味性，且贴近实际，易于民众接受。培养相关基础领导干部组织、举办文化活动的能力，以开展生动且有声势的退耕还林还草文化宣传工作。

要充分发挥农村基层党组织和广大党员干部先锋模范作用。例如《退耕还林在中国——回望20年》一书的第二部分"人物风采录"中，记载了来自全国各地的40多位在退耕还林还草工程建设中做出突出贡献的模范典型及其先进事迹；其书第三部分"我与退耕还林"中，更是由那些退耕还林还草直接参与者以通俗的语言叙述其亲身经历，将其工作中的酸甜苦辣和体会感受娓娓道来。这些退耕一线的基层领导和工作人员的爱岗敬业、无私奉献，激励了一代人砥砺前行，使退耕工程硕果累累。

(三)加强监督，建立考核机制及公众参与机制

1. 要建立严格的考核机制，以有效监督落实

考评环节对退耕还林还草文化的建设，特别是对各级领导干部的工作有较大的驱动力和引导力。尤其要纠正在一些地区长久存在的重经济指标、轻文化指标的问题。同时，要加快生态效益、退耕还林还草文化效益定性及定量化指标的建立，并注重不同地区的差别化评价考核。包括退耕还林还草文化挖掘、产出、传播覆盖程度及深度、自然及人文资源的保护情况等。此外，进一步加强退耕还林还草文化发展的监督管理。各级地方政府，特别是退耕地区政府要切实把退耕还林还草文化发展列入政府工作的重要议事日程。实行目标责任制，将退耕还林还草文化发展的责任落实到各级政府，并认真进行检查考核，建立有效的管护机制。通过在各级政府和林业、财政等部门设立举报电话、邮箱、微博等方式，建立退耕还林还草文化发展的举报制度，广泛接受各界监督。发现问题及时查处，有效防止退耕还林还草文化发展资

金的挪用等现象发生。在退耕还林还草文化传播过程中，也要严格审查并及时处理一切不利于我国社会主义核心价值观及公众文化传播的违法或不当言论及行为。

2. 实现公众的全过程监督和参与

首先要健全退耕还林还草文化建设中的信息披露制度，不仅有助于维护公民的知情权，保障公民的退耕权益得以实现，而且有利于提升各级政府以及企业的责任心。关于健全退耕还林还草文化信息披露制度，一是要明确划定信息的公开范围，即除涉及国家安全、国家机密、商业秘密和个人隐私以外的关于退耕还林还草文化发展相关管理等信息应当公开发布。其次，构建全方位的信息公开平台。除了利用报刊、广播、电视等新媒体技术，完善生态信息政府网站，构建具有双向互动功能的信息公开平台。同时，以人为本，建立退耕地区农、牧民参与机制。特别是要明确其作为退耕还林还草文化建设主体的地位，使其确立责任感并全情参与到退耕还林还草文化建设中。

除上述几个方面以外，也要建立奖惩制度及政府津贴机制。要对退耕还林还草文化发展工作中表现突出的基层干部、技术工作者及农户进行嘉奖和鼓励，以激发起农、牧户及相关文化工作及管理者的热情和意愿。

五、强化文化专业人才培养

退耕还林还草文化是人们在认识自然、利用自然，转而认识自我、审视自我的过程中发展、传承而来。退耕还林还草文化顺应了生态文明时代的需要，是对传统的反思和升华，是对农民与自然关系内在规律再认识和把握的文化。退耕还林还草文化植根于广大农民、牧民，使其认识自然、尊重自然，把握生态系统的内在规律，退耕还林还草文化还应在广大农民、牧民中传承和发扬，进而凝炼出具有适用于时代所需的文化价值，并将这种价值充分发挥到社会主义新农村建设中。所以，退耕还林还草文化发展的根基在乡村、关键在乡村，要注重乡土文化专业人才的培养，也要吸引退耕还林还草文化人才返乡支乡。

(一) 传承乡土文化，挖掘退耕还林还草文化内涵

1. 退耕还林还草文化传承发展，离不开对我国优秀传统文化的传承

退耕还林还草文化涉及生态文化、森林文化、草原文化、湿地文化、农

耕文化、民族文化、乡村文化等领域，深入挖掘退耕还林还草文化是对上述传统文化的弘扬传承和发展延伸，而上述文化都与乡村有着密不可分的联系。党的第十七届六中全会《关于深化文化体制改革，推动社会主义文化大发展大繁荣若干重大问题的决定》指出：优秀传统文化凝聚着中华民族自强不息的精神追求和历久弥新的精神财富，是发展社会主义先进文化的深厚基础，是建设中华民族共有精神家园的重要支撑。传承我国这些优秀的传统文化，挖掘退耕还林还草文化需要保护利用上述文化，首先要做好退耕地区传统文化遗产资源普查、搜集、分类和鉴定，在此基础上实施相关文化传承保护工程，包括毁林开荒时期遭到破坏的具有悠久历史和民族特点的文化建筑、遗迹、古迹、文物等修复，以及现存文物的保护。支持特色乡村曲艺，民俗文化节庆活动等优秀文化的传承发展，丰富退耕地区乡村群众的文化生活，促进非物质文化遗产的保护。

2. 挖掘退耕还林还草文化需要重塑乡村文化生态

目前，我国很多传统文化的衰亡有很大原因是缺乏发展的空间和缺少创新与时代脱节。特别是退耕还林还草地区，农牧民生活环境及生活方式都发生了很多变化，原本聚集居住环境的改变及乡村生活的远离也迫使一部分诸如特色手工艺品等技艺面临失传，另一部分特色民俗文化活动逐渐消失。同时，越来越多的年轻人走出乡村，他们受外来文化冲击严重，而忽视了对传统文化的传承。这也是退耕还林还草文化发展中需要挽救和抢救的方向。此外，退耕还林还草文化发展要与重塑乡村文化相结合，要给予优秀的乡村传统文化活力、提高其吸引力。如特色小镇、特色乡村等文化地标的建设。再如特色旅游、乡村文化山庄、体验农业、节日活动等。

同时，做好对我国少数民族中具有民族特色的生态文化的搜集和整理，特别是对其中处于濒危状态的生态文化的抢救和修复。还应深入挖掘中国特色的红色文化、延安精神等，探讨退耕还林还草文化与之的内在联系。

(二) 提升文化素养，抓好乡土文化专业人才队伍建设

1. 建设乡土文化工作者队伍

目前，民间文化资源流失严重，乡土文化人才匮乏，传统技艺面临灭绝。在"民间文化每一分钟都在消亡"的严峻形势下，要加紧培养传承人队伍。除了社会环境发生变化之外，还因为大部分民间传统文化都是以身口相传作为

文化链而得以延续，是"活"的文化，许多民间艺术属独门特技，口传心授，往往因人而存，人绝艺亡。同时，民间传统文化资源大多分散存留或流传于民间，能体现地方特色，具有代表性和内涵丰富文化记忆的民间文化实物流失严重，传世不多。退耕还林还草文化建设中，应积极制定乡土文化传承计划，培养乡土文化专业人才队伍，如建立传承活动基地，对传承人（民间老艺人）带徒传艺、培训学习、资料的文字整理、展演展示等给予扶持；对列入省级以上的传承人，采取命名、授予称号、表彰奖励等方式，树立其正面形象，给予一定的社会荣誉；鼓励教学机构开办培训班，引导更多的人走上传习之路，解决传承后继乏人的问题。积极打造一支懂文艺爱乡村爱农民、专职与兼职相结合的退耕还林还草文化工作者队伍。推广"师带徒"等行之有效的方式，在退耕还林还草文化建设中培养和造就一批贴近百姓、热心文化工作、长期扎根农村的文化能人，提升其致力退耕还林还草文化发展的综合素养。支持民间文艺团体、艺人等兴办农村书社、艺术团，开展文化活动，推动形成文化设施共建、文化活动联办、文化生活共享的局面。

2. 提升农牧民文化素质，加强职业教育

退耕还林还草文化是为了广大农牧民，也要依靠农牧民。因此，要强化素质提升，构建多层次的文化人才教育培训体系。广大农牧民群众是乡土文化专业人才的摇篮，首先应加强基础教育，提升农民文化素质。基础教育是农、牧民提升文化素质和艺术熏陶的前提，也可增强其对本民族文化和地方文化的热爱。基础教育是退耕还林还草文化人才储备的关键，其生在乡村、长在乡村，在传统乡村文化中耳濡目染，拥有巨大的发展潜力。在基础教育中加强对生态文化、乡村文化的教育能增加他们对家乡的归属感，其在退耕还林还草的亲身经历中也能增加其自豪感和荣誉感。特别是退耕后部分农村劳动力的转移也带来了一定的留守儿童问题，这些儿童如果得到良好的教育，长大后对乡村、社会有很大的益处，也会是传统乡村文化和退耕还林还草文化发展的中坚力量。

同时，借助退耕还林还草文化发展这一契机，也应注重挖掘农牧区潜在的人力资源。如设置成人夜校，技术学堂等面向成人的教育场所，对于这类人才，重点在于通过退耕后的职业教育提升其专业能力，激发潜力。大多退耕区外出务工的农、牧民进城后所从事的多是简单的体力劳动、技术含量较低、相应地报酬也不高。因此，加大对退耕区的人力资源开发，强化成人教育、职业技术教育等一方面可以提高其外出务工技能，增加其在劳动力市场上的竞争能力；另一方面也可在其中培养一部分传统乡村文化及退耕还林还草文化的传承人。建立乡土文化传承人培训，提高乡土文化人才才艺技能。充分发掘民间资源，鼓励乡土文化人才打破壁垒，特别是一些面临失传的家传秘技、独家秘方等，鼓励其在一定范围内适度放开，广纳传人。深度挖掘、整理、推广民间音乐、舞蹈、美术、曲艺、工艺等，促进退耕还林还草文化的广泛传播。

3. 丰富乡村文化活动内容和形式，打造特色文化产业

开展丰富多彩的乡村文化活动及退耕还林还草文化活动，为退耕还林还草文化的培育搭建载体，为传统乡村文化和退耕还林还草文化专业人才培养提供良好的外部环境和文化氛围。一方面要依靠政府组织的文化活动，另一方面也要吸收民间力量。要充分调动农、牧民的热情，激发出其对退耕后乡村环境的热爱，进而激发出潜在的文化创造动力，退耕还林还草文化的种子才能生根、发芽、开花、结果。如充分利用退耕地区的文化特色展现其文化底蕴和文化风采，可以在退耕地区举办民间艺术节，也可以基于文化乡镇、乡村手工艺体验、传统手工业制品、民间艺术品、乡村文化旅游和农家乐服务等，利用乡村原汁原味的物质、非物质资源，还原传统自然的乡村生产生活方式，打造特色文化名村。

挖掘退耕还林还草文化资源，要注重打造乡村特色文化产业。在新一轮乡村建设中，要保留各个村落的个性和特色。对其地方特色的传统节庆活动，以及特色传统手工艺应给予足够的重视与保护，使其持续发展。既要围绕当地独特的风土人情，充分利用当地独特的资源，又要与时俱进，结合退耕还林还草文化创建乡村特色文化产业，如开展退耕区生态旅游等。打造出一个乡镇一个品牌、一个村落一张名片的发展态势，创造出退耕区符合时代特色的民俗乡土艺术。

(三) 平衡人才输入输出，吸引人才返乡支乡

退耕还林还草文化的发展离不开乡土文化精英的支撑。

1. 吸引人才返乡

返乡人才无论是在乡村文化建设还是退耕还林还草文化建设中有巨大的

作用，其中包括学成返乡的大学生、返乡科技人才、返乡企业家等。返乡人才往往对家乡充满热爱，有重建家乡的热情；而且土生土长的他们也最了解家乡的风土人情，能够更好地融入其中。同时，在城市的工作与学习经验使其能够更好地与城市沟通交流，能够更好地将新鲜事物与家乡文化相融合。在退耕地区，应积极号召这类人才返乡，并大力支持其创业、创新；促进返乡人才交流，形成示范效应，鼓励更多人返乡工作与创业。2015年和2016年，中国中央一号文件两次将"乡贤文化"列入农村思想道德建设中，指出："创新乡贤文化，弘扬善行义举，以乡情乡愁为纽带吸引和凝聚各方人士支持家乡建设，传承乡村文明。"因此，继承中国传统的"新乡贤"文化，让官员、知识分子和工商界人士"告老还乡"，有利于实现宝贵人才资源从乡村流出到返回乡村的良性循环。退耕还林还草文化建设中，吸引乡贤归乡可以教化乡民、泽被乡里，对凝聚人心、促进和谐、重构传统乡村文化大有裨益；充分运用其在创业过程中的经验和智慧，更好地为退耕还林还草文化的挖掘和推广服务。

2. 吸引人才支乡

诸如大学生村官、市民来乡创业人员、产业工作人员，以及退耕还林还草工程建设人员等这类支乡人才拥有良好教育，虽出生于城市、没在乡村生活过，但其往往对乡村有美好的向往。在退耕地区，对于这类支乡人才，首先要给予其稳定幸福、安全卫士的生活环境；同时要充分展示乡村退耕后的特色风情和良好文化氛围，让他们更多地了解乡村，了解退耕后乡村发生的变化；并对其工作给予最大的支持，让其获得幸福感、安全感与自豪感。支乡人才不仅将先进文化带入乡村，也使乡村文化及产品进入城市，为城乡间的文化交流提供了渠道。这样的交流有利于退耕还林还草成果更多地被外界获知，也有利于退耕还林还草文化被更广泛地传播及认可。

六、强化国内外文化交流人才培养

(一) 积极促进国内退耕还林还草文化交流人才培养

1. 促进地区内及地区间的交流学习

几十年来，我国退耕还林还草工程取得丰硕成果，华北、东北、华东、华中、华南、西南、西北等地区积累了丰富的退耕经验。因此，应在此基础上进一步扩大地区内部与地区间的交流与合作，加强经验分享、技术交流、文化传播，促进退耕还林还草文化交流人才培养。同时，要拓展及创新退耕还林还草文化交流和传播渠道，如积极参与退耕还林还草文化相关的各项活动，设立专门的退耕还林还草文化基金；结合相关传统节日或民俗活动，开展退耕还林还草文化交流，推介当地退耕还林还草文化作品和产品，或邀请退耕还林还草文化专家到当地讲学。积极参与生态文化等相关科研机构、社团组织等举办的各类会议，并邀请退耕还林还草相关专家学者进行经验分享。充分利用国内文化市场，借助著名的艺术节、博览会等平台，以及电视台举办的各类真人秀综艺节目和纪录片等，如富有地方特色的美食节目、真人秀节目等，扶持和鼓励具有当地特色的退耕还林还草文化艺术、电影电视等文化产品进行展示交流。

2. 搭建城乡文化交流平台，促进城乡互学互鉴

《中共中央国务院关于实施乡村振兴战略的意见》中指出要"健全城乡之间要素合理流动机制"。退耕还林还草文化可以通过城乡文化交流平台，将自身魅力展现于城市之间，有利于退耕还林还草文化成果的资源共享，大力弘扬。在城乡交流过程中也可以将城市中的先进文化知识、生态技术经验传入农村，可以开拓农民的眼界，促进城乡之间的良性互动。同时，通过对退耕还林还草文化成果的广泛认可，也能实现广大农、牧民的角色认定，增强其荣誉感和自豪感，增加自我价值的认同。应动员城市的专业文化团体、部门深入退耕地区，同时也应充分鼓励退耕区民间艺术进城，为其提供充分展示当地的特色文化及退耕还林还草文化的舞台。

无论是地区间还是城乡间退耕还林还草文化交流，除政府之外，民间组织都能发挥重要作用，应积极引导。这些退耕还林还草领域的非政府组织在政府和公众之间起到桥梁与纽带作用，并且参与能力强，还具有一定的社会制衡作用。应积极培育退耕还林还草文化领域非政府组织，全面提升非政府组织成员及志愿者的素质，如有针对性地对其进行专业指导和业务培训；鼓励和支持其开展退耕还林还草文化专题调研，并及时向政府或公众发布调研结果；鼓励和支持其开展退耕还林还草文化公益宣传、讲座或科学普及活动，营造更丰富的退耕还林还草文化氛围。

(二) 积极促进国际退耕还林还草文化交流人才培养

我国传统生态文化研究已经具有的一定的基础，但还没有通过创新使之

形成具有中国特色的文化体系。交流学习先进国家的生态文化建设经验，是推进我国生态文化建设和发展的一条重要路径。面对国际性的生态危机，退耕还林还草文化的交流和推广，既是展示我国退耕还林还草工程和文化成果的重要途径，也是我国即将作为文化强国在国际展示我国特色文化的重要契机。

近年来，我国的生态科学研究正快速发展，虽然我国退耕还林还草工程已经取得了丰硕的成果，但还没有从根本上改变退耕还林还草科学技术工作基础和研发能力薄弱的局面；高校人才培养质量不高，且相关人才择业流向普遍倾向于城市或经济发达地区；科技研发领域缺乏尖端人才和学科带头人，科技创新能力不足；特别是相关文化产业发展规模小，存在创新能力较弱等问题。

退耕还林还草等生态环境建设事关全人类的生存和发展，是世界各国普遍关注的全球性问题。退耕还林还草文化为我国首次提出，意义非凡。退耕还林还草文化的国际交流与合作涉及多层次、多领域。要通过广泛的国际交流与合作，引进国外资金、信息、技术和人才，弥补自身不足。因此，应加强退耕还林还草文化国际交流人才的培养。这些国际交流人才可以来自国家各级政府、各行业特别是文化行业的企事业单位及个人，也包括科研教育机构、社会团体组织等，鼓励和支持这类人才跨国交流。

积极参加并举办国际性学术会议、互派专家访问讲学。一是加强退耕还林还草文化的国际学术交流，建立长期、稳定的国际科技合作关系，如退耕还林还草学者互访，互派留学生从事退耕还林还草领域学习研究，从事相关文化产业领域实习等，组织合作研究，在退耕还林还草文化建设方面设立合作项目等。还包括退耕还林还草科学技术知识交流、科研技术合作、技术转让等，与境外图书馆或相关科研机构高校进行退耕还林还草文化有关的新闻、资料、数据、文献等的交流、共享与传递，以及包括退耕还林还草产品特别是文化产品的相互贸易等。二是积极引进国外优秀退耕还林还草经验，大力开展国际间人才交流培训。应邀请国外生态专家讲学，分享其退耕还林还草理论研究和应用推广等方面的丰富经验和优秀成果。定期聘请、邀请国际知名学者、匠人进行退耕还林还草文化传播、产业升级、现代市场营销等方面的培训。三是运用现代科技，建立高效的信息网络，加快国际间的信息交流，引进发达国家退耕还林还草发展动态和技术优势，为退耕还林还草国际合作创造良好基础和条件。四是积极争取世界级退耕还林还草文化研讨、交流大会在中国召开，加强与境外传媒机构的合作，积极参与国际生态文化、森林文化、草原文化、乡村文化的相关活动，或相关传统手工艺品、文艺作品、文学作品等相关赛事，着力提升中国退耕还林还草文化的国际化水平和影响力。定期组织退耕还林还草文化传承人赴国外举办作品巡展，在教育培训和文化交流中推动创新和传承。

按照国际一流标准打造一批退耕还林还草文化示范区或基地，以拓展国际合作，多渠道吸收国外优秀退耕还林还草文化发展经验，并将中国特色的退耕还林还草文化推广至国外。进一步与美国、英国、法国、德国、日本等国家加强退耕还林还草文化建设合作交流，为促进退耕还林还草文化发展创造条件。尤其是广泛学习和借鉴发达国家文化示范区或基地建设方面的优秀经验，包括生态文化及乡村文化保护、文化产业发展、生态文化及乡村文化教育体验等方面。在此基础上，结合中国退耕还林还草文化建设实际探索创新，在条件成熟的地区建设退耕还林还草文化国际交流基地。

建立规范的技术合作制度，通过签订技术攻关协议，明确双方职责、技术目标、成果归属、研究安排等问题。制定有关政策，建设从意向合作到组织实施再到成果转化的"合作通道"。就退耕还林还草中的重大科研项目设立研究基地，从种苗筛选、技术模式或产业模式构建、陡坡耕地退化机理、效益监测、全球变化、社区发展和生物产品开发等各方面进行多种形式的技术合作。积极吸收如世界自然基金会、福特基金会等组织与国内相关部门合作，共同开展退耕还林还草的科学研究工作及退耕文化的发展传播。

第二节　财力保障

一、财力保障的主要原则

退耕还林还草文化是生态文化的最直观体现，为世界范围首次提出，其文化内涵有待深入挖掘。财政支撑要立足推动退耕地区文化资源的保护性开发工作，不断加大对文化资源的保护、开发的支持力度；确保退耕还林还草文化的深入挖掘、传承的同时，要不断提升其质量、丰富其表现形式。

(一) 财力保障的专用性原则

退耕地区多为乡村，与城市文化环境不同，乡村文化发展主要依托本地特色资源，因此财政支持退耕还林还草文化发展，应该更侧重于点的支持，这也就意味着必须强调财力支撑的专用性，即在其使用上应具有专用性。退耕还林还草文化发展资金无论是来自中央或省级部门专门投入，还是来自其他组织、机构或企业资助，其专用性都是退耕还林还草文化发展资金运作的根本，是国家对退耕还林还草文化发展资金使用的有效管理和监督。

(二) 财力保障的合理性原则

在退耕还林还草文化资金的使用上，确保其专用性的同时，也要保证其合理性。财政保障应集中于支持退耕还林还草文化的不断挖掘、传承；确保退耕还林还草文化传播的关键技术、创意元素的不断升级；应体现在人民文化素养的提高和退耕还林还草文化认识的提升；增强相关文化企业的盈利能力及文化产业发展水平等。因此，各部门应结合退耕区域实际情况，合理设定退耕还林还草文化发展任务清单，并按清单落实其资金去向。任务清单应按照国家退耕还林还草工程及文化发展重点任务，符合林草事业及文化事业发展的需求进行。避免擅自改变任务计划，确保透明作业，以降低资金成本和提高投资效益为前提，切实把退耕还林还草文化发展资金用到实处。同时，各级相关部门也要有完善的资金管理体系，使退耕还林还草文化资金的使用率发挥到最大。

(三) 财力保障的及时性原则

退耕还林还草文化为世界范围首次提出，需要各级相关人员的全面重视，要确保退耕还林还草文化蕴含的深层文化价值与文化魅力更快更好地为广大群众所接受，需要相关部门及时下达任务清单，及时拨付退耕还林还草文化发展财政资金，并确保资金投入与任务相统一。首先应及时分解任务，以深入挖掘退耕还林还草文化、加速文化传播、加大退耕文化人才培养力度、增强文化产业发展水平为目标，制定退耕还林还草文化资金使用方案和任务完成计划。同时，发挥地方特长、突出地方特色，明确分工，充分调动基层工作的积极性。在此基础上，重视退耕还林还草文化发展资金的使用效益，确保资金的及时下达、任务的合理分配。在一定时间范围内，对退耕还林还草文化发展的各项指标进行及时的科学分析评估，全面实施绩效评价，以有效发现资金管理中的问题。

二、拓宽资金筹措渠道

(一)确定财政支持重点，增加国家预算

作为退耕还林还草文化发展资金主要来源的国家预算，主要是指中央财政预算和地方财政预算。退耕还林还草文化发展资金的年度预算在编制时，在中央和省级预算支出中可将一部分退耕还林还草文化发展资金单独作为一个预算科目，这样的安排更有利于体现广大群众的意愿，可以充分吸收人民群众的意见。同时，因为人大会议批准的国家预算，其资金有绝对保障，这样也可以确保退耕还林还草文化发展资金来源的稳定。当然，相应地，这种方式的缺点是当国家财力有限而其他项目支出又不能做相应调减的情况下，退耕还林还草文化发展资金保障便会有困难。其具体方式为：

政府牵头，调整相关的财政政策，设立专门的财政专项资金，加大财政对退耕还林还草文化发展的投入。各级政府集中财力，可有计划地分批分期分批建成重点公共文化工程，也可设立退耕还林还草文化保护专项经费，用于退耕还林还草文化的开发。在退耕还林还草文化发展专项资金的设立上，应统筹设立中央和地方两个层面的发展专项资金。中央层面，退耕还林还草文化发展专项资金的设立，应以对具有重大战略意义的退耕还林还草文化项目的支持为目标。而地方层面，应结合各地区退耕还林还草文化发展需要，以支持地方退耕还林还草文化发展为目标。所谓十里不同音、百里不同俗，文化资源存在差异是区域、民族和国家文化存在差异的根本原因，也是文化实现差异化、特色化发展的基础。应因地制宜地推进地方特色优质文化资源或优势产业发展，以促进退耕还林还草文化的推广。

各级政府应积极转变观念，对退耕还林还草文化发展予以充分的肯定和重视。目前，政府对文化的资金投入总量、支持力度相比于卫生、科技等领域仍然偏小，也缺乏自上而下、系统的鼓励扶持政策。而退耕还林还草文化作为一种新的文化，更需要长期的稳定的投入。特别是在退耕还林还草文化发展之初，还远不是政府在退耕还林还草文化的经济利益上有所获的时候，应该加大资金投入、培育市场、培养人才、扶持企业。首先，各级政府要将

公益性文化事业发展纳入基本考核指标，增加财政投入比重，如加强对退耕还林还草文化馆、博物馆、图书馆、艺术表演、群众文化和广播电视等的财政支持，在重点地区特别是退耕还林还草项目取得瞩目成就的地区打造一批重点项目和品牌工程，以此来带动退耕还林还草文化的发展。如陕西省吴起县建设的退耕还林森林公园和退耕还林展览馆，是全国乃至世界首创。其次，各级政府要充分利用财政资金引导经营性文化产业发展，投入力度要有所侧重。目前，发达国家的文化产业已经普遍开始进行"互联网+""数字+"，先进的传播、展示与体验技术让许多原本难以被公众了解的文化作品、艺术形式得到更好的展示。因此在退耕还林还草文化发展中，财力的支撑应始终坚持引导相关文化企业丰富退耕还林还草文化产品内涵，鼓励文化企业开发新技术和新产品，拓展文化新业态，提升退耕文化产业的发展水平。重点支持网络服务、互动新媒体、移动多媒体、数字出版等一批多元融合的新兴文化业态，也要支持电影业、音像业、游戏业、新闻传媒业等高利润的传统娱乐产业，为退耕还林还草文化发展带来更多的机遇。

优化财政投入结构。首先，财政投入要注重退耕还林还草文化供给能力培养和文化消费能力提升的均衡。应充分考虑到区域均等、城乡均等、群体均等，保证地区间、行业间的均衡性，实现文化服务均等化，提升退耕还林还草文化的服务能力。同时，着力提高人民的文化消费能力。财政投入对提高文化消费能力方面有重要作用，如加大财政在教育、文化培养领域的投入，培养个体的文化消费意识，提高文化产品获得的便宜性等，增强个体文化消费意识、提高人民文化消费的支付能力。此外，财政投入要兼顾区域间文化产业的学习模仿和差异性塑造。对于退耕还林还草文化较发达地区，财政支持要把重点放在进一步提高退耕还林还草文化的服务水平和辐射范围上。如被称为退耕还林第一市的延安，退耕还林第一县的吴起，应进一步优化区域内的退耕还林还草文化整体统筹，重视区域文化核心竞争力的打造。对于退耕还林还草文化欠发达地区，财政投入应重点关注地区文化教育、宣传方面的不足，着力拉动当地退耕还林还草文化的挖掘和发展，从而缩小区域间文化差异。

(二)拓宽资金进圈渠道，建立多元投融资体系

由于各级政府的财政资金总量有限，退耕还林还草文化发展的多元化融资和社会化投入将成为政府引导性投入之外的最主要的资金来源,这也是退耕还林还草文化深层开发的重要途径。

1. 扩大社会资本的投资领域

由于政府的财政资金有限,对急需资金支持的退耕还林还草文化相关企业及项目应从多渠道、多元化的角度来争取资金,以促进社会资本以多种形式投资生态文化产业。立足推动民间投资,鼓励民间团体、企业和个人等社会投资主体以独资、合资、合作等多种形式参与退耕还林还草文化的发展,大力鼓励各类合法资金投入退耕还林还草文化的发展。

2. 吸引区域内外更多投资

可由政府出面,进行退耕还林还草文化项目的考察和引资,为信誉良好的投资者和企业提供沟通平台;或由政府组织交流会,将区域内的退耕还林还草文化项目做针对性的推荐和展示;也可进行公开招标,构建安全规范的投资环境,以吸引更多投资,带动退耕还林还草文化发展。应充分调动东部发达地区、流域下游地区、退耕地区的企业和个人以及社会其他力量参与退耕还林还草文化发展中,广泛吸纳这些地区的民间资本并投放到退耕还林还草文化的建设中,以缓解各级政府的财政压力,并保证退耕还林还草文化发展的持续性。

3. 设立退耕还林还草文化发展基金,扩大对退耕还林还草文化支持的领域

其资金来源可以采用社会资金以及金融资本等多元化资金,以扩大资金来源。退耕还林还草文化发展专项资金应资助其文化文物商业化开发项目,鼓励企业和个人在妥善保护退耕还林还草文化、文物的前提下,深入挖掘其文化、文物中蕴含的商业价值,鼓励引导社会资本进行退耕还林还草文化资源保护与商业化开发;以商品的形式对外展示我国退耕还林还草文化内涵,也进一步提升我国的文化感召力。如退耕地区文化发展基金,主要用于缩小地区间退耕还林还草文化发展差距,以及为实现各地区均衡的社会经济文化发展提供资金援助;退耕地区社会文化基金,主要用于退耕还林还草文化专业培训;退耕文化保护基金,主要为退耕还林还草文化遗产保护和发展提供支持;旅游指导性基金,主要用于退耕地区文化景观的发展建设、鼓励旅游产品的市场化等。在此基础上,也应设立形式多样的退耕还林还草文化相关子基金,如设立动漫基金、网络游戏基金、数字出版基金等子基金,有力促

进退耕还林还草文化的发展。

（三）改善信贷体制，完善退耕还林还草文化投融资平台建设

现阶段我国文化产业的发展仍处于资本拉动阶段，由于文化产业的金融信贷渠道不够通畅，且文化企业的自有资金极为有限，文化产业发展所需资金更多依靠财政支持。因此，政府应该为退耕区相关文化企业进行银行信贷、商业信用融资、信托投资、海外融资和整体项目融资创造条件，并支持有条件的企业发行股票和企业债券以及通过股权置换等多种方式筹集发展资金。

1. 改善信贷体制，拓宽融资渠道

在政府与企业之间引入金融机构作为第三方，借助金融机构业务范围较宽、能够较快摸清客户的基本情况的优势，在政府行动之前给予其更多的关于企业资质和项目前景的信息，消除信息不对称导致的项目逆向选择问题，减少政府投入压力，提高财政资金使用效率。金融部门要加大对退耕还林还草文化发展的支持力度，使现有及潜在的退耕还林还草文化相关企业不断发展壮大。如加大商业银行对发展规模过小的中小文化企业信贷的支持力度，积极发展中小企业担保基金和创业投资基金，进一步扩大基金的投资领域，解决中小企业担保难、贷款难的问题。

同时，银行应改变既有的固定资产抵押的思维定式，应该尝试以知识产权、版权等这类无形资产作为抵押，开办符合退耕还林还草文化特点的贷款新品种，可以推出适应文化产业"轻资产重创意"特点的金融创新产品，如收费权质押和版权质押等无形资产的质押方式。除此之外，针对无形资产评估难问题，设立知识产权专利评估机构，建立退耕还林还草文化发展融资担保机构。

2. 完善退耕还林还草文化投融资平台建设

该平台的建设，可加强银行与企业之间的有效沟通、相互了解、迅速对接，便于良好的信息沟通机制在相关部门之间建立，进而降低投资风险。如建立退耕还林还草文化企业优质项目数据库，并加强对优质项目的宣传及对优质项目的甄选工作，从而为退耕还林还草文化相关企业与金融机构合作搭建平台。再如近来文化部门与国内多家银行之间的合作，也是积极建立政府和银行之间长效合作机制的范例，应将这种模式进一步推广。

三、完善财政补贴支持方式

在进一步加大对退耕还林还草文化发展的投入，逐年增加对其财政投入的同时，应发展全新的财政支出方式，发挥财政资金的引导作用。各级政府可以通过税费优惠、政府购买、补贴奖励等手段保证退耕文化的持续发展，增加退耕文化产品的盈利预期。

（一）制定扶持退耕还林还草文化发展的税费优惠、减免政策

制定扶持退耕还林还草文化发展的税费优惠、减免政策，能保护和激发人民群众挖掘和发展退耕还林还草文化的热情。文化的发展需要一个长期持续的过程，其投入高、风险高，应进一步增加相关文化产业税收优惠措施，减轻文化企业税收负担，构建公平的税收环境，通过税收政策间接引导相关文化企业创新，增加人才和文化资源供给，提高文化企业的盈利水平。

1. 加大退耕还林还草文化相关领域的税收优惠力度

科技研发和文化产品开发是一项高风险的活动，需要通过税收优惠减轻企业的负担；科技研发和文化产品开发又是一项高收益的活动，税收优惠能增厚企业利润，激发企业的创新热情。因此，政府应综合运用间接优惠和直接优惠措施，鼓励相关文化企业持续增加研发投入，创新退耕还林还草文化产品与服务的生产与消费模式。通过减轻退耕还林还草文化发展中创新型文化企业税收负担，鼓励文化企业科技研发和丰富产品文化内涵；应通过减轻相关文化企业的税收负担，鼓励文化企业拓展经营业态，帮助其有效抵御市场开拓失败带来的经营风险。如互联网+文化、数字化文化等新兴文化产业代表着文化未来的发展方向，是文化产业的前沿面和增长点，将其与动漫、游戏、音乐开发与制作技术等纳入高新技术范畴，提供更为宽松的税收环境。可提高与退耕还林还草文化资源开发保护相关的研发费用加计扣除比例，对相关文化企业从事退耕还林还草文化、文物与非物质文化遗产商业化项目获得的收入免征企业所得税。还可以采用税收返还的方式，妥善引导退耕还林还草文化相关企业增加研发投入和研发强度。

2. 延长税收优惠措施期限

电影、动漫、游戏、网络文化等文化产品从开发到上市可能需要经历较长的时间。与之相比，我国文化产业税收优惠期较短，如一家具有优秀创意

的游戏公司如果开发一款产品可能动辄需要三到四年，等游戏产品进入市场获得利润时，所得税优惠期已过。税收优惠并没有起到其应有的作用。特别是目前动漫、游戏等领域大多以娱乐大众为主流，内容、质量参差不齐，且大多充斥暴力等不良因素，对青少年带来不良影响。而涉及生态文化、我国传统文化等相关内容的动漫、游戏等则少之又少。因此，应鼓励退耕还林还草文化领域的文化产品开发，给予税收优惠的同时，适当延长其税收优惠期限。如从企业获得净利润的第一年开始，给予所得税优惠，并延长优惠时间。比如仿照韩国的做法，在企业盈利的前四年，企业所得税税率为10%，第五年为40%，第六年为70%，第七年开始才进行全额征收。

3. 增加促进人才培育的税收优惠措施

高级文化人才是最宝贵的资源，是影响退耕还林还草文化发展的核心要素。作为退耕还林还草文化创意的创造者，文化专业人才必须具备生态环境、文化艺术、信息传播等方面的知识，而获取这些知识的过程十分漫长，需要其付出艰辛的努力，更需要投入大量的资源。因此，应通过税收优惠政策减轻相关专业人员的负担，吸引高级人才进入退耕文化的发展，还可以运用人才培训费用的所得税扣除等税收优惠措施，鼓励加强对相关人员的培训教育，优化人力资源结构，推动退耕还林还草文化快速发展。如给予除演艺娱乐行业外的退耕还林还草文化发展相关人员个人所得税优惠，增加其获得感和职业自豪感，为退耕还林还草文化发展打下坚实的人才基础。个人提供专利技术、非专利技术、商标、著作权等无形资产获得的特许权使用费减征个人所得税，并提高费用减除金额和比例。个人出卖画作等获得的财产转让收入减征个人所得税，提高费用减除金额和比例。

4. 增加对拥有特色退耕还林还草文化资源地区的税收优惠措施

根据区域不同，所得税优惠程度不同。在土地政策方面，对于退耕还林还草文化重点项目用地要优先进行规划和审批。采取多种土地政策以保证退耕还林还草文化项目用地，对于已取得的用地，也要确保真正用于退耕还林还草文化建设，依法使用。

5. 建立企业与个人对退耕还林还草文化捐赠的税收减免政策

如企业或个人向退耕还林还草文化机构或基金会、退耕还林还草文化基础设施项目、相关文化遗产修复和保护项目、退耕地区文化服务项目等进行赞助或捐赠，则在年度应纳企业所得税或个人所得税税额计算时进行全额扣除，以此加大对退耕还林还草文化项目捐赠的税收支持力度。

(二) 优化与完善政府购买服务

加大对退耕还林还草文化优秀原创作品的政府采购力度。在退耕还林还草文化发展初期阶段，急需扩大退耕还林还草文化原创作品的影响力和传播范围，通过加大政府采购力度，免费提供给国内消费者，或免费向部分国外消费者提供，特别是提供给退耕地区及相关部门。优化与完善政府购买服务，应慎重使用政府购买这种支持方式，通过完善政府购买制度，增加退耕还林还草文化产品的竞争意识和质量意识。

1. 政府购买必须兼顾经济效益和社会效益

经济效益分为两个方面，一是提高退耕还林还草文化相关企业盈利水平。政府可以通过购买退耕还林还草文化产品，提升其盈利能力和文化市场竞争程度，提升文化经济效益。二是政府可以通过购买退耕还林还草文化产品，降低其生产和管理成本。社会效益体现在政府可以通过购买退耕还林还草文化产品和服务，然后免费提供给生态文化匮乏地区的居民或者外国文化机构，增加我国退耕还林还草文化的影响力、区域特色退耕还林还草文化产品的知名度和中华文化的吸引力，提升文化社会效益。政府购买必须是以公平竞争为先决条件的，既要注重社会效益，也要注重经济效益，防止政府购买对企业行为的扭曲。

2. 确定合理的政府购买范围

政府购买退耕还林还草文化产品服务的范围应根据公共性和外部性确定。一是退耕还林还草文化产品服务如果可以多次使用而且便于推广传播，就可以尝试采用政府购买模式。例如，政府可以购买退耕还林还草相关的图书、音像、电影和电视剧、动漫、益智类游戏等文化产品，提供给经济发展落后地区居民、城乡生活困难群众免费使用。二是创新宣传方式，以民众喜闻乐见的形式，宣传我国各地多年来在退耕还林还草历程中的顽强不息、艰苦奋斗精神。满足国民基本文化消费需求的同时，创造潜在的文化消费需求，也可将其免费提供给境内外文化机构，主动输出退耕还林还草文化，增强民族自信。

3. 完善政府购买相关制度，进行广泛深入的需求调研

在相关网站、公共图书馆、博物馆、群众文化服务中心、美术馆、基层

文化体育中心等区域的电子工具上安装需求调研软件。以图书馆为例，在新用户注册完成进行书籍借阅活动之前，强制用户填写需求调研表，内容包括对我国退耕还林还草现状的了解程度、态度，对退耕还林还草文化产品的需求等。关注用户阅读习惯，如喜欢阅读纸质版图书还是电子版书籍，以供政府购买时进行参考。

(三) 增加有利于退耕还林还草文化发展的奖励补贴

1. 增加对退耕还林还草文化发展优秀从业人员或组织的奖励和资助

如设立退耕还林还草文化发展领军人物奖、退耕还林还草文化发展突出贡献奖等多项奖励，表彰和奖励对我国退耕还林还草文化发展做出突出贡献的个人和组织。不断提高奖励金额，提高退耕还林还草文化相关就业人员的自豪感、使命感，增强退耕还林还草文化对人才的吸引力。举办各种类型的文化知识竞赛、产业技能大赛，调动就业人员的学习积极性，并增加社会对退耕还林还草文化发展的关注。

此外，加大对退耕还林还草文化创意人才或组织的补贴力度。建立退耕还林还草文化专业人才评选认定标准，根据综合创作能力、教育背景等因素对专业文化人才进行详细评估。加大对经过认定的退耕还林还草文化专业人才的补贴力度，制定合理的生活补贴和创作补贴标准，资助优秀艺术家和创意人才去我国退耕还林还草文化资源丰富的地区深造。对中青年艺术家和优秀创意人才进行重点支持，资助退耕还林还草文化作品的宣传展览、交流学习，不断开阔中青年艺术家和创意人员的视野，鼓励其体验生活、采风观俗。此外，可以尝试通过各类非政府组织如基金会和行业协会分配补贴资金，保障补贴程序的公开透明。

2. 增加对退耕文化公共平台建设的补贴力度

加强退耕还林还草文化展示、交流平台的建设，为退耕还林还草文化相关企业提供政策、技术、投融资、创业和国际交流相关信息。可以通过财政补贴的方式对建设退耕还林还草文化相关平台进行资助，或通过整合现有资源和完善监督评价体系，完善退耕还林还草文化科技与信息平台。同时，政府应对退耕还林还草文化相关企业或组织参加相关文化产品展览会给予补助，特别是对于初期缺少宣传经费的相关文化组织，财政补贴能够帮助提高其知名度。此外，由于目前我国居民的收入持续提高，文化消费需求不断攀升，潜在市场规模十分庞大，因此政府应加大对退耕还林还草文化组织参加国内外展览宣传的补助力度，引导其不断开发国内外市场。

3. 设立国家退耕还林还草文化艺术基金，支持其文化演艺业的发展

该基金主要资助退耕还林还草文化艺术的创作生产、宣传推广、征集收藏、人才培养等过程，支持方式如项目资助、优秀作品奖励等，单位形式或个人形式均可申请。同时，也可单独设立对数字内容、动漫、多媒体等新兴领域的退耕还林还草文化原创作品的奖励。此外，增加对知识产权保护的支持力度。针对影视图书盗版等严重侵犯知识产权的现象，应制定具有针对性的措施。如设立退耕还林还草文化知识产权保护专项资金，并制定严格的知识产权保护法，细化相应的执行规章与制度，突出政府在知识产权领域的作用，维护技术、创意知识产权市场的良好运转。

四、财力支撑的重点辐射方向

退耕还林还草文化的财力支撑除上述与文化直接相关的扶持方向外，还有一些需有所倾斜的辐射方向，其与退耕地区的社会文化息息相关，而且也是退耕后普遍要面临的社会问题。

（一）退耕还林还草文化与产业结构调整相结合

大力发展退耕还林还草地区的第二、三产业，扶持当地特色文化事业、产业，以此增加退耕地区劳动力的就地转移机会。支持农民进行诸如生态旅游、畜牧业等替代产业、生态经济产业的自主性发展。

根据退耕地区的不同区域资源比较优势，发展特色产业，开发利用退耕地区的特有文化资源，如器物型文化资源、制度型文化资源和精神型文化资源。器物型文化资源指的是过去和当下人们生活当中使用到的各类物品，以物质的形式展现地域、民族间生产与生活方式的差异；制度型文化资源则包括经济社会制度、婚姻家族制度、风俗习惯等社会制度形态；精神型文化资源则包括艺术、宗教、价值观念、审美情趣等，展示的是人们在思想价值层次上的差异。此前很多退耕地区对于生产的产品是否优质，市场现状等方面缺乏调查分析，往往导致地区间重复投入、缺乏特色、农民利益受损等问题。因此应根据退耕地区的文化资源合理进行规划布局，形成区域性的文化支柱产业，把独特的文化资源优势转化为经济优势，开辟新的就业渠道，增加就

业机会，实现农民增收目标。

发展特色旅游服务业。退耕还林还草实施已经取得了一定的成果，完全可以依托退耕还林还草后形成的森林公园、自然保护区、山体公园等资源，大力发展森林旅游、森林体验、森林养生、森林科普等，借此全面提升我国森林旅游业发展。退耕区的特殊旅游业首先能解决农民就业，促进区域经济发展，其产生的经济效益更会激发当地农民退耕还林还草的积极性，实现退耕还林还草的可持续发展。同时，丰富的森林资源、优美的环境，也使当地居民受益良多，并激发其对生态环境的爱护及生态文化的深刻认识，使退耕还林还草文化真正走入人们心中。

(二) 退耕还林还草文化与基础设施建设相结合

1. 建立生态文化基础设施，提供文明生活空间

加强退耕还林还草地区的生态文化基础设施建设，能够为退耕区农牧民生产生活来带便利，还能为其提供文明的生活平台，为生态文化和退耕还林还草文化的培育提供基础保障。首先，修建农村生态基础设施，加快城乡一体化环卫建设。退耕地区生态文化培育环境氛围的形成需要改变当地生态保护设施缺乏的现状，其建设能够直接改善农民的生活质量。同时，尽快对原有生态环境保护设施进行维修换新。此外，要加快城乡一体基础设施的建设。

2. 为退耕地区添置生态文化服务设施

如在退耕地区修建面向广大农、牧民群众的乡村书屋，乡村图书馆等阅读平台，为农民增添有关退耕还林还草和农业、林业技术培训的书籍、报刊等。也可增设相关的生态文体设施如增加农村文体中心、文娱休闲广场、建立生态博物馆、生态公园等，不仅为退耕地区居民提供多选择的文明生活平台，还可增加促进其身心健康。如退耕还林还草展览馆和博物馆，吴起县建立的退耕还林展览馆，十几年间已累计接待参观人数约 4 万人次，使其成为名副其实的退耕还林第一县。

(三) 退耕还林还草文化与农村社会保障体系完善相结合

1. 加快建立和完善农村社会保障体系

退耕地区部分农、牧民外出务工后，地区面临不可避免的人口老龄化以及儿童留守问题，这也成为外出就业的一种制约。应大力支持相关地区建立乡村养老院、托儿所等社会保障设施，并在建设过程中适当增加退耕还林还

草文化投入。尽快完善相关地区医疗保障体系，提高农、牧民的健康水平。此外，也要相应提高外出务工人员的社会保障，有效保护退耕区外出务工农、牧民的各项权益。

2. 加大教育培训力度，提高退耕地区劳动力的就业能力

应该增加正规教育、职业技能培训投入，不仅增加培训资金，还要注重培训人员、培训机构的增加。在普及科技知识、提高人口素质的同时，也间接地减少了当地居民对国家退耕还林还草补助的依赖。通过劳动力供、需双方的信息交流平台的建设，促进退耕地区剩余劳动力的有序转移。除了加强基础教育外，也要注重退耕地区节庆活动、文化娱乐生活的丰富，提高退耕地区居民的生活水平、激发其生活热情，引导退耕地区居民进入退耕还林还草文化的发展和推广。

第三节　物质保障

一、加强退耕还林还草资源的长期经营

严守现有退耕还林还草面积前提下，探索开展中长期退耕还林还草，加强森林草地生态系统经营，为退耕还林还草文化打下坚实的林草资源基础。

（一）严守现有退耕还林林地面积不减少

根据 2020 年国家林业和草原局发布的《中国退耕还林还草二十年（1999—2019）》白皮书，1999—2019 年，我国实施退耕还林还草 5.15 亿亩，生态环境得到显著改善，退耕还林还草工程扶贫效果显著，一些地区真正实现了生态美、产业兴、百姓富，这是来之不易的成果，中央财政累计投入 5174 亿元，相当于三峡工程动态总投资的两倍多，同时付出了大量的人力物力。对于这一成果要严格保护，其最基本的指导方针是要保持现有退耕还林林地的面积不减少。这里的退耕还林林地是指退耕还林还草工程的新增林地包括土地利用方式是农田，现在已经因退耕还林还草工程而营造林草的土地，也包括经济林、未成林造林地等。保证 5.15 亿亩退耕还林还草红线不动，避免各种因素导致的退耕还林还草的土地上植被改种复耕。这是对已经付出的人、财、物、力的对等交代，也体现出退耕还林还草思想在新时代发展中的坚定

信念，这将会深远地影响退耕还林还草工程在人民群众中的形象。另外，只有长期保持退耕还林林的性质，才能吸引长期的经济和知识投入，进而挖掘其多种价值，包括文化价值。

(二) 稳步扩大退耕还林还草规模

紧扣《全国重要生态系统保护和修复重大工程总体规划(2021—2035)》等国家战略，统筹规划生产、生活、生态空间，在巩固已有成果的基础上坚持"应退尽退"的原则，稳步扩大退耕还林还草规模。在2021—2030年，继续巩固退耕还林成果，并推进不稳定耕地退耕还林还草，争取退耕还林还草规模达到1亿亩，退耕还林还草工程区森林覆盖率增加1个百分点，实现工程区生态环境得到明显改善。到21世纪中叶，力争再实施退耕还林1亿亩，全面完成应退耕地的退耕还林还草，实现耕地休养生息，退耕还林还草地区森林植被及相关资源极大丰富。

(三) 多举措开展退耕还林林分抚育经营

退耕还林还草工程已成为我国乃至世界上资金投入最多、建设规模最大、政策性最强、群众参与程度最高的重大生态工程，受到社会各界的广泛关注。退耕还林林分质量是关系到这项工程成败的关键，如果交给社会的是一片残次林则可能引发不小的质疑。森林抚育是提升退耕还林林分质量的重要举措，但目前面临的形势是退耕还林地抚育管护难度加大，主要表现为三个方面，一是自然条件方面，一些地区的退耕还林还草的实施对象主要是农户，作业地块分散，大多为陡坡地，土地质量差，地域偏僻，道路不通，灌溉条件差，造林成活率和保存率较低。二是劳动力方面，随着农村经济结构多元化和城镇化水平的提高，农村青壮年劳力大量进城务工，有的甚至举家外出、多年不归或移居城镇，导致退耕地无人经营管护。三是在资金方面，退耕还林林分抚育的资金没有长期的中央财政保障，地方财政和农户自身对退耕还林林分抚育的投入积极性不高。解决退耕还林林分抚育问题，主要有三个途径，一是中央建立退耕还林抚育专项资金，重点是对前期退耕的生态公益林开展近自然抚育。二是要用足用好多渠道的政策资金，将符合条件的退耕还林还草纳入森林生态效益补偿、草原生态保护补助奖励、森林抚育补贴、国家储备林建设、森林质量精准提升工程等范围。三是在林长制改革中落实退耕农户管护责任，逐步将退耕还林抚育纳入生态护林员统一管护范围，纳入林长制职责,继续搞好封山禁牧,加强对退耕还林还草成果的管护,依靠自然力来实现森林质量提升。

(四)积极发展乡土树种

乡土树种是指在原产地经过长期自然选择,经受住了当地气候、病虫害侵袭等一系列自然灾害考验,仍然能健壮生长的树种。乡土树种具有区域性、适应性、抗逆性、珍贵性、经济性、历史性和文化性等特点,因为这些特点,使得乡土树种在森林文化建设中起到重要作用。要充分利用抛荒坡耕地等非规划林地,以及荒芜橘园改种、四旁绿化、零星补植补种等契机,引导群众结合当地生态环境实际,大力种植乡土珍贵树种。乡土树种的营造需要造、封、改相结合,宜造则造、宜封则封、宜改则改。根据江西信丰县退耕还林中发展乡土树种的经验,新造杉木林为主的针阔混交林,而对于阔叶林、毛竹林和符合封育条件的针叶低效林则采取封育措施。通过发展乡土树种,为下一步打造地方特色景观、发展林副产品文化、提升地方特色物种文化打下坚实的资源基础。

(五)开展退耕还林中的地方特色林建设

森林往往是一个区域的标志物,是一个区域的象征,是一张文化名片,森林成为地方文化符号的同时对区域文化起到深远影响,如锦屏杉木、蒲城丹桂、赣南脐橙、宁夏枸杞、沁源连翘等。依托各地形成的市花市树文化,在退耕还林中,选择适生区域营造成片的大面积高质量的地方特色标识林,兼具观赏、文化展示、经济产出、生态服务等功能,促进退耕还林后的树种文化生发。特色林建设的树种尽量选择乡土树种,在造林过程中尽量采用近自然的方式,营造复层异龄混交林分,在营造规模上尽量较大面积地种植,在区域选择上尽量集中。

(六)加强退耕还林地生物多样性保护

开展退耕林地野生动植物调查,摸清野生动植物资源本底。强化野生动植物野外巡护监测、栖息地恢复、救护繁育、放归自然等拯救保护措施,保护现有野生动植物数量不减少。针对退耕林地与人居环境距离较近的特点,要进一步加强野生动物疫源疫病监测和疫情防控,强化重点时节、重点区域监测,防范高致病性禽流感等重大野生动物疫情的发生,切实保障公共卫生安全。野生动物造成人员伤亡、农作物或者其他财产损失的,应给予补偿,探索保险手段解决动物伤人事件的机制。进一步调整完善事先防范和事后补偿的措施,保护野生动物同时保护人身财产安全。

二、推进退耕还林还草文化载体建设

强化退耕还林地的社会文化功能,推进文化设施建设,树立一批高质量多功能退耕还林典型,促进退耕还林还草文化高质量发展。

(一)探索在退耕还林林分建设特种用途林

特种用途林是以国防、环境保护、科学实验等为主要目的的森林和林木,包括国防林、实验林、母树林、环境保护林、风景林,名胜古迹和革命纪念地的林木,自然保护区的森林。这些林分更直接地服务于人民生活,与文化建设联系紧密,在退耕还林林分建设特用林是丰富和壮大退耕还林还草文化的捷径。在退耕还林林分建设特种用途林,可采用两种方法。第一种方法是独立建设,在退耕还林林分直接建设成为特用林。如吴起县依托森林城市建设,建设了退耕还林公园。第二种方法是依托现有特用林建设,即将退耕还林林分划拨为现有的特用林单位管理。根据自然保护地改革,可将部分退耕还林划到自然公园或国家公园范围。发挥退耕还林与红色文化、乡村文化贴近的自然优势,在区域文化旅游园区建设中纳入退耕还林林,实践证明,退耕还林林分将对这些文化旅游区起到生态保障、文化内涵丰富化、景点多样化等功能,带动林区运输、餐饮、娱乐、旅游特色产品等相关产业的发展。如延安安塞区退耕还林还草工程的实施,增强了生态文化旅游活力,建成了南沟3A级旅游景区和现代农业休闲园。

(二)开展常见区域的退耕还林还草景观建设

对退耕还林地中的常见区域林分要加强景观建设,包括高速公路、国道、省道两侧可视范围内的林分、旅游景区观景台可视范围内的林分、城镇村居、车站等人流密集区可视范围内的林分,以及主要江河沿江两岸的林分。这些地区的退耕还林林分要营建具有多层次、多树种、多色彩景观林,尽量做到生态优化和景观美化结合。在连绵山体的退耕还林林的景观要与周边林分结构保持一致,增强退耕还林林分的观赏性和视觉冲击力。在旅客游客视线范围内的乡村林地尽量采用观页观花树种,并保持观花观叶时间的四季分布。在公路周边选择适当区域设置可以停车休息的退耕还林观景点,充分展示退耕还林还草建设的成果，树立各地退耕还林还草精神和林草发展的良好形象。

(三) 开展高质量退耕还林示范林场建设

选择单位面积蓄积量高、林相优美、经济产出高、社会影响好的退耕还林林场，在现有退耕还林中选取建设一批的高质量示范林，打造一批样板，总结一套可看、可学、可用的经验模式，建设一批能够反映退耕还林还草成效、得到群众认可、发挥引领带动作用的示范项目。要旗帜鲜明、大张旗鼓地宣传示范林场的成功经验，要充分利用广播、电视、报纸等传统媒体和微信、微博、公众号等新媒体，开展形式多样的宣传，进一步增强广大退耕工作者和退耕农户的主动性、积极性和创造性。推广行之有效的经验做法和先进适用的退耕模式，进而带动形成尊重退耕还林还草，拥护退耕还林还草、热爱退耕还林还草的文化氛围。

(四) 加强标识系统建设

对于一些具有退耕还林还草特色的基础设施，如退耕还林还草主体展馆、退耕还林还草公园、退耕还林还草步道、退耕还林还草示范园等的基础设施，国家应统一标准。发挥指示引导、解说、管理等功能。对建筑形制、颜色、纹路，道路的材料、规格，标识的大小、颜色、字体等应统一规定，提高退耕还林还草基础设施的辨识度。由于绝大多数的退耕还林林地是按照公益林或经济林来建设和管理，其中基础设施建设纳入林业基础设施的总体布局管理的同时，要加强退耕还林还草特色标识系统建设，让老百姓能够认出哪些是退耕还林的林分。

(五) 强化智慧退耕还林还草建设

建设完善的退耕还林还草数据库，建设和完善退耕还林还草资源数据标准规范、公共基础数据库、公众服务数据库，升级林业资源基础数据库、林业资源专题数据库、林业综合数据库，试点建设数字档案室，配套和升级服务器、存储、基础软件。升级构建退耕还林还草管理信息系统，包括种苗信息管理系统、野生动植物物种库及保护系统、防火及野生动物保护（疫源疫病监测）巡护系统、营造林综合管理系统、后期监管系统、森林防火和林业有害生物等智能监控与辅助决策系统、森林资源更新管理系统、林地更新管理系统、相关林场信息化综合管理系统、资源监测评价与辅助决策系统、视频会议系统等。建成退耕还林还草信息社会服务平台，利用物联网、云计算、大数据、移动互联等先进技术，结合网站、公众号、手机短信等多种媒介为公众提供准确、及时的退耕还林还草资源信息。

三、加强基础设施建设和生物多样性保护

加强退耕地基础设施建设，改善退耕地交通和管护条件，强化灾害防治，提升对退耕还林还草文化的保障水平。

(一) 加强退耕还林林道建设

林道建设有利于人进入森林，可促进森林的文化化，同时也是森林管护和森林防火的重要基础设施。在营造高质量的退耕还林森林的同时，应该积极改变道路建设严重不足的状况。综合考虑林道对周边生态环境影响、林农便利程度以及交通对接等多因素，对林道线路进行精心规划。尽量保留退耕地原有道路。林内防火道路路宽应达到3米，林道网密度一般应达到0.33米/亩。切实改善林区交通条件、生产条件、管理条件。新建林道时不破坏现有乔木林，不搞超规划、超标准的道路设施。

(二) 加强管护用房建设

管护用房是培育和保护森林资源的重要基础设施，要开展排查摸底，全面掌握退耕还林还草管护用房基本情况、分布特点、改造需求等，根据实际情况编制改造实施方案。围绕保护生态、保障职工生产条件、保障公众生态游览权三大目标，综合考虑管护面积、交通情况、地形情况、管护难易程度等因素，结合资源实际条件，合理确定各类型站点布局和规模，着重抓好规划，将退耕还林还草管护房建设纳入全国国有林场危旧房改造整体规划，对管护用房在国家层面进行整体设计，按照标准化建设的思路，建设规模适度、功能完善、配套设施完备、具备特色的退耕还林还草管护用房，并将管护用房建设用途应充分考虑旅游者休息、森林管护、防火、生物灾害防治、营林物资储备、管护区经济等多个方面，发挥管护用房在退耕还林还草文化建设中的作用。

(三) 加强森林防火基础设施建设

建设森林防火预防、扑救、保障三大体系。加强森林防火宣传教育；加快推进预警监测体系建设；加强森林防火通道与生物防火林带为主的高效林火阻隔网络体系建设；完善森林防火信息指挥系统建设，形成由国家到火场

的通信信息指挥网络体系；加强森林防火物资储存供应保障能力建设；添置各种防火及监测设备。加强森林消防队伍建设，实现扑救装备现代化。加强森林航空消防系统建设，提高森林航空消防的快速反应能力。同时要加强退耕还林还草文化设施如博物馆、森林公园等地的防火，做好关键火险区域的排查，完善防火设备。

（四）加强退耕还林还草有害生物防治体系建设

完善林业有害生物监测预警机制，科学布局监测站点，不断拓展监测网络平台。制定严密规范的应急防治流程，扶持和发展多形式、多层次、跨行业的社会化防治组织。重点对退耕地的松材线虫、美国白蛾、杨树天牛等加强防控，保障退耕地森林质量。购置完备的防治装备。要加大对退耕还林还草有害生物防治领域科学研究的支持力度。加强防治检疫组织建设，合理配备人员专职负责。将防治基础设施建设纳入林业和生态建设发展总体规划，将林业有害生物成灾率、重大林业有害生物防治目标完成情况列入退耕还林还草工程考核评价指标体系。

（五）重视应用天然材料

在退耕还林还草相关的建筑、林道、沟渠、标识、防火设施等的建设中，要高度重视材料的使用，尽量使用天然材料，即自然界原来就有的、未经加工或粗加工就可直接使用的材料，如砂、石、木材等。道路应尽量以土或砂石为路面材料，沟渠建设尽量用土夯，标识系统用石材，建筑外墙采用环保涂料。虽然天然材料略显简单和粗糙，但其生态友好性、资源节约性、经济可行性、文化象征性更强。天然材料本身就有保护生态、回归自然、尊重历史的文化内涵。在退耕还林还草基础设施建设中，要推广天然材料使用的新方法、新模式，保障天然材料建成物耐用、美观、节约，彰显出返璞归真、重归大自然的感觉。

第四节 政策保障

一、完善退耕还林还草制度机制

（一）加强法制建设，依法推进退耕还林还草

认真贯彻落实《森林法》及《森林法实施条例》，在现有法律法规的基础上，尽快研究制定《退耕还林还草法》或修订《退耕还林条例》，以保障广大退耕农户的利益，保护退耕还林还草成果，防止反弹。按照《国务院关于保护森林资源制止毁林开垦和乱占林地的通知》精神，采取有力措施，坚决制止新的毁林开荒和滥占林地的违法行为。制定退耕地由农地变更为林地或草地的权属登记管理办法，及时发放林草权属证明，明晰产权，使农民退耕后能安心从事林草管护和其他生产，并为防止复垦提供法律保障。加强执法机构和队伍建设，提高执法队伍的整体素质和执法水平，并强化执法力度和执法监督工作。

(二)改革管理体制，切实落实好退耕还林还草项目制

加强项目管理，切实做好退耕还林还草基础工作，各地要根据全国退耕还林还草工程规划，调整省级规划，编制县级实施方案，并结合本地的实际情况，编制高质量的年度作业设计，特别是要做好乡镇作业设计，把退耕还林还草任务落实到山头地块，落实到农户。明确建设的范围、布局、任务、资金、年限等关键问题，为项目提供预算资金保障，以减少工程建设的盲目性和不确定性。编制退耕还林还草文化建设项目中，将项目管理费纳入预算，包括建设的前期工作费、作业设计费、检查验收费、监理费等管理费用。

要加强项目全过程的质量监控，制定退耕还林还草质量标准、技术规范和技术模式，要抓紧做好农户退耕还林还草承包合同书签订及分户建立登记卡、验收卡工作。加强工程建设资金的管理和审计，做到专户存储、单独建账、单独核算，确保专款专用，防止挤占挪用和虚报冒领现象的发生，一经发现，严肃查处。

严格检查监督，确保退耕还林还草项目质量。要配备专职人员，建立退耕还林还草项目检查监督队伍。要制定有关检查验收办法，实行中央、省和县三级检查监督制度，并将检查结果作为政策兑现的依据，严格奖惩。要建立退耕还林还草举报制度，各级工程管理部门要公布举报电话，设立举报信箱，接受群众监督，形成分工序、分层次的质量检查验收制度和监督机制，对质量事故进行责任追究，切实保障退耕还林还草的质量和效益。

(三)加强种苗供应工作，保证工程用苗的质量

种苗生产供应直接关系到工程实施的成效甚至成败，必须超前组织好。要做好与全国林木种苗工程规划的衔接，加快工程区的种苗生产基地和基础设施建设,特别是良种繁育基地的建设,提高良种利用率。组织好采种和育苗生产,建立以现有采种林、种子园和苗圃为主体的省、地、县、乡四级种苗生产供应体系,加强容器苗等抗旱性较强的苗木的繁育和新技术的应用,以提高造林成活率。鼓励各类林业经营主体采取多种形式培育种苗,扩大种苗生产能力。重点监管种苗市场,要加强种苗生产和销售过程中的质量监管,生产、销售的种子和苗木必须有林业或农业部门出具的标签、质量检验证和检疫证,凡不具备"一签两证"的种子、苗木,不准进入市场,退耕还林还草项目对不符规定的种苗不予采用,已经采用的追究相关人员责任。各级林草部门要强化退耕还林还草的重大意识和服务意识,对退耕还林还草需苗状况要提前调查研究,做好需求规模、市场供应等方面的预测,避免种苗价格过快增长和下降。要加强种苗市场交易行为的监督管理,坚决制止种苗市场中的供应垄断、哄抬价格等行为。

(四)注重科技支撑,提高退耕还林还草的科技含量

要对退耕还林还草工程实行科学规划和设计,根据各地不同的自然经济和社会条件气对退耕还林还草所占地进行科学分类,对不同类型区域确定不同的林草植被恢复方式,在林种结构、树种结构、林龄结构、产权结构上进一步优化配置。在项目建设中重视发挥科技的作用。要筛选配套一批先进成熟的科技成果,全面系统地推广应用,促使各级林业科技推广网络服务于退耕还林还草,做好技术推广工作;要适应现代林业发展的要求,建立以3S等现代技术为基础的管理信息系统,建立工程效益监测体系,健全评价指标体系,使效益得到科学的量化评价;要重视退耕还林还草的科技创新,组织各级科研机构、高等院校、企业等对工程建设存在的科学技术问题进行攻关,鼓励各类技术人员投身到项目建设中去,解决退耕还林还草建设中的实际问题;开展大规模的退耕还林还草科技培训活动,要开展不同层次的培训,特别是要加强对工程技术人员和农民的培训,提高工程建设者的整体素质。通过科学规划、科技创新、科技支撑、科技培训这一系列活动,提高退耕还林还草中林业科技成果推广应用率、科技进步贡献率,较大幅度地提高良种使用率和造林保存率,确保退耕林分的质量和水平。

(五)强化退耕后的配套措施,巩固退耕还林还草成果

进一步完善林业产权制度,加强林权登记与发证工作,维护好生产经营秩序，促进林木林地使用权流转，保护退耕农户合法权益，调动社会各方面造林、育林、护林的积极性，防止毁林复耕等问题发生，依法巩固和发展退耕还林还草成果。鼓励发展特色林果、木本粮油和中药材种植等特色林业产业，倡导发展林下种植养殖业、森林文化旅游业、林业休闲疗养业等林业产业，探索与储备林基地建设、碳汇造林、林业外资项目等林业工程深度融合的退耕还林还草产业发展模式。

建立长效机制，确保成果巩固一是要解决好退耕农民的当前生计和长远发展问题，支持农民发展当地有资源优势、有特色、有市场需求的产业。二是要在有条件的地区适当发展一些能兼顾生态目标和烧柴需要的速生、萌生的薪炭林，并发展沼气、小水电、太阳能、风能和节柴灶等，解决好农民的燃料和农村能源问题，使退耕还林还草的成果得到有效保护。三是要积极探索对生态地位重要、生态环境脆弱和不具备生存条件地区的农民，实行易地安置、退耕还林还草、封山绿化，促进生态建设和环境保护，推动农民脱贫致富和社会进步。

二、加强退耕还林还草文化发展顶层设计

(一) 将退耕还林还草文化发展写入行政法规

将"退耕还林还草文化"写入《退耕还林条例》，要明确国家支持推进退耕还林还草文化繁荣发展的方针。退耕还林还草应当遵循"保持长期林地使用性质"的原则，以适应退耕还林还草文化建设的长期性。对于退耕还林还草资金的使用，应明确国务院财政主管部门负责退耕还林还草中央财政项目投入资金的安排和监督管理；把"补助"改为"项目投入"，为项目制改革提供依据。设立退耕还林还草抚育项目，促进退耕还林林木抚育，建设高质量退耕还林林。加强退耕地基础设施建设，拓展森林服务途径，保障退耕还林还草文化高质量发展。

(二) 编制全国退耕还林还草文化建设中长期规划

为适应我国退耕还林还草文化建设的需要，全面贯彻落实"绿色青山就是金山银山"理念，推动退耕还林还草文化事业和文化产业的协调发展，根据《退耕还林条例》，应组织编制《全国退耕还林还草文化发展中长期规划》，提高退耕还林还草文化建设的组织力和影响力，统一建设思路、凝聚建设力量，

明确建设任务，认识建设步骤。《全国退耕还林还草文化建设中长期规划》的规划期为2021—2050年，根据退耕还林还草文化建设的现状和问题，提出退耕还林还草文化建设的主导思想、基本原则、目标、任务、布局，并在资金预算和保障措施方面做出安排。

(三)制定退耕还林还草文化的管理规定

管理办法等管理规定通常可用来约束和规范市场行为、特殊活动。它是从属于法律的规范性文件，人人必须遵守。它也是实施一定的管理行为的依据。国家应制定《退耕还林还草文化管理办法》。该办法应该包括：退耕还林还草文化建设的管理机构设置、管理机制、项目管理、资金管理、人员管理、产权制度、奖惩制度、管理效率提升等方面。在此基础上，要制定并实施退耕还林还草文化载体和服务的建设与评价标准，形成以法律法规为基础、部门规章为约束、标准规范为遵循的退耕还林还草文化政策体系。为避免退耕还林还草文化建设过程中可能出现的问题，理顺退耕还林还草文化建设的机制，促进退耕还林还草文化建设的科学性、规范性。

(四)加强宣传引导，让退耕还林还草政策家喻户晓

各级党委和政府和农村基层组织要做好对农户的退耕还林还草宣传教育工作。要充分利用各种宣传媒体，采用多种宣传形式，宣传退耕还林还草中的典型人物、典型林草、典型区域，以生动形象的事实，广泛宣传国家实施退耕还林还草新造和抚育项目的目的、意义和方针政策，使退耕还林还草政策家喻户晓、深入人心。要组织编印相应的宣传手册、宣传提纲和宣传挂图，发放到退耕还林还草的乡村，使广大干部群众充分了解政策规定、建设内容、操作方法、管理措施等，确实做到思想统一、认识统一、行动统一。

三、优化退耕还林还草文化政策措施

(一)构建多部门协作机制

推进退耕还林还草文化建设是林草管理部门的一项新的非常重要的职能和任务，又绝不仅仅是林草部门的工作和事业，而是一个涉及多个管理部门的整体工程，需要多个部门配合。要积极促进退耕还林还草文化与红色文化、民俗文化、社区文化、民族文化相结合。构建沟通渠道，促进各个部门、各级领导要深化认识、统一思想、制定措施、共同探索。不断推进部门配合、

数据共享、统一监管、风险共担等方面的具体措施，形成团结协作、齐头并进的整体合力，推动退耕还林还草文化的监督、管理、建设的全面协调，促进退耕还林还草文化建设的效益共享。

(二)完善鼓励扶持政策

对于退耕还林还草文化基础设施的建设，应在财税制度方面予以倾斜和支持；应从政策上鼓励支持退耕还林还草文化理论和科学研究的立项；应制定有利于退耕还林还草文化建设的产业政策，鼓励扶持新型退耕还林还草文化产业发展，尤其是鼓励生态旅游业等新兴文化产业的发展。鼓励社会投资者开发经营退耕还林还草文化产业，提高退耕还林还草文化产品规模化、专业化和市场化水平。拓宽渠道，扩展平台，促进退耕还林还草文化理念的广泛传播。特别重视退耕还林还草文化在青少年和儿童中的传播。开展"退耕还林还草公园""退耕还林还草展馆"的命名评选奖励活动，按照森林景观条件、服务设施完备度、服务水平对退耕还林还草文化服务载体进行等级评定，实行差别化命名和管理，要注重引导和吸收一般市民、学生和社会公众的参与。通过举办生态文化笔会、优秀作品评选等，推动社会公众参与退耕还林还草文化作品的创作，对优秀的退耕文化作品和个人给予嘉奖。

(三)实行管理责任和绩效考核制度

要加强参与退耕还林还草文化建设人员的检查监督，建立通报和奖罚制度。对于退耕还林还草文化基础设施类的建设工程，从设计到施工必须严格执行工程建设技术管理规程。必须切实加强工程建设的现场管理和技术管理，确保项目建设达到预期效果。针对退耕还林还草文化建设中涉及的重点工程，地方政府要发挥监督作用，围绕生态保护、经济转型、基础设施建设等关键环节，明确工作时序和重点。建立严格的验收制度，施工完成后由领导小组组织有关人员进行竣工验收，并接受上级部门的验收检查。对退耕还林还草文化建设要赋予与生态建设同样的地位，在对领导干部的组织考核方面，要将退耕还林还草文化建设的业绩与退耕还林还草中的营造林政绩同等对待，激励领导干部建设退耕还林还草文化的积极性。通过完善考核管理机制，使各级政府和各个单位在实践中坚定退耕还林还草文化建设的决心。

(四)建立退耕还林还草文化产业监管制度

进一步加强退耕还林还草文化产业管理工作。加大执法工作力度，严厉打击违法活动。完善文化领域预报、引导、奖惩、调节、责任、监督、保障、应对机制。禁止以退耕还林还草文化名义坑害消费者。控制退耕还林还草文化建设中有损生态环境的行为。建立退耕还林还草文化建设审批制度，对在林业用地中开展的演出、集会、展览、摄影摄像、电影放映等活动实行生态损失评估，对不合格的坚决予以取缔禁止。对于好的退耕还林还草文化建设项目给予重点审批许可。禁止以退耕还林还草文化名义开展有损精神文明的活动。

参 考 文 献

[1] 阿依先木·司马义. 退耕还林对农村经济的影响及可持续发展的研究[D]. 新疆大学, 2012.

[2] Green B H, 胡聃. 农业对乡村自然环境的冲击[J]. 生态学报, 1990(01): 45-53.

[3] 白灵. 临河区退耕还林工程社会影响评价研究[D]. 内蒙古农业大学, 2010.

[4] 白顺江, 高柏成, 谷建才, 等. 农民文化素质对退耕还林工程的影响[J]. 河北林果研究, 2004(04): 301-304.

[5] 包战雄. 论森林生态美[J]. 林业勘察设计, 2003(02): 23-26.

[6] 包战雄. 森林生态美学及其对森林生态旅游的启示[J]. 林业经济问题, 2007(06): 544-548.

[7]《党的十九大报告辅导读本》编写组. 党的十九大报告辅导读本[M]. 北京: 民族出版社, 2017.

[8] 陈大夫. 美国的西部开发与"退耕还林、退耕还草、农田休耕"[J]. 林业工作研究, 2001(2): 8.

[9] 陈国权. 农业生态文明是农耕文明发展新阶段[N]. 东方城乡报, 2013-04-16(B07).

[10] 陈建成, 程宝栋, 印中华. 生态文明与中国林业可持续发展研究[J]. 中国人口·资源与环境, 2008(04): 139-142.

[11] 陈健生. 退耕还林与西部可持续发展[M]. 成都: 西南财经大学出版社, 2006.

[12] 陈廷一. 我称道退耕还林, 写这篇文章正是基于斯——退耕还林交响曲[J]. 国土资源, 2005(11): 10.

[13] 陈寅雅, 黄莉. 制度经济学视角下乡村振兴中乡村文化的保护与创新[J]. 经济视角, 2019(01): 17-22.

[14] 陈志刚. 习近平关于中华优秀传统文化的新思想新定位[J]. 新视野, 2020(05): 5-11.

[15] 崔海兴. 退耕还林工程社会影响评价理论及实证研究[M]. 北京: 知识产权出版社, 2009.

[16] 戴祁临. 促进我国文化产业发展的财税政策研究[D]. 中央财经大学, 2018.

[17] 党晶晶. 退耕还林政策对农村社区发展的效应研究——以榆林市榆阳区为例[D]. 西北农林科技大学, 2011.

[18] 董峻. 历史性的转变: 我国土地沙化由增变减[J]. 金融信息参考, 2005 (08): 21.

[19] 董智勇. 森林: 一个永恒的主题[J]. 生态文化, 2004(3): 4.

[20] 杜支明. 抓住退耕还林机遇壮大茶叶支柱产业[J]. 茶业通报, 2003(02): 82-83.

[21] 樊宝敏, 韩慧. 以生态文化驱动绿色发展[J]. 林业经济, 2012(12): 3-7, 15.

[22] 樊宝敏, 李智勇. 衡量现代林业发展水平的新标尺: 森林厚度[J]. 林业资源管理, 2009(02): 1-5.

[23] 樊宝敏. 森林文化价值提升路径[J]. 中国国情国力, 2017(07): 27-29.

[24] 樊宝敏. 我国森林文化价值的培育利用[J]. 中国国情国力, 2015(02): 33-35.

[25] 樊宝敏. 中国森林思想发展脉络探析[J]. 世界林业研究, 2019, 32(05): 1-8.

[26] 樊宝敏, 李智勇. 过去4000年中国降水与森林变化的数量关系[J]. 生态学报, 2010, 30(20): 5666-5676.

[27] 樊彦新. 浅析退耕还林工程在生态建设中的重要性[J]. 新西部, 2020 (15): 22, 105.

[28] 范建华. 大力推动乡村文化振兴[J]. 农业知识, 2020(22): 1.

[29] 方春英. 让绿色拥抱贵州山川大地[N]. 贵州日报, 2020-03-13(007).

[30] 冯天瑜, 杨华, 任放. 中国文化史[M]. 2版. 北京: 高等教育出版社, 2019.

[31] 甘肃省林业和草原局. 退耕还林兴陇富民——写在甘肃实施退耕还林工

程 20 年之际[N]. 甘肃日报, 2019-8-26.

[32] 高永明. 高考地理试题中环境保护内容的研究[D]. 内蒙古师范大学, 2014.

[33] 郭岩. 生态文明视域下黑龙江林区森林文化建设研究[D]. 东北林业大学, 2017.

[34] 国家发展改革委、自然资源部. 全国重要生态系统保护和修复重大工程总体规划(2021-2035年)[EB/OL]. https://www.ndrc.gov.cn/xxgk/zcfb/tz/202006/P020200611354032680531.pdf, 2020-06-03.

[35] 国家林草局退耕办. 退耕还林典型案例——广西百色市右江区芒果飘香带来甜蜜生活[EB/OL]. http://www.forestry.gov.cn/main/435/20180620/152123849945143.html, 2018-06-20.

[36] 国家林业和草原局. 中国退耕还林还草二十年(1999—2019)白皮书[R/OL]. (2020-06-30)[2022-04-06]. http://www.forestry.gov.cn/html/xby/xby_1300/20200630163220300489755/file/20200630163344947451837.pdf.

[37] 国家林业和草原局退耕还林(草)工程管理中心. 退耕还林在中国[M]. 北京: 中国大地出版社, 2019.

[38] 国家林业局. 中国林业五十年 1949—1999[M]. 北京: 中国林业出版社, 1999.

[39] 郝海广. 基于土地适宜性评价的科尔沁沙地退耕还林还草决策分析[D]. 内蒙古师范大学, 2008.

[40] 郝卫国. "沽上乡韵"——天津地区乡村景观规划建设中文化特色保护研究[D]. 天津大学, 2017.

[41] 胡鞍钢. 中国创新绿色发展[M]. 北京: 中国人民大学出版社, 2012.

[42] 胡明形. 退耕还林蕴含的中国智慧[N]. 光明日报, 2019-09-12(11).

[43] 胡友峰. 生态美学的建构路径[N]. 光明日报, 2020-5-25(13).

[44] 黄力平. 退耕还林还草工程社会效益评价研究——以奇台县为例[D]. 新疆师范大学, 2006.

[45] 姜春云. 中国生态演变与治理方略[M]. 北京: 中国农业出版社, 2004.

[46] 姜礼福. 人类世生态批评述略[J]. 当代外国文学, 2017(4): 6.

[47] 蒋迎红, 许奇聪, 付孜, 等. 广西: 退耕还林还出生态经济双丰收[N].

中国绿色时报，2019-12-31(03).
[48] 金鑫，徐晓萍. 中国问题报告[M]. 北京：中国社会科学出版社，2004.
[49] 李成茂. 科学把握习近平生态文明思想的时代内涵[EB/OL]. http：//www.qstheory.cn/2019/08/26/c_1124921750.htm，2019-08-26.
[50] 李干杰. 我国环境灾害及其减灾对策[EB/OL]. http：//news.sohu.com/20071008/n252527351.shtml，2007-10-08.
[51] 李慧. 退耕还林还草20年：绿了山川，富了百姓[N]. 光明日报，2020-07-02(4).
[52] 李金东. 甘肃省退耕还林政策对农民收入的影响：理论和实证[D]. 兰州大学，2010.
[53] 李莉. 历史时期的森林利用与文明的推移变迁[J]. 学术研究，2007(12)：5.
[54] 李莉. 中国林业史[M]. 北京：中国林业出版社，2018.
[55] 李连强. 我国退耕还林(草)研究趋势及热点分析[J]. 辽宁林业科技，2020(6)：7.
[56] 李敏，姚顺波. 退耕还林工程综合效益评价[J]. 西北农林科技大学学报：社会科学版，2016，16(3)：7.
[57] 李青松. 把自然还给自然[J]. 中国作家：纪实版，2019(9)：22.
[58] 李青松. 从吴起开始[J]. 今日国土，2007(10)：10.
[59] 李青松. 开国林垦部长[M]. 北京：中国林业出版社，2014.
[60] 李世东. 生态文明是社会历史发展的必然[N]. 中国绿色时报，2007-11-28(04).
[61] 李世东. 世界重点生态工程研究[M]. 北京：科学出版社，2007.
[62] 李世东. 中国退耕还林研究[M]. 北京：科学出版社，2004.
[63] 李世东，樊宝敏，林震，等. 现代林业与生态文明[M]. 北京：科学出版社，2011.
[64] 李淑涵. 珠海市文化林研究与规划[D]. 中国林业科学研究院，2015.
[65] 李贤伟. 退耕还林理论基础与技术研究[D]. 四川农业大学，2004.
[66] 李霄冰. 以桂林为例谈西部地区现代农业的发展战略[J]. 世纪桥，2015(2)：3.

[67] 李雅男, 朱玉鑫, 侯孟阳, 等. 中国退耕还林研究的知识基础及其演进——基于CiteSpace V的知识图谱分析[J]. 林业经济, 2020, 42(9): 12.

[68] (英)泰勒. 原始文化神话、哲学、宗教、语言、艺术和习俗发展之研究[M]. 连树声, 译. 上海: 上海文艺出版社, 1992.

[69] 廖申白. 农耕文明中国之省思: 从人工与自然的关系方面谈起[J]. 学术月刊, 2007, 39(2): 7.

[70] 刘宏彦. 吴起退耕还林赋[J]. 延安文学, 2017(1): 2.

[71] 刘晶. 论生态整体主义思想对我国森林生态建设的启示[J]. 林业调查规划, 2016, 41(03): 110-114.

[72] 刘慎元, 孔忠东, 任晓彤. 问茶湄潭, 好山好水出好茶——贵州省湄潭县退耕还茶产业富民纪实[N]. 中国绿色时报, 2018-02-14(01).

[73] 刘占德. 退耕还林对自然与社会影响的分析评价[D]. 西北农林科技大学, 2013.

[74] 龙花楼, 李秀彬. 美国土地资源政策演变及启示[J]. 中国土地科学, 2000(03): 43-47.

[75] 龙美. 浅谈退耕还林对经济发展的影响[J]. 农村实用技术, 2020(05): 165.

[76] 卢风. 浅议中国软实力与中华民族的复兴[J]. 井冈山大学学报(社会科学版), 2011, 32(04): 27-31.

[77] 陆美珍. 财政体制改革下的中央及省级林业资金管理问题——基于湖州市的实证思考[J]. 财经界, 2019(11): 29-30.

[78] 马桂英. 试析蒙古草原文化中的生态哲学思想[J]. 科学技术与辩证法, 2007(04): 20-23.

[79] 梅莹. 安徽省退耕还林与区域经济发展研究[D]. 安徽农业大学, 2005.

[80] 乔清举. 心系国运绿色奠基——学习习近平总书记的生态文明思想[N]. 学习时报, 2016-07-28.

[81] 全国绿化委员会办公室. 2019年中国国土绿化状况公报[J]. 国土绿化, 2020(03): 14-17.

[82] 冉鸿燕. 我国生态文化建设及其机制研究[D]. 东北大学, 2014.

[83] 任继周. 中国农业伦理学导论[M]. 北京: 中国农业出版社, 2018.

[84]任启鑫.退耕还林助农村产业结构调整[N].贵州日报,2019-11-05(05).

[85]任文笈.嵩明有个退耕还林节[N].中国林业报,1993-04-27(01).

[86]施佳丽.内蒙古特色的治沙之路[EB/OL].http：//inews.nmgnews.com.cn/system/2017/09/06/012392862.shtml?utm_source=UfqiNews,2017-09-06.

[87]施洁亢.地理教学中课程资源的开发和利用的研究[D].华东师范大学,2006.

[88]宋军卫.浅议森林文化价值的概念及构成[J].山西农经,2019(24)：94,96.

[89]孙正基.乡村振兴：灵魂之火的复燃与传承——浙江与日本乡村文化的对比分析[J].中国集体经济,2019(24)：4-7.

[90]汤俊.生态文化体系构建的金融支持研究[D].中南林业科技大学,2018.

[91]陶永生.退耕还林工程对生态建设的影响[J].低碳世界,2019,9(11)：42-43.

[92]滕云贵,杨梅.会泽县待补镇退耕还林的现状与对策[J].中国林业经济,2014(06)：39-41.

[93]藤久明.现代农业要继承中华农耕文明精华——谈现代生态农业发展的源与流[J].中国瓜菜,2012,25(06)：66-67.

[94]田松.还土地以尊严——从土地伦理和生态伦理视角看农业伦理[J].兰州大学学报(社会科学版),2015,43(04)：114-117.

[95]王广宇.美国西部开发与中国西部开发之比较[J].林业工作研究,2000(6)：5.

[96]王韩民,陈廉,康勇.西部山青水绿重在退耕还林[N].中国绿色时报,2000-05-08(03).

[97]王洪江,惠兴学,洪新,等.浅析森林在生态文明观形成中的重要作用[J].防护林科技,2009(2)：3.

[98]王敬中.探讨我国退耕还林工程[J].科学与财富,2017(11)：148.

[99]王莉,刘军国,任彦,等.国际人士积极评价中国生态文明建设成就[N].人民日报,2020-06-03(03).

[100] 王瑞恒,孟庆蕾. 浅谈预防中国西北地区土地荒漠化的法律对策[J]. 环境科学与管理, 2007(04): 29-34.

[101] 王廷雄. 浅析退耕还林工程中的问题及建议[J]. 农村实用技术, 2020(05): 164.

[102] 王晓敏. 耕地保护与可持续发展的辩证思考[J]. 农机化研究, 2004(05): 54-55.

[103] 武杰. 中国湿地之殇: 开发商围垦生态系统遭破坏[N]. 法治周末, 2012-06-14.

[104] 西宁市政协文史资料研究委员会. 纸上西宁: 古西宁, 林木森森樵牧往来[N]. 西海都市报, 2012-01-31(B12).

[105] 习近平. 环境保护要靠自觉自为[N]. 浙江日报, 2003-08-08.

[106] 习近平. 绿水青山就是金山银山[N]. 人民日报, 2016-05-09.

[107] 习近平. 人不负青山,青山定不负人[N]. 人民日报, 2020-08-15.

[108] 习近平. 习近平2013年4月21日致清华大学苏世民学者项目启动仪式的贺信[N]. 人民日报, 2013-4-21.

[109] 佚名. 习近平出席全国生态环境保护大会并发表重要讲话[J]. 创造, 2018(05): 9-10.

[110] 习近平. 共谋绿色生活共建美丽家园——习近平在2019年中国北京世界园艺博览会开幕式上的讲话[N]. 中国青年报, 2019-04-29(02).

[111] 熊娟. 江西省退耕还林工程后续产业发展对策研究[D]. 江西农业大学, 2013.

[112] 修远. 中国东北地区文化产业发展研究[D]. 吉林大学, 2012.

[113] 徐晋涛,等. 退耕还林和天然林资源保护工程的社会经济影响[M]. 北京: 中国林业出版社, 2004.

[114] 徐敬博. 我国退耕还林工程的可持续发展研究[D]. 中共中央党校, 2019.

[115] 徐旺生,李兴军. 中华和谐农耕文化的起源、特征及其表征演进[J]. 中国农史, 2020, 39(05): 3-10.

[116] (古希腊)亚里士多德. 尼各马可伦理学[M]. 廖申白, 译注. 北京: 商务印书馆, 2017.

[117] 杨建芬,翁志涛. 双江退耕还林"还"出金山银山[N]. 临沧日报, 2020-

05-15(02).

[118] 杨世琦. 西北地区退耕还林还草与农业结构调整战略研究[D]. 西北农林科技大学, 2003.

[119] 杨云锦, 余选相. 腾冲县十年退耕还林30万亩[N]. 中国绿色时报, 2000-7-24(02).

[120] 杨志洲. 秦草是宝——赞退耕还林[J]. 陕西林业, 2011(01): 48.

[121] 朱邪. 毕节退耕还林带来绿色变迁[N]. 贵州日报, 2015-08-26(011).

[122] 佚名. 水利工程的概念及分类[EB/OL]. https://www.sohu.com/picture/212527374, 2017-12-24.

[123] 佚名. 现代林业研究进展导论[EB/OL]. https://wenku.baidu.com/view/45329c07844769eae009ede8.html, 2013-04-25.

[124] (晋)皇甫谧撰. (清)宋翔凤, (清)钱宝塘辑. 逸周书[M]. 刘晓东, 校点. 沈阳: 辽宁教育出版社, 1997.

[125] 印开蒲. 森林与抗灾[J]. 植物杂志, 1982(03): 3.

[126] 张昶, 王成, 孙睿霖. 文化林的内涵、建设内容及其空间布局研究——以深圳市为例[J]. 北京林业大学学报(社会科学版), 2019, 18(02): 9-15.

[127] 张二星. 山西农村生态文明建设[J]. 农家参谋, 2019(06): 22-23.

[128] 张禾木. 森林与生命[J]. 科学与文化, 2001(04): 23-24.

[129] 张纪炳. 退耕还林工程带来的一系列问题[J]. 大科技, 2014(19): 274-275.

[130] 张建龙. 完善政策精准发力持续推进退耕还林还草工程建设——在全国退耕还林还草工作会议上的讲话[C].//中国林业和草原年鉴2020[M]. 北京: 中国林业出版社, 2020.

[131] 张蓝月. 新农村建设背景下农村文化建设研究[D]. 西华大学, 2013.

[132] 张丽丽. 乡风文明视角下农村生态文化培育研究[D]. 东华理工大学, 2019.

[133] 张美华. 退耕还林还草工程理论与实践研究[M]. 北京: 中国环境科学出版社, 2005.

[134] 张尚武. 湖南一湖四水实施退耕还林还湿, 湿地绿环释放生态红利[N].

华声日报,2020-08-21.

[135] 张学军. 退耕还林·春夏秋冬[J]. 安徽林业, 2009(05): 64.

[136] 张余田. 浅论森林与生态文明[J]. 安徽林业, 2008(02): 10-11.

[137] 郑北鹰. 湿地的呼喊[N]. 光明日报, 2009-02-04(005).

[138] 支玲. 从中外退耕还林背景看我国以粮代赈目标的多样性[J]. 林业经济, 2001(07): 29-31, 52.

[139] 周莉. 中国文化产业的财政支持效应研究[D]. 南京大学, 2016.

[140] 从战略高度关注国家生态安全——访全国绿化委员会副主任、国家林业局局长周生贤[N]. 中国信息报, 2003-03-04.

[141] 周雪姣, 李慧, 苏孝同, 等. 中国森林文化研究现状及展望[J]. 林业经济, 2017, 39(09): 8-15.

[142] 周永斌, 殷有, 匡䦕, 等. 生态文明建设时期森林资源保护与游憩专业的发展机遇与战略[J]. 中国林业教育, 2009, 27(03): 31-33.

[143] 朱芳燕. 新乡贤的乡村思想道德建设功能发挥研究[D]. 浙江师范大学, 2020.

[144] 朱磊. 治沙致富两不误[N]. 人民日报, 2019-05-22(014).

[145] 朱缨. 文化产业发展中的政府行为研究[D]. 华中师范大学, 2011.

[146] 朱永杰. 草原往事: 斯大林改造大自然工程[N]. 中国绿色时报, 2018-06-15(03).

[147] 庄斌. 广西典型地区退耕还林工程社会经济效益研究[D]. 广西大学, 2018.